★国家示范性高等职业院校建设项目特色教材★

# 乳制品
## 加工与检测技术

李晓红　主编　　冯永谦　主审

RUZHIPIN
JIAGONG YU JIANCE JISHU

U0359666

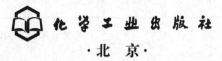

化学工业出版社

·北京·

本教材基于乳制品加工与检测的工作过程，融食品加工原理、分析检测、加工技术于一体，针对乳制品加工过程的岗位需要，以培养学生具备原料乳验收、乳制品加工以及乳制品成品品质分析的综合岗位能力为目标，依据典型产品确立了原料乳的验收及预处理、液态乳的加工及检测、乳粉的加工及检测、酸奶的加工及检测、冷饮的加工及检测、奶油的加工及检测、炼乳的加工及检测、干酪的加工及检测、干酪素的加工及检测9个工作项目，并依据不同的生产工艺设计了20个工作任务。本教材所涉及的加工过程与企业的加工工艺流程和技术要求相一致，并融合了部分国内外先进技术；依据国家标准确定乳制品检测内容，按照标准规定的检测项目和方法设计工作任务。

　　本书适用于高职食品加工技术、农畜特产品加工、食品分析与检验等专业，亦可作为食品生产企业、食品科研机构有关人员的培训教材和参考书。

**图书在版编目（CIP）数据**

乳制品加工与检测技术/李晓红主编．—北京：化学工业出版社，2011.10（2022.8重印）
国家示范性高等职业院校建设项目特色教材
ISBN 978-7-122-12556-9

Ⅰ．①乳… Ⅱ．①李… Ⅲ．①乳制品-食品加工-高等职业教育-教材②乳制品-食品检验-高等职业教育-教材 Ⅳ．①TS252

中国版本图书馆 CIP 数据核字（2011）第 209677 号

责任编辑：李植峰　　　　　　　　　　文字编辑：李　瑾
责任校对：洪雅姝　　　　　　　　　　装帧设计：史利平

出版发行：化学工业出版社（北京市东城区青年湖南街 13 号　邮政编码 100011）
印　　装：北京虎彩文化传播有限公司
787mm×1092mm　1/16　印张 13½　字数 331 千字　　2022 年 8 月北京第 1 版第 4 次印刷

购书咨询：010-64518888　　　　　　　售后服务：010-64518899
网　　址：http://www.cip.com.cn
凡购买本书，如有缺损质量问题，本社销售中心负责调换。

定　　价：38.00 元

# 《乳制品加工与检测技术》编写人员

主　　编　李晓红

副 主 编　杨　静　王菲菲　隋春光

编写人员　（按姓名汉语拼音排列）

迟　涛（黑龙江省乳品技术开发中心）

郭庆峰（上海市光明奶酪黄油有限公司）

李晓红（黑龙江农业经济职业学院）

隋春光（黑龙江农业经济职业学院）

王菲菲（黑龙江农业经济职业学院）

杨　静（黑龙江农业经济职业学院）

主　　审　冯永谦（黑龙江农业经济职业学院）

# 编写说明

　　黑龙江农业经济职业学院 2008 年被教育部、财政部确立为国家示范性高等职业院校立项建设单位。学院紧紧围绕黑龙江省农业强省和社会主义新农村建设需要，围绕农业生产（种植、养殖）→农产品加工→农产品销售链条，以作物生产技术、畜牧兽医、食品加工技术、农业经济管理 4 个重点建设专业为引领，着力打造种植、养殖、农产品加工、农业经济管理四大专业集群，从种子入土到餐桌消费、从生产者到消费者、从资本投入到资本增值，全程培养具有爱农情怀、吃苦耐劳、务实创新的农业生产和服务第一线高技能人才。

　　四个重点建设专业遵循"融入多方资源，实行合作办学、融入行业企业标准，对接前沿技术、融入岗位需求，突出能力培养、融入企业文化，强化素质教育"的人才培养模式改革思路和"携手农企（场）、瞄准一线、贴近前沿；基于过程、实战育人、服务三农"的专业建设思路，与农业企业、农业技术推广部门和农业科研院所实施联合共建：共同设计人才培养方案、共同确立课程体系、共同开发核心课程、共同培育农业高职人才；实行基地共建共享、开展师资员工交互培训、联合开展技术攻关、联合打造社会服务平台。

　　专业核心课程按照"针对职业岗位需要、切合区域特点、融入行业标准、源于生产活动、高于生产要求"的原则构建教学内容，选取典型产品、典型项目、典型任务和典型生产过程，采取"教师承担项目、项目对接课程、学生参与管理、生产实训同步"的管理模式，依托校内外生产性实训基地，实施项目教学、现场教学和任务驱动等行动导向的教学模式，让学生"带着任务去学习、按照标准去操作、履行职责去体验"，将"学、教、做"有机融于一体，有效培植学生的应职岗位职业能力和素质。

　　学院成立了示范院校建设项目特色教材编审委员会，编写《果树栽培技术》、《山特产品加工与检测技术》、《农村经济》、《猪生产与疾病防治》等 4 个系列 20 门核心课程特色教材，固化核心课程教学改革成果，与兄弟院校共同分享我们课程建设的收获。系列教材编写突出了以下三个特点：一是编写主线清晰，紧紧围绕职业能力和素质培养设计编写项目；二是内容有效整合，种植类教材融土壤肥料、植物保护、农业机械、栽培技术于一体，食品类教材融加工与检测于一体，养殖类教材融养、防、治于一体；三是编写体例创新，设计了能力目标、任务布置、知识准备、技能训练、学生自测等板块，便于任务驱动、现场教学模式的实施开展。

黑龙江农业经济职业学院
国家示范性高等职业院校建设项目特色教材编审委员会
2010 年 11 月

# 前　言

　　乳制品是除母乳外营养最为均衡的食品，其中包含了人体生长发育和保持健康的几乎全部营养成分。人均乳制品消费量是衡量一个国家人民生活水平的主要指标之一。我国乳制品工业改革开放后飞速发展，是增长最快的重要产业之一，也是推动第一、第二、第三产业协调发展的重要战略产业。黑龙江省作为畜牧业大省，为乳制品工业的发展提供了充足的原料。

　　乳制品加工与检测技术是国家示范性高等职业院校建设项目重点建设专业食品加工技术专业的核心课程。本课程基于乳制品加工与检测的工作过程，融食品加工原理、分析检测、加工技术于一体，针对乳制品加工过程的岗位需要，以培养学生具备原料乳验收、乳制品加工以及乳制品成品品质分析的综合岗位能力为目标。按照"以岗位定能力、以能力定内容、以内容定教法、以流程定环节"的课程设计思路，探索出了"课堂、车间、实训室一体化"教学模式。

　　本书由黑龙江农业经济职业学院专任教师和企业技术人员共同编写完成。在调研分析的基础上，根据黑龙江省乳制品加工企业所生产各类乳制品的数量，对不同种类的乳制品进行排序，依据典型产品确立了9个工作项目，并依据不同的生产工艺设计了20个工作任务。本教材所涉及的加工过程与企业的加工工艺流程和技术要求相一致，并融合了部分国内外先进技术；依据国家标准确定乳制品检测内容，按照标准规定的检测项目和方法设计工作任务。考虑到学生毕业后可以作为参考书使用，本书内容略多一些，教师可在教学过程中根据实际情况和教学学时数进行取舍，部分内容可作为拓展项目，用于学生自学。本书适用于高职食品加工技术、农畜特产品加工、食品分析与检验等专业，亦可作为食品生产企业、食品科研机构有关人员的培训教材和参考书。

　　本教材由李晓红担任主编，杨静、王菲菲、隋春光担任副主编，郭庆峰和迟涛作为本书的技术顾问，也参与了部分内容的编写。具体编写分工为：杨静编写项目一、项目二，李晓红编写项目三、项目七、项目八，隋春光编写项目四、项目五，王菲菲编写项目六、项目九。全书由李晓红统稿，由冯永谦教授主审。在编写过程中，本书涉及的外文数据及资料得到了黑龙江农业经济职业学院基础部外语教研室陈冠男老师的帮助，在此表示衷心的感谢。

　　由于编写人员的水平和经验有限，书中疏漏之处在所难免，敬请批评指正。

编者

2011 年 8 月

# 目　录

# 项目一　原料乳的验收及预处理

乳制品作为一种营养丰富、全面理想的食品，在许多国家占有十分重要的地位，国际上也往往把乳制品的消耗量作为衡量一个国家人民生活水平高低的指标，对乳制品的消费给予高度的评价，并加以引导和鼓励。在我国，乳业是一个新兴的产业，随着国民经济的发展，人民生活水平的提高，乳制品逐渐成为人民生活必需的食品。随着畜牧业技术的引进和推广，乳业获得了很快的发展。乳制品的加工和销售都具有相当的基础和规模，对于满足市场供应、向人们提供营养丰富的保健食品和促进畜牧业的发展都起到了越来越重要的作用。

我国乳制品消费的主要品种是液态乳、酸乳和乳粉，此外还有少量的干酪、奶油、冰淇淋、雪糕、炼乳等乳制品。在品牌、品种和花色等方面也有了长足的进步，乳制品市场越来越丰富，广大消费者的选择余地越来越大。乳制品的市场与过去相比有了很大的发展，而生产乳制品的原料乳（在乳品工业上将未经任何处理的生鲜牛乳称为原料乳）的质量将直接影响其产品的质量，只有优质的原料乳才能保证生产出优质的产品。为了保证原料乳的质量，必须准确地掌握原料乳的质量标准和验收方法，了解影响原料乳质量的因素。如果原料乳的质量控制不当，很有可能在生产过程中或者加工后产品贮藏过程中出现严重的质量问题。因此，原料乳的验收、分析原料乳的品质就显得特别重要。原料乳主要有感官检验、理化指标检验、微生物检验三个方面。

原料乳经过验收后需经预处理，预处理的目的：①除去乳中的机械杂质并减少微生物；②降低温度，抑制细菌的繁殖。

## 任务一　牛乳收购现场检验

牛乳是一种营养价值较高的食品，也非常适合于各种微生物的繁殖。制造优质的乳制品，必须选用优质原料。因此，为了获得优质的原料乳，保证乳制品的质量，对原料乳进行现场检验是非常重要的，是保证乳制品质量的关键步骤。我国原料乳的现场检验是以感官检验为主，辅以部分理化检验，如相对密度、酒精试验等。

### 能力目标

1. 学会牛乳现场检验的理论知识和检验操作知识。
2. 能掌握牛乳收购现场感官检验及部分理化检验操作技术。
3. 能根据现场检验的结果进行牛乳品质的正确判断。
4. 能根据相关的知识处理在牛乳现场收购中出现的问题并提出解决方案。

### 知识目标

1. 能够掌握牛乳的相关基础理论知识。

2．熟练掌握牛乳现场收购检验的操作程序及操作方法。

3．掌握牛乳质量检测的理论知识。

4．掌握牛乳现场检验步骤的操作要点。

### 知识准备

#### 一、乳的定义和分类

##### （一）乳的定义

乳是哺乳动物分娩后由乳腺分泌的一种具有胶体特性、均匀的生物学液体。其色泽呈乳白色或稍带有微黄色，不透明，味微甜并具有香气。牛乳含有牛犊生长发育所必需的全部营养成分，它是牛犊赖以生长发育的最易于消化吸收的完全食物。

收购的生鲜牛乳系指从正常饲养的、无传染病和乳房炎的健康母牛乳房内挤出的常乳。

##### （二）乳及异常乳的定义和分类

在乳品工业上通常按乳的加工性质将乳分为常乳和异常乳两大类。

乳牛产犊后 7d 至干奶期前所分泌的乳汁称为常乳。通常，乳牛产后要 30d 左右乳成分才趋于稳定。常乳通常是用来加工乳制品的原料乳。

异常乳是当牛受到饲养管理、疾病、气温以及其他各种因素的影响时，乳的成分和性质往往发生变化，这时与常乳的性质有所不同，也不适用于加工优质的产品，这种乳称为异常乳。

异常乳分为生理异常乳、化学异常乳、微生物污染乳及病理异常乳等几类。

化学异常乳是指由于乳的化学性质发生变化而形成的异常乳。包括酒精阳性乳、低成分乳、风味异常乳、混入杂质乳等。

生理异常乳是由于生理因素的影响，而使乳的成分和性质发生改变。主要有初乳、末乳以及营养不良乳。

初乳是指乳牛分娩 7d 内采集的乳汁。初乳中干物质含量较高，脂肪、蛋白质特别是乳清蛋白质含量高，乳糖含量少，灰分含量高。初乳中含铁量为常乳的 3～5 倍，铜含量约为常乳的 6 倍。

末乳是指乳牛一个泌乳期结束前 1 周所分泌的乳。末乳的成分与常乳也有明显的差别。末乳中除脂肪外，其他成分均比常乳高，略带苦而微咸味，酸度降低，因其中脂酶含量增高，所以带有油脂氧化味。末乳 pH 达 7.0 左右，细菌数达 $250 \times 10^4$/mL，氯浓度为 0.16％左右。这种乳不适合作为乳制品的原料乳。

营养不良乳是指饲料不足、营养不良的乳牛所产的乳，这种乳对皱胃酶几乎不凝固，所以这种乳不能制造干酪。当喂以充足的饲料、加强营养之后，牛乳即可恢复正常，对皱胃酶即可凝固。

微生物污染乳是指原料乳被微生物严重污染产生异常变化的乳。由于挤乳前后的污染、器具的洗涤杀菌不完全或不及时冷却等原因，使鲜乳被大量微生物污染，导致鲜乳中的细菌数大幅度增加，以致不能用作加工乳制品的原料，而造成浪费和损失。另外，即使有冷冻设备的工厂，贮乳罐的材料、结构（洗涤的难易）、冷却的性能（例如从 32℃ 的鲜乳冷却到 4℃ 的时间和这一期间质量的变化）、搅拌性能（脂肪率的分布情况）、耐久性、倾斜度也对贮藏期间的乳质有很大影响。尤其要重视的是低温菌，微生物的繁殖对乳质量的影响很大。

微生物污染乳中酸败乳是由乳酸菌、丙酸菌、大肠杆菌、小球菌等造成的，导致牛乳酸度增加，稳定性降低；黏质乳是嗜冷、明串珠菌属等造成，常导致牛乳黏质化、蛋白质分解；着色乳是嗜冷菌、球菌类、红色酵母引起，使乳色泽黄变、赤变、蓝变；异常凝固分解乳由蛋白质分解菌、脂肪分解菌、嗜冷菌、芽孢杆菌引起，导致乳胨化、碱化和脂肪分解臭及苦味的产生；细菌性异常风味乳由蛋白质分解菌、脂肪分解菌、嗜冷菌、大肠菌引起，导致乳产生异臭、异味；噬菌体污染乳由噬菌体引起，主要是乳酸菌噬菌体，常导致乳中菌体溶解、细菌数减少。

## 二、乳的物理性质

乳的物理性质是鉴定牛乳品质的重要指标，也是合理安排乳制品加工工艺流程的重要依据。主要包括乳的色泽、相对密度、酸度、冰点和沸点、滋味和气味等。

### （一）色泽

新鲜正常的牛乳呈不透明的白色并稍呈淡黄色，这是乳的基本色调。乳的色泽是乳中酪蛋白胶粒及脂肪球对光的不规则反射的结果。

在波长为 578nm 时，牛乳的反射光量约 70%，较脱脂乳少，较均质乳多，透射的有效深度为 24mm，在该深度内受到照射的维生素 $B_2$、维生素 $B_6$、维生素 C 等会有损失。

牛乳的折射率由于有溶质的存在而比水的折射率大，因此在全乳脂肪球的不规则反射影响下，不易正确测定。由脱脂乳测得的较准确的折射率为 $n_D^{20} = 1.344 \sim 1.348$，此值与乳固体的含量有一定比例关系，以此可判定牛乳是否掺水。

### （二）滋味和气味

乳中含有挥发性脂肪酸及其他挥发性物质，所以牛乳带有特殊的香味，这些物质是牛乳滋味、气味的主要构成成分。这种香味随温度的高低而异，乳经加热后香味强烈，冷却后减弱。牛乳除固有的香味之外，还很容易吸收外界的各种气味。所以，挤出的牛乳如在牛舍中放置时间太久，会带有牛粪味或饲料味；与鱼虾放在一起会有鱼虾味；贮存器不良时则产生金属味；消毒温度过高则产生焦糖味。所以每一个处理过程都必须保持周围环境的清洁，以避免各种因素的影响。

新鲜纯净的乳滋味稍甜，这是由于乳中含有乳糖。因乳中含有氯离子而稍带咸味；常乳中的咸味因受乳糖、脂肪、蛋白质等调和而不易觉察，但异常乳如乳房炎乳中氯的含量较高，故有浓厚的咸味。

## 三、牛乳现场验收

为了保证原料乳的质量，必须准确地掌握原料乳的质量标准和验收方法，了解影响原料乳质量的因素。我国牛乳的现场检验以感官检验为主，辅以部分理化检验，如相对密度、酒精度、掺假检验等。方法要求快速。

### （一）乳的取样

乳的取样是指从大型容器或小型容器中，取得具有代表性样品的生乳及消毒乳取样的方法。样品的采取必须由公认的、具有一定技术的代理人进行。该代理人必须无传染性疾病。样品应附有负责取样者签名的报告书，该报告书应详细记载取样的场所、货主、日期、时间、取样者和到场者的姓名及职称，必要时还应包括包装形式、大气温度、湿度、取样器具的灭菌方法、样品防腐剂添加与否及有关的特殊情况。

各样品必须贴上标签并密封之，必要时还要写明样品的重量。样品采取后必须 24h 内，迅速送往试验室进行检验。检验细菌的样品采样后应立即于 4℃下冷藏，并于 18h 内送到试验室进行检验；如无冷藏设备，必须于采样后 2h 内进行检验。

化学分析用样品采样所用器具及样品容器都必须清洁干燥。细菌检验用的取样器具必须清洁灭菌，灭菌方法应根据不同材质容器，采用不同的灭菌法。在170℃高温热气中保持2h（能在无菌条件下放置更好）。在120℃蒸汽（高压锅）中保持15～20min（能在无菌条件下放置更好）。在100℃开水中浸泡1min（器具立即使用）。在70％酒精中浸泡，使用之前再用火焰烧去酒精。取样容器以玻璃材料、不锈钢和某些塑料制品为好，须配合适的橡胶塞、塑料塞或螺旋塞盖紧。使用橡胶塞时，须用不吸附的无臭物质（例如某种塑料）套好盖在容器上，也可用合适的塑料袋。

小型容器取样，应该用密封完整的容器的内容物作为样品。化学分析的鲜乳样品，可加适量对分析没有影响的防腐剂，并在标签和报告中注明。细菌和感官检验用的样品不得使用防腐剂，但必须保存在0～5℃冷藏容器中，运输途中也不可超过10℃，并须防止日光直射。

大容器取样前，应上、下持续搅拌25次以上，直至充分混匀，然后直接用长柄匙取样。检验前，无论是理化质量检验或卫生质量检验，所有生奶及消毒奶样品由冷藏处取出后均须升温至40℃，剧烈颠倒上下摇荡，使内部脂肪完全融化并混合均匀后，再降温至20℃，用吸管取样进行检验。

（二）感官检验

食品感官检验是通过人的感觉器官，即味觉、嗅觉、视觉、触觉，以语言、文字、符号作为分析数据对食品的色泽、风味、气味、组织状态、硬度等外部特征进行评价的方法。其目的是为了评价食品的可接受性和鉴别食品的质量。感官检验是与仪器分析并行的重要检测手段。

按感官检验时所利用的感觉器官不同，感官检验可分为视觉检验、嗅觉检验、味觉检验和触觉检验。

① 视觉检验不宜在灯光下进行，因为灯光会给食品造成假象，给视觉检验带来错觉。

② 嗅觉是辨别各种气味的基本感觉，人的嗅觉非常灵敏，有的用一般方法和仪器不能检测出来的轻微变化，用嗅觉检验可以发现。气味是食品中散发出来的挥发性物质，它受温度的影响较大，温度低时挥发慢，气味轻；反之则气味浓。因此在进行嗅觉检验时，可把样品稍加热，或取少量样品放在洁净的手掌上摩擦，再嗅觉检验。嗅觉器官长时间受气味浓的物质刺激会疲倦，灵敏度降低，因此，检验时应按轻气味到浓气味的顺序进行，检验一段时间后，休息一会儿。

③ 味觉检验的最佳温度为20～40℃。味觉检验前不要吸烟或吃刺激性较强的食物，以免降低感觉器官的灵敏度。检验时取少量被检验食品放入口中，细心品尝，然后吐出（不要咽下），用温水漱口，若连续检验几种样品，应先检验味淡的，后检验味浓的食品，且每品尝一种样品后，都要用温开水漱口，以减少相互影响。对已有腐败迹象的食品，不要进行味觉检验。

④ 触觉检验主要借助于手、皮肤等器官的触觉神经来检验某些食品的弹性、韧性、紧密度、稠度等，以鉴别其质量。

进行感官检验时，通常先进行视觉检验，在进行嗅觉检验，然后进行味觉检验及触觉检验。

（三）乳的密度与相对密度

乳的密度是指一定温度下单位体积的质量，而乳的相对密度主要有两种表示方法：①以15℃为标准，指在15℃时一定容积牛乳的质量与同容积、同温度水的质量之比 $d_{15}^{15}$，正常乳

的比值平均为 $d_{15}^{15}=1.032$；②指乳在 20℃时的质量与同容积水在 4℃时的质量之比 $d_4^{20}$，正常值平均为 $d_4^{20}=1.030$。两种比值在同温度下，其绝对值相差甚微，后者较前者小 0.002。乳品生产中常以 0.002 的差数进行换算。

乳的相对密度在挤乳后 1h 内最低，其后逐渐上升，最后可大约升高 0.001，这是由于气体的逸散、蛋白质的水合作用及脂肪的凝固使容积发生变化的结果。故不宜在挤乳后立即测试相对密度。

测定牛乳的相对密度通常采取比重计（或称乳稠计、乳汁计）。测定范围为 1.015～1.045。在乳稠计上刻有 15～45 的刻度，以度来表示。如刻度读数为 30，即相当于相对密度 1.030。乳稠计有两种：一种为 15℃/15℃乳稠计（又称为比重乳稠计），另一种是 20℃/4℃乳稠计（又称密度乳稠计），如将后者读数换算为前者读数，则在后者读数上加 2 即得。

相对密度与密度乳稠计的读数两者之间可用下式表示：

$$X=(d_4^{20}-1.000)\times 1000$$

式中　　$X$——密度乳稠计的读数；

　　　　$d_4^{20}$——相对密度。

乳稠计具体操作与比重计使用方法相同，要注意向量筒倒牛乳时防止产生气泡，将乳稠计放入量筒中要静止 1～3min，稳定后读取牛乳液面上的刻度。但要注意牛乳温度不是 20℃时，要校正，需要用温度计量取牛乳的温度，如果温度比 20℃高出 1℃，要在得出的乳稠计读数上加 0.2°，如果牛乳温度低于 20℃时，每低 1℃，需减去乳稠剂读数 0.2°，也可以查表得出。

例：温度 16℃时测得密度乳稠计读数为 31°，则 20℃时的相对密度应该为多少？

解：20℃密度乳稠计的读数 $X=31°-0.2(20-16)=32-0.8=30.2°$

　　　　20℃的密度 $d_4^{20}=1+30.2/1000=1.0302$（kg/m³）

对于读出的乳稠计数值不是整数时，可查表。查表时要注意，有 15℃时的度数换算表，也有 20℃时的度数换算表，因为前面讲过 20℃/4℃测出的数值比 15℃/15℃低 2°，所以查表时应注意温度。

 ## 质量标准及检验

将学生进行随机分组，以组为单位进行，分工合作共同完成任务。每小组在课前自主完成相关知识准备，课上按照任务实施方案完成工作任务。牛乳收购现场检验的质量标准及检验方法如下。

### 一、感官检验

按表 1-1 进行。

**表 1-1　感官要求**

| 项目 | 要　求 | 检验方法 |
|---|---|---|
| 色泽 | 呈乳白色或微黄色 | 取适量试样置于 50mL 烧杯中，在自然光下观察色泽和组织状态。闻气味，用温开水漱口，品尝滋味 |
| 滋味、气味 | 具有乳固有的香味，无异味 | |
| 组织状态 | 呈均匀一致液体，无凝块、无沉淀、无正常视力可见异物 | |

### 二、相对密度的测定

指标要求和检验方法参照表 1-2。

表 1-2　相对密度要求

| 项　　目 | 指　　标 | 检 验 方 法 |
|---|---|---|
| 相对密度 | ≥1.027 | GB 5413.33 |

（一）仪器和设备

（1）密度计（乳稠计）　20℃/4℃。

（2）玻璃圆筒或 200~250mL 量筒　量筒高度应大于密度计的长度，其直径大小应使在沉入密度计时其周边和圆筒内壁的距离不得小于 5mm。

（3）温度计　0~100℃。

（二）分析步骤

将牛乳样品升温至 40℃，上下颠倒摇荡，混合均匀后，并调节温度为 10~25℃ 的试样，小心地注入玻璃量筒中，勿使其产生气泡并测量试样温度。小心将密度计放入试样中到相当刻度 30° 处，然后让其自然浮动，但不能使它与量筒壁接触。等乳稠计静止 2~3min 后，眼睛平视生乳液面的高度，读取数值。由于牛乳表面与乳稠计接触处形成新月形，读取弯月面上缘处的数字，即密度的数值。如测得温度不是标准温度，应对测得值加以校正。乳稠计的使用见图 1-1。

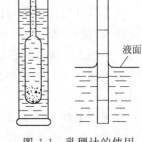

图 1-1　乳稠计的使用

（三）分析结果表述

$$d_4^{20} = \frac{X}{1000} + 1.000$$

式中　$X$——密度乳稠计的读数；

　　　　$d_4^{20}$——相对密度。

注：对于乳稠计，在 10~25℃ 范围内温度每升高 1℃ 乳稠计读数平均下降 0.2°，每降低 1℃ 乳稠计的读数就升高 0.2°。因此，要加上或减去相应的数值。

### 三、牛乳的酒精试验

指标要求和检验方法参照表 1-3。

表 1-3　酒精指标要求

| 酒精浓度($v/v$) | 不出现絮片的酸度指标 | 检 验 方 法 |
|---|---|---|
| 72% | 18°T 以下 | |
| 70% | 19°T 以下 | GB/T 6914—86 |
| 68% | 18°T 以下 | |

（一）原理

通过酒精的脱水作用，确定酪蛋白的稳定性。新鲜牛乳对酒精的作用表现出相对稳定；而不新鲜的牛乳，其中蛋白质胶粒已呈不稳定状态，当受到酒精的脱水作用时，则加速其聚沉。

（二）仪器和试剂

（1）仪器　试管，移液管。

（2）试剂　3.68%（$v/v$）中性酒精，4.70%（$v/v$）中性酒精，5.72%（$v/v$）中性酒精。

中性酒精的制备：在乙醇中加入 3 滴酚酞，然后用 0.1mol/L NaOH 滴定液滴定，至酚酞显示淡粉色，即为中性酒精。

（三）分析步骤

取等量的乙醇（中性）与牛乳混合（一般用 1～2mL 等量混合），振摇后不出现絮片的牛乳符合表 1-3 酸度标准，出现絮片的牛乳为酒精试验阳性乳，表示其酸度较高。

**四、牛乳的掺假检验**

（一）牛乳掺豆浆的检验

1. 原理

豆浆中含有皂素，皂素可溶于热水或热酒精，并可与 KOH 反应生成黄色物质。

2. 仪器和试剂

（1）仪器　50mL 三角瓶，20mL 量筒，5mL 移液管。

（2）试剂　25％氢氧化钠，乙醇-乙醚（1：1）混合液。

3. 分析步骤

取被检乳样 20mL，放入 50mL 三角瓶中，加乙醇-乙醚（1：1）混合液 3mL，混匀后加入 25％氢氧化钠溶液 5mL，摇匀。

同时做空白对照试验。试样呈微黄色，表示有豆浆掺入。本法灵敏度不高，当豆浆掺入量大于 10％时才呈阳性反应。

4. 结果分析（见表 1-4、表 1-5）

**表 1-4　牛乳掺豆浆实验结果判定**

| 现　象 | 结果判断 | 现　象 | 结果判断 |
| --- | --- | --- | --- |
| 微黄或黄色 | 有豆浆掺入 | 正常牛乳色 | 无豆浆掺入 |

**表 1-5　牛乳掺豆浆实验结果记录**

| 样　品 | 现　象 | 结果判断 |
| --- | --- | --- |
| 空白 | | |
| 试样 1 | | |
| 试样 1 | | |

（二）牛乳中掺食盐的检验

1. 原理

在一定量牛乳样品中，硝酸盐与铬酸钾发生红色反应。如牛乳中氯离子含量超过了天然乳，全部生成氧化银沉淀，呈现黄色反应。

2. 仪器和试剂

（1）仪器　试管，5mL 移液管，1mL 移液管。

（2）试剂　0.01mol/L 硝酸银溶液，10％铬酸钾溶液。

3. 分析步骤

取 5mL 0.01mol/L 硝酸银溶液和 2 滴 10％铬酸钾溶液，于试管中混匀；加入待检乳样 1mL，充分混匀，如果牛乳呈黄色，说明其中 $Cl^-$ 的含量大于 0.14％（天然乳中 $Cl^-$ 含量为 0.09％～0.12％）。

4. 结果记录（见表 1-6）

**表 1-6　牛乳中掺食盐实验结果记录**

| 项　目 | 牛乳呈黄色，Cl⁻＞0.14％ | 结 果 判 断 |
|---|---|---|
| 试样 1 |  |  |
| 试样 2 |  |  |

（三）牛乳中掺碱的检验

**1. 原理**

制成玫瑰红酸的 pH 值范围是 6.9～8.0，遇到加强碱弱酸盐而呈碱性的乳，其颜色会由棕黄色变成玫瑰红色。

**2. 仪器和试剂**

（1）仪器　5mL 移液管，100mL 量筒，试管。

（2）试剂　0.04％溴麝香草酚蓝酒精溶液：溶解 0.04g 溴麝香草酚蓝酸于 100mL 95％酒精中。

**3. 分析步骤**

取被检牛乳 5mL 于试管中，将试管呈倾斜位，沿管壁小心加入 5 滴 0.05％溴麝香草酚蓝酒精溶液，小心斜转 3 次，然后垂直，2min 后观察其颜色反应。同时做正常乳试验。

**4. 判断**

两液界面呈绿色──→青色为掺碱，正常乳为黄色，详见表 1-7。结果记录填入表 1-8。

**表 1-7　不同掺碱浓度的乳颜色特点**

| 乳中掺碱的浓度/％ | 界面环层颜色特点 | 乳中掺碱的浓度/％ | 界面环层颜色特点 |
|---|---|---|---|
| 无 | 黄色 | 0.5 | 青绿色 |
| 0.03 | 黄绿色 | 0.7 | 淡青色 |
| 0.05 | 浅绿色 | 1.0 | 青色 |
| 0.1 | 绿色 | 1.5 | 深青色 |
| 0.3 | 深绿色 |  |  |

**表 1-8　牛乳中掺碱实验结果记录**

| 项　目 | 现　象 | 结 果 判 断 |
|---|---|---|
| 空白(正常乳)试验 |  |  |
| 试样 1 |  |  |
| 试样 2 |  |  |

（四）牛乳中掺淀粉的检验

**1. 原理**

淀粉遇碘变蓝。

**2. 仪器和试剂**

（1）仪器　5mL 移液管，100mL 容量瓶。

（2）试剂　碘液：用蒸馏水溶解碘化钾 4g、碘 2g，移入 100mL 容量瓶中，加蒸馏水至刻度。

**3. 分析步骤**

取被检牛乳 5mL 于试管中，稍煮沸，加入数滴碘液，如有淀粉掺入，则出现蓝色或蓝青色反应。

4. 结果记录（见表 1-9）

表 1-9　牛乳中掺淀粉实验结果记录

| 项　目 | 现　象 | 结 果 判 断 |
|---|---|---|
| 试样 1 | | |
| 试样 2 | | |

 **任务总结**

本任务阐述了乳的概念、分类和物理性质，其中乳的概念、异常乳的概念和酸度、密度的表示要重点掌握。

原料乳收购现场的检验对于乳制品的品质来说至关重要，直接影响到乳制品的质量。所有的乳制品的加工中，原料乳的验收是第一工序。其中牛乳的取样，是现场检验的一个关键步骤，必须采取具有足够代表性的"平均样品"，否则不代表本批样品的质量，分析的方法再正确也得不到正确的结论。通过本任务的学习和实践，学生能够掌握原料乳的现场验收操作技能。

 **知识考核**

**一、填空题**

1. 在乳品工业上通常按乳的加工性质将乳分为　　　　和异常乳两大类。

2. 异常乳分为　　　　、化学异常乳、微生物异常乳及病理异常乳等几类。

**二、选择题**

1. 在我国 GB 6914 生鲜牛乳收购理化指标规定中，要求密度（20℃/4℃）含量（　　　　）。

　　A. ≥1.028　　　　B. ≥1.106%　　　　C. ≥1.068%　　　　D. 2.028

2. 在我国 GB 6914 生鲜牛乳收购指标规定中，酒精（72°）实验，不出现絮片时，牛乳酸度为（　　　　）。

　　A. 18°T 以下　　　B. 19°T 以下　　　C. 20°T 以下　　　D. 12°T 以下

3. 味觉检验的最佳温度为（　　　　）。

　　A. 20～30℃　　　B. 20～40℃　　　C. 30～40℃　　　D. 25～40℃

# 任务二　牛乳的实验室检验

牛乳经现场验收合格后，为了保证乳的质量，需要进一步进行实验室的检验以确保牛乳的质量。这是保证产品质量的有效措施，为牛乳的进一步加工提供可靠的理论依据。

我国原料乳的现场检验以感官检验为主，辅助以部分理化检验，如相对密度测定、煮沸试验、酒精试验、掺假检验，一般不做微生物检验。原料乳的实验室检验是按照国家生乳的收购指标要求进行的详细理化指标检验和微生物指标检验。

 **能力目标**

1. 能够进行牛乳实验室检测的准备工作。

2. 熟练掌握牛乳实验室各项检测指标的基本操作技能。

3. 掌握相关仪器设备的使用方法，并能熟练地进行样品的分析检测。

4. 能根据相关的国家标准进行牛乳品质分析。

5. 能够应用实验室检测的数据对分析结果进行评价，并对检测中出现的问题进行分析、提出解决方案。

## 知识目标

1. 掌握乳的化学组成及其理化性质等方面的知识。

2. 掌握牛乳中各种组成成分含量的多少对牛乳品质的影响。

3. 掌握乳中微生物的来源及如何防止有害微生物污染。

4. 学会牛乳实验室检测的基础理论知识。

5. 掌握新鲜牛乳实验室检测的操作要点。

## 知识准备

乳的成分比较复杂，含有上百种化学成分，主要包括水分、脂肪、蛋白质、乳糖、盐类、维生素、酶类、气体等。牛乳的基本组成见表 1-10。

表 1-10　牛乳的主要化学成分及含量

| 成分 | 水分 | 总固体含量 | 蛋白质 | 脂肪 | 乳糖 | 无机盐 |
| --- | --- | --- | --- | --- | --- | --- |
| 变化范围/% | 85.5～89.5 | 10.5～14.5 | 2.9～5.5 | 2.5～6.5 | 3.6～5.5 | 0.6～0.9 |
| 平均值/% | 87.5 | 13.0 | 3.4 | 4.0 | 4.8 | 0.8 |

### 一、乳蛋白质

牛乳中的蛋白质是乳中的主要含氮物质，含量为 2.8%～3.8%，牛乳中的含氮化合物 95% 是乳蛋白，5% 为非蛋白态氮。乳蛋白由共约 20 种以上的氨基酸组成，包括酪蛋白、乳清蛋白及少量脂肪球膜蛋白，乳清蛋白中有对热不稳定的乳白蛋白和乳球蛋白，还有对热稳定的小分子蛋白和胨。乳蛋白特别是酪蛋白按其组成和营养特性是典型的全价蛋白质。

乳中的含氮物质除了乳蛋白外，还有少量的非蛋白态氮，如游离氨基酸、氨、尿素、尿酸、肌酸及嘌呤碱等。这些物质基本上是机体蛋白质代谢的产物，是通过乳腺细胞进入乳中的。另外，牛乳含氮物质中还有少量的维生素态氮。

#### （一）酪蛋白

在温度 20℃ 时，调节脱脂乳的 pH 至 4.6 时沉淀的一类蛋白质称为酪蛋白，占乳蛋白总量的 80%～82%。

酪蛋白不是单一的蛋白质，是以含磷蛋白质为主体的几种蛋白质的复合体。酪蛋白很容易形成含有几种不同类型分子的聚合物。由于酪蛋白分子上存在大量亲水基和憎水基以及电离化基团，因此由酪蛋白形成的分子聚合物十分特殊，该分子聚合物由数百乃至数千个单个分子构成，并且形成胶体溶液，这种结构使得脱脂乳带有蓝白色的色泽。

酪蛋白在乳中是以酪蛋白胶束状态存在（其中包含大约 1.2% 的钙和少量的镁），另外再与磷酸钙形成复合体，称作"酪蛋白酸钙-磷酸钙复合体"（ca-phospho-caseinate），其中含酪蛋白酸钙 95.2%、磷酸钙 4.8%。

**1. 酪蛋白与酸碱的反应**

酪蛋白属于两性电解质，它在溶液中既具有酸性也具有碱性，也就是说它能形成两性离子。

当酪蛋白与酸发生反应时（也就是分散剂的 pH 低于等电点时），酪蛋白本身具有碱的作用。于是酪蛋白与酸结合生成酸性酪蛋白，重新溶解。

$$R\begin{array}{c}NH_3^+\\|\\|\\COO^-\end{array}+H^+(H_2SO_4)\longrightarrow R\begin{array}{c}NH_3^+\\|\\|\\COOH\end{array}+(HSO_4^-)$$

这种溶解作用，随酸的性质不同而异，加弱酸时溶解作用徐徐进行，如加大量的强酸，则迅速溶解。例如牛乳中加入大量浓硫酸时，开始酪蛋白凝固，立即生成硫酸酪蛋白而后再溶解。

当酪蛋白中加入碱时，则酪蛋白具有酸的作用。酪蛋白与碱结合生成一种盐，形成一种近乎透明的溶液。

$$R\begin{array}{c}NH_3^+\\|\\|\\COO^-\end{array}+OH^-(NaOH)\longrightarrow R\begin{array}{c}NH_3OH\\|\\|\\COO^-\end{array}+(Na^+)$$

从上面内容可以知道，酪蛋白在酸性介质中具有碱的作用而带正电荷，在碱性介质中具有酸的作用而带负电荷。新鲜的牛奶通常 pH6.6 左右，也就是接近等电点的碱性方面，因此酪蛋白具有酸的作用而与牛乳中的钙结合，从而以酪蛋白钙的形式存在于乳中。

**2. 酪蛋白与醛反应**

酪蛋白除与酸碱能起作用外，并可与醛基反应。但由于所处环境不同，其性质也有区别。当酪蛋白在弱酸介质中与甲醛反应时，则形成亚甲基桥，可将两个分子的酪蛋白联结起来。

$$2R-NH_2+HCHO\longrightarrow R-NH-CH_2-NH-R+H_2O$$

在上列反应式中，1g 酪蛋白约可连接 12mg 甲醛。所得的亚甲基蛋白质不溶于酸碱溶液，不腐败、也不能被酶所分解。

当酪蛋白在碱性介质中与甲醛反应时，则生成亚甲基衍生物。

$$R-NH_2+HCHO\longrightarrow R-NH=CH_2+H_2O$$

在这个反应中，1g 酪蛋白约需 24mg 甲醛。

以上这两种反应被广泛应用于塑料工业、人造纤维的生产及检验乳样的保存方面。

**3. 酪蛋白与糖反应**

自然界中的醛糖、葡萄糖、转化糖等与酪蛋白作用后变成氨基糖而产生芳香味。如黑面包芳香酒即有此作用。这种作用也表现于产生色素方面，可使食品具有某种颜色，如黑色素。

酪蛋白和乳糖的反应，在乳品工业中有特殊的指导意义。乳品（如乳粉、乳蛋白粉和其他乳制品）在长期贮存中，乳糖与酪蛋白发生反应，产生颜色、风味及改变营养价值。在贮存中如有氧存在时，则能加速这种变化。因此贮存乳粉应保持在真空状态。此外，湿度也能加速这种过程。工业用干酪素由于洗涤不干净，贮存条件不佳，同样也能发生这种变化。炼乳罐头也同样有这种反应过程，特别是含转化糖多时变化更剧烈。

4. 酪蛋白的酸凝固

酪蛋白是两性电解质，等电点为pH4.6。普通牛乳的pH大约为6.6，即接近于等电点的碱性方面，因此这时的酪蛋白充分地表现出酸性，与牛乳中的碱性基（主要是钙）结合以酪蛋白酸钙的形式存在于乳中。此时如加酸，酪蛋白酸钙的钙被酸夺取，渐渐地生成游离酪蛋白，达到等电点时，钙完全被分离，游离的酪蛋白凝固而沉淀。

$$\left(\begin{matrix}酪蛋白酸钙\\ Ca_3(PO_4)_2\end{matrix}\right)+2HCl \longrightarrow 酪蛋白+2Ca(H_2PO_4)_2+CaCl_2$$

由于加酸程度不同，酪蛋白酸钙-磷酸钙复合体中钙被酸取代的情况也有差异，当牛乳中加酸后pH达5.2时，磷酸钙先行分离，酪蛋白开始沉淀，继续加酸而使pH达到4.6时，钙又从酪蛋白钙中分离，游离的酪蛋白完全沉淀。在加酸凝固时，酸只和酪蛋白酸钙-磷酸钙作用。所以除了酪蛋白外，白蛋白、球蛋白都不起作用。

在制造工业用干酪素时，往往用盐酸作凝固剂，此时如加酸不足，则钙不能完全被分离，于是在干酪素中往往包含一部分的钙盐。如果要获得纯的酪蛋白，就必须在等电点下使酪蛋白凝固。硫酸也能很好地沉淀乳中的酪蛋白，但由于硫酸钙不能溶解，因此有使灰分增多的缺点。

此外，由于牛乳在乳酸菌的作用下使乳糖生成乳酸，结果乳酸将酪蛋白酸钙中的钙分离而形成乳酸钙，同时生成游离的酪蛋白而沉淀。由于乳酸能使酪蛋白形成硬的凝块，并且稀乳酸及乳酸盐皆不溶解酪蛋白，因此乳酸是最适于沉淀酪蛋白的酸。

5. 酪蛋白的皱胃酶凝固

犊牛第四胃中所含的一种酶能使乳汁凝固，这种酶通常称为皱胃酶。如果没有这种酶时，乳在胃中经过后即行流失无法消化，所以皱胃酶有使乳汁从液体变为凝块，并发生收缩而排出乳清的作用。在乳清中则含有无机盐类及乳糖。

皱胃酶的凝固作用可以分为两个过程。

① 磷酸酰胺键的破裂使酪蛋白变成副酪蛋白，此过程称为酶性变化。副酪蛋白出现两个游离基：一个磷酸基和一个碱性基。由于碱性基的出现，使副酪蛋白的等电点（pH5.2）向碱性移动。

② 副酪蛋白上的—OH基同钙离子结合（此时的—OH基比酪蛋白增加了1倍，所以副酪蛋白对钙的敏感性比酪蛋白高1倍左右）形成副酪蛋白分子间的"钙桥"，于是副酪蛋白的微粒发生团聚作用而产生凝胶体，此过程称为非酶变化。

6. 酪蛋白的钙凝固

酪蛋白系以酪蛋白酸钙-磷酸钙的复合体状态存在于乳中。钙和磷的含量直接影响乳汁中酪蛋白微粒的大小，也就是大的微粒要比小的微粒含有较多量的钙和磷。由于乳中的钙和磷呈平衡状态存在，所以鲜乳中的酪蛋白微粒具有一定的稳定性。当向乳中加入氯化钙时，则能破坏平衡状态，因此在加热时使酪蛋白发生凝固现象。

在乳汁中甚至只需加入0.005mol/L氯化钙，经加热后就会使酪蛋白凝固，并且加热温度越高，氯化钙的用量也越省。

氯化钙除了使酪蛋白凝固外，也能凝固乳清蛋白。利用氯化钙凝固乳时，如加热到95℃，则乳汁中蛋白质总含量的97%可以被利用。而此时加入氯化钙的量以1～1.25g/L为最适宜。

采用钙凝固时，乳蛋白的利用程度，几乎要比酸凝固法高 5%，比皱胃酶凝固法高约 10%以上。此外，利用氯化钙沉淀所得到的蛋白质，一般都含有大量的钙和磷。所以钙凝固法不论在脱脂乳的蛋白质综合利用方面，或是在有价值的矿物质（钙和磷）的利用方面，都比目前生产食用酪蛋白所采用的酸凝固法和皱胃酶凝固法优越得多。

（二）脂肪球膜蛋白

牛乳中除酪蛋白和乳清蛋白外，还有一些蛋白质称为脂肪球膜蛋白，它们是吸附于脂肪球表面的蛋白质与磷脂质，构成脂肪球膜，而且 1 分子磷脂质约与 2 分子蛋白质结合在一起。100g 乳脂肪约含脂肪球膜蛋白 0.4～0.8g，其中还含有脂蛋白、碱性磷酸酶和黄嘌呤氧化酶等，这些物质可以用洗涤和搅拌稀奶油的方法分离出来。脂肪球膜蛋白因含有卵磷脂，因此也称磷脂蛋白。脂肪球膜蛋白的组成见表 1-11。

**表 1-11　脂肪球膜蛋白的组成/%**

| 样品号 | 水分 | 脂肪 | 灰分 | 氮 | 硫 | 磷 |
|---|---|---|---|---|---|---|
| 1 | 7.61 | 4.33 | 2.17 | 12.34 | 1.34 | 0.64 |
| 2 | 8.50 | 5.22 | 3.22 | 12.33 | 2.04 | 0.30 |

脂肪球膜蛋白对热较为敏感，且含有大量的硫，牛乳在 70～75℃瞬间加热，则—SH 基就会游离出来，产生蒸煮味。脂肪球膜蛋白中的卵磷脂易在细菌性酶的作用下形成带有鱼腥味的三甲胺而被破坏；也易受细菌性酶的作用而分解，是奶油贮存过程中风味变坏的原因之一。加工奶油时，大部分脂肪球膜蛋白被留在酪乳中，故酪乳不仅含蛋白质，而且富含卵磷脂，酪乳最好加工成酪乳粉，可作为食品乳化剂加以利用。

（三）乳清蛋白

乳清蛋白是指溶解于乳清中的蛋白质，占乳蛋白的 18%～20%，可分为热稳定性和热不稳定性两种。

**1. 热不稳定性乳清蛋白**

调节乳清 pH 值至 4.6～4.7 时，煮沸 20min，发生沉淀的一类蛋白质为热不稳定性乳清蛋白，约占乳清蛋白的 81%。包括乳白蛋白和乳球蛋白两类。

（1）乳白蛋白　是指中性乳清中，加饱和硫酸铵或饱和硫酸镁盐析时，呈溶解状态而不析出的蛋白质。乳白蛋白约占乳清蛋白的 68%。乳白蛋白又包括 $\alpha$-乳白蛋白（约占乳清蛋白的 19.7%）、$\beta$-乳球蛋白（约占乳清蛋白的 43.6%）和血清白蛋白（约占乳清蛋白的 4.7%）。$\beta$-乳球蛋白过去一直被认为是白蛋白，而实际上是一种球蛋白，所以乳白蛋白中最主要的是 $\alpha$-乳白蛋白。

乳白蛋白在乳中以 1.5～5.0$\mu$m 直径的微粒分散在乳中，对酪蛋白起保护胶体作用。这类蛋白在常温下不能用酸凝固，但在弱酸性时加温即能凝固。该类蛋白不含磷，但含丰富的硫，加热时易暴露出—SH、—S—S—键，甚至产生 $H_2S$，使乳或乳制品出现蒸煮味。乳白蛋白不被凝乳酶或酸凝固，属全价蛋白质，其在初乳中含量高达 10%～12%。

（2）乳球蛋白　中性乳清加饱和硫酸铵或饱和硫酸镁盐析时，能析出但不呈溶解状态的乳清蛋白即为乳球蛋白，约占乳清蛋白的 13%。乳球蛋白又可分为真球蛋白和假球蛋白，这两种蛋白质与乳的免疫性有关，具有抗原作用，故又称为免疫球蛋白。初乳中的免疫球蛋白含量比常乳高。免疫球蛋白的相对分子质量是1.8万，是乳球蛋白中相对分子质量最高的一种。

**2. 热稳定性乳清蛋白**

将乳清煮沸20min，pH4.6～4.7时，仍溶解于乳中的乳清蛋白为热稳定性乳清蛋白。它们主要是小分子蛋白和胨类，约占乳清蛋白的19％。

**（四）其他蛋白质**

除了上述几种蛋白质之外，乳中还含有数量很少的其他蛋白质和酶蛋白，在分离酶时，可按不同部分将其分开。例如淀粉酶是含在乳球蛋白内，过氧化酶含在乳白蛋白内，蛋白酶含在酪蛋白中，而黄嘌呤氧化酶和碱性磷酸酶是在脂肪球膜中。乳中的过氧化酶和黄嘌呤氧化酶都是结晶的。除了这些酶蛋白外，乳中也含有少量的酒精可溶性蛋白以及与血纤蛋白相类似的蛋白质等。

**（五）非蛋白含氮物**

牛乳的含氮物中，除蛋白质外，还有非蛋白含氮物，约占总氮的5％，其中包括氨基酸、尿素、尿酸、肌酸及叶绿素等。这些含氮物是活体蛋白质代谢的产物，从乳腺细胞进入乳中。

乳中约含游离态氨基酸23mg/100mL，其中包括酪氨酸、色氨酸和胱氨酸。

尿素、肌酸及肌酐是蛋白质代谢产物，尿酸在蛋白质分解过程中形成；肌酸也可以在蛋白质代谢过程中从精氨酸形成；叶绿素从牲畜的饲料进入乳中。

**二、乳脂质**

乳脂质中有97％～99％的成分是乳脂肪，还含有约1％的磷脂和少量的甾醇、游离脂肪酸、脂溶性维生素等。所谓乳脂肪是指采用哥特里-罗兹法测得的那一部分乳脂质。乳脂肪是中性脂肪，在牛乳中的含量平均为3.5％～4.5％，是牛乳的主要成分之一。乳脂肪不溶于水，呈微细球状分散于乳浆中，形成乳浊液。

**（一）乳脂肪**

**1. 乳脂肪的组成**

乳脂肪是以中性脂肪状态存在于乳中，所谓中性脂肪，即三元醇——甘油与脂肪酸的复合酯。是由1个甘油分子与3个脂肪酸（相同的或不同的）所组成的甘油酯的混合物，其中最主要的为甘油三酯。构成甘油三酯的三个脂肪酸残基可以是饱和的或是不饱和的，而不饱和的还可能是单不饱和、双不饱和或多不饱和的脂肪酸，因此乳腺中形成的乳脂肪的组成非常复杂。

$$
\begin{array}{l}
CH_2OH \quad\quad R^1COOH \quad\quad\quad CH_2OCOR^1 \\
| \quad\quad\quad\quad\quad\quad\quad\quad\quad\quad\quad\quad\quad\quad | \\
CHOH \; + \; RCOOH \; \longrightarrow \; CHOCOR \quad +3H_2O \\
| \quad\quad\quad\quad\quad\quad\quad\quad\quad\quad\quad\quad\quad\quad | \\
CH_2OH \quad\quad R^2COOH \quad\quad\quad CH_2OCOR^2
\end{array}
$$

**2. 构成乳脂肪的脂肪酸**

乳中的脂肪酸可分为3类：第一类为水溶性挥发性脂肪酸，例如乙酸、丁酸、辛酸和癸酸等；第二类是非水溶性挥发性脂肪酸，例如月桂酸等；第三类是非水溶性不挥发性脂肪酸，例如十四碳酸、二十碳酸、十八碳烯酸和十八碳二烯酸等。构成乳脂肪的脂肪酸种类和含量，如表1-12所示。

表 1-12　牛乳脂肪中的脂肪酸组成和含量

| 脂肪酸名称 | 分子式 | 质量分数/% | 水溶性 | 挥发性 |
|---|---|---|---|---|
| 丁酸 | $C_4H_8O_2$ | 4.06 | 溶 | 挥发 |
| 己酸 | $C_6H_{12}O_2$ | 3.29 | 微溶 | 挥发 |
| 辛酸 | $C_8H_6O_2$ | 2.00 | 极溶 | 挥发 |
| 癸酸 | $C_{10}H_{20}O_2$ | 4.59 | 极溶 | 挥发 |
| 月桂酸 | $C_{12}H_{24}O_2$ | 5.42 | 几乎不溶 | 微挥发 |
| 豆蔻酸 | $C_{14}H_{28}O_2$ | 12.95 | 不溶 | 极微挥发 |
| 软脂酸 | $C_{16}H_{32}O_2$ | 23.07 | 不溶 | 不挥发 |
| 硬脂酸 | $C_{18}H_{36}O_2$ | 7.61 | 几乎不溶 | 不挥发 |
| 花生酸 | $C_{20}H_{40}O_2$ | — | 不溶 | 不挥发 |
| 癸烯酸 | $C_{10}H_{18}O_2$ | 0.62 | 不溶 | 不挥发 |
| 十二碳烯酸 | $C_{12}H_{22}O_2$ | 0.12 | 不溶 | 不挥发 |
| 十四碳烯酸 | $C_{14}H_{26}O_2$ | 3.65 | 不溶 | 不挥发 |
| 十六碳烯酸 | $C_{16}H_{30}O_2$ | 5.12 | 不溶 | 不挥发 |
| 油酸 | $C_{18}H_{34}O_2$ | 18.57 | 不溶 | 不挥发 |
| 亚油酸 | $C_{18}H_{32}O_2$ | 1.9 | 不溶 | 不挥发 |
| 十八碳三烯酸 | $C_{18}H_{30}O_2$ | 1.53 | 不溶 | 不挥发 |
| 二十碳五烯酸 | $C_{20}H_{32}O_2$ | — | 不溶 | 不挥发 |
| 二十二碳六烯酸 | $C_{22}H_{32}O_2$ | — | 不溶 | 不挥发 |

　　乳脂肪的脂肪酸组成受饲料、营养、环境、季节等因素的影响。一般夏季放牧期间乳脂肪不饱和脂肪酸含量升高，而冬季舍饲期不饱和脂肪酸含量降低，所以夏季加工的奶油其熔点比较低。

　　3. 乳脂肪的特点

　　① 乳脂肪中含有 20 种左右的脂肪酸，其他动植物脂肪中只含有 5～7 种脂肪酸。

　　② 乳脂肪中含有低级（$C_{14}$ 以下）挥发性脂肪酸（丁酸、己酸、辛酸、癸酸、月桂酸）多达 14％，其中水溶性脂肪酸（丁酸、己酸、辛酸）达 8％左右，而其他油脂中不超过 1％。这些脂肪酸在室温下呈液态，易挥发，因此使乳脂肪具有特殊的香味和柔软的质地。

　　③ 乳中的不饱和脂肪酸含量较多，对乳脂肪的组织状态有很重要的影响。乳中的不饱和脂肪酸主要有：油酸、十六碳烯酸、十四碳烯酸、癸烯酸、花生酸、亚麻酸、亚油酸等。在室温下是液态，不溶于水，不能同水蒸气挥发。

　　不饱和脂肪酸在人的营养上具有特殊作用，具有维生素作用，因此曾将某些不饱和脂肪酸的复合体叫维生素 F。乳中的不饱和脂肪酸是由亚油酸（十八碳二烯酸）、亚麻酸（十八碳三烯酸）、花生酸所组成，通常也称这些不饱和脂肪酸为必需脂肪酸。人体缺乏这类脂肪酸时不仅生长停止，而且发生皮肤炎及脱毛现象，甚至身体各部分出血而死亡。

　　4. 乳脂肪的理化特性

　　乳脂肪的组成与结构决定其理化性质，表 1-13 所示是乳脂肪的理化常数。

表 1-13　乳脂肪的理化常数

| 项　目 | 指　标 | 项　目 | 指　标 |
|---|---|---|---|
| 相对密度（$d15$） | 0.935～0.943 | 赖克特-迈斯尔值[①] | 21～36 |
| 熔点/℃ | 28～38 | 波伦斯克值[②] | 1.3～3.5 |
| 凝固点/℃ | 15～25 | 酸价 | 0.4～3.5 |
| 折射率（$n_D^{25}$） | 1.4590～1.4620 | 丁酸值 | 16～24 |
| 皂化值 | 218～235 | 不皂化物 | 0.31～0.42 |
| 碘值 | 26～36（30左右） | | |

[①] 水溶性挥发性脂肪酸值。
[②] 非水溶性挥发性脂肪酸值。

（1）相对密度和折射率　相对密度，即在15℃时与同温度同体积水之比约为0.935～0.943，100℃时为0.865～0.870。折射率40℃时为1.4590～1.4620。

（2）熔点　乳脂肪的熔点是指脂肪由固体转变为液体的温度，随其中所含各种甘油酯的数量而异，一般为28～38℃，因为熔点比人的体温低，所以放到嘴里以后马上溶解。

（3）酸价　酸价指油脂中所含游离脂肪酸的量而言，也就是存在于1g油脂中的游离脂肪酸用碱中和时所需氢氧化钾的毫克数。食用油脂中含游离脂肪酸过多时，易引起生理障碍，所以一般酸价以10以下为宜。乳脂肪的酸价通常在0.4～3.5之间，陈旧的奶油，酸价有达到30以上的。

（4）皂化价　将1g油脂完全皂化时所需要的氢氧化钠的毫克数称为皂化价。皂化价与脂肪酸的分子量成反比，即分子量越大皂化价越小。从皂化价可以大概地推知油脂中所含脂肪酸的种类。

（5）碘价　碘价系表示不饱和脂肪酸的数量，即以100g油脂所能吸收碘的质量来表示。普通乳脂的碘价在26～36之间。

（6）波伦斯克值　此值系指脂肪中所含非水溶性挥发性脂肪酸的数量而言。即以中和5g脂肪中所含非水溶性挥发性脂肪酸所消耗的0.1mol/L碘液的毫升数来表示。普通乳脂肪的波伦斯克值在1.3～3.5之间。

**5. 乳脂肪球及脂肪球膜**

乳中脂肪是以微小脂肪球的状态分散于乳中，呈一种水包油型的乳浊液。脂肪球表面被脂肪球膜包裹着，使脂肪在乳中保持稳定的乳浊液状态，并使各个脂肪球独立地分散于乳中。脂肪球的直径在0.1～22μm范围，平均为3μm，大部分在4μm以下，10μm以上的很少。1mL牛乳中含有$2×10^9$～$4×10^9$个脂肪球，形状呈球形或椭球形。

磷脂　　　甘油三酯
脂蛋白　　甘油二酯
脑苷类　　单酸甘油酯
蛋白质　　脂肪酸
核酸　　　甾醇
酶　　　　胡萝卜素
金属　　　维生素A、维生素D、
水　　　　维生素E、维生素K

每一个乳脂肪球外包有一层薄膜，厚度为5～10nm。脂肪球被膜完整包住，膜的构成相当复杂。乳脂肪组成包括：甘油三酯（主要组分）、甘油二酯、单酸甘油酯、脂肪酸、甾醇、胡萝卜素（脂肪中的黄色物质）、维生素A、维生素D、维生素E、维生素K和其余一些痕量物质。乳脂肪球的结构如图1-2所示。

脂肪球膜由蛋白质、磷脂、高熔点甘油三酯、甾醇、维生素、金属离子、酶类及结合水等复杂的化合物所构成，其中起主导作用的是卵磷脂-蛋白质络合物，有层次地定向排列在脂肪球与

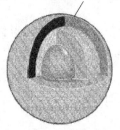

图 1-2　脂肪球的结构

乳浆的界面上。膜的内侧为磷脂层，它的疏水基朝向脂肪球中心，并吸附着高熔点甘油三酯，形成膜的最内层。磷脂层间还夹着甾醇与维生素 A。磷脂的亲水基向外朝向乳浆，并连结着具有强大亲水基的蛋白质，构成了膜的外层，其表面有大量结合水，从而形成了脂相到水相的过渡。图 1-3 是脂肪球膜结构模式图。

脂肪球膜具有保持乳浊液稳定的作用，脂肪球即使上浮分层，仍能保持着脂肪球的分散状态。在化学物质作用下或机械搅拌下，脂肪球膜遭到破坏后，脂肪球才会互相聚结在一起。因此，可以利用这一原理生产奶油和测定乳的含脂率。

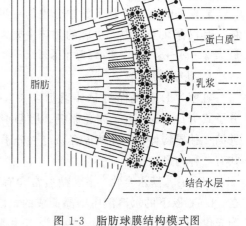

图 1-3　脂肪球膜结构模式图

▭━● 磷脂　　▭━ 高熔点甘油三酯
▨━● 胆固醇　　▱━ 维生素 A

（二）磷脂类及甾醇

1. 磷脂类

按化学成分磷脂接近脂肪，由甘油、脂肪酸、磷酸和含氮物质组成。磷脂类虽然在乳中含量很少，平均含量为 0.072%～0.086%，但其作用非常重要。它主要存在于乳脂肪球膜中，也是脱脂乳中膜物质的主要组成部分。

乳中含有三种磷脂，即卵磷脂、脑磷脂和神经磷脂。对乳意义最大的为卵磷脂（乳中含0.036%～0.049%），它是构成脂肪球膜蛋白复合物的主要成分。

纯卵磷脂是白色蜡状物质，在空气中由于不饱和脂肪酸的氧化而迅速变成暗色。当卵磷脂分解时，由胆碱形成三甲胺，它具有鲱鱼气味，并能使奶油带有鱼味，这个过程是由细菌所引起的。

牛乳经分离机分离出稀奶油时，约有 70% 的磷脂被转移到稀奶油中去。稀奶油再经过搅拌制造奶油时，大部分磷脂又转移到酪乳中，所以酪乳是富含磷脂的产品，可作为再制乳、冰淇淋及婴儿乳粉类的乳化剂和营养剂。磷脂具有良好的亲水亲油性，在速溶全脂乳粉制造工艺中采用喷涂卵磷脂技术，可改善制品的冲调性能。

2. 甾醇

乳中甾醇含量很低（每 100mL 牛乳中含 7～17mg），主要结合在脂肪球膜上。乳脂肪及其他动物性脂肪中甾醇的最主要部分是胆固醇，其含量在 95% 以上，一些少量的固醇成分也被发现。

在反刍动物的乳中，已经分离鉴定出 $\beta$-甾醇、羊毛甾醇、二氢羊毛甾醇、$\delta$-4-胆固醇-3-1，$\delta$-3，5-胆（甾）二烯-7-1 和 7-脱氢胆固醇，同时还含有菜油固醇、豆甾醇和 $\delta$-5-燕麦固醇。在乳中还发现了一定数目的甾类激素尤其是黄体酮、雌激素和皮质类固醇。

牛乳中大多数（85%～95%）胆固醇是以游离形式存在的，只有少量与脂肪酸（通常是长链脂肪酸）形成胆固醇酯。甾醇在生理上有重大意义，因为有些甾醇（如麦角甾醇）经紫外线照射后具有维生素特性。只是乳经照射后能引起脂肪氧化，使乳脂变坏，所以没有广泛应用。

**三、乳中的碳水化合物**

乳中的碳水化合物主要是乳糖，占总碳水化合物的 99.8% 以上，其他碳水化合物虽然也有存在，但含量极微。

（一）乳糖

乳糖是哺乳动物从乳腺中分泌的一种特有的化合物，在动、植物的组织中几乎不存在乳糖，其仅存在于乳中。牛乳的甜味主要来自乳糖，乳糖的甜度为蔗糖的 1/6，在牛乳中的含量为 3.6%～5.5%，平均为 4.6%。

1. 乳糖的结构

乳糖为 D-葡萄糖与 D-半乳糖以 $\beta$-1,4-糖苷键结合的双糖，又称为 1,4-半乳糖苷葡萄糖，分子式为 $C_{12}H_{22}O_{11}$，属还原糖。因 D-葡萄糖分子中游离苷羟基位置的不同，有 $\alpha$-乳糖和 $\beta$-乳糖 2 种异构体。$\alpha$-乳糖很容易与一分子结晶水结合，变为 $\alpha$-乳糖水合物，所以乳糖实际上共有 3 种构型。

（1）$\alpha$-乳糖水合物　$\alpha$-乳糖通常含有 1 分子结晶水，其无水物亦存在。$\alpha$-乳糖水合物是在 93.5℃ 以下的水溶液中结晶而成的，因其结晶条件的不同而有各种晶型。在 20℃ 时的比旋光度以无水物来换算为 +89.4°。市售乳糖一般为 $\alpha$-乳糖水合物。

（2）$\alpha$-乳糖无水物　$\alpha$-乳糖水合物在真空中缓慢加热到 100℃ 或在 120～125℃ 迅速加热，均可失去结晶水而成为 $\alpha$-乳糖无水物，其在干燥状态下稳定，但在有水分存在时，易吸水而成为 $\alpha$-乳糖水合物。

（3）$\beta$-乳糖　$\beta$-乳糖是以无水物形式存在的，是在 93.5℃ 以上的水溶液中结晶而成的。其在 20℃ 时的比旋光度为 +35.4°，$\beta$-乳糖比 $\alpha$-乳糖易溶于水，且较甜。

2. 乳糖的溶解度

乳糖的溶解度比蔗糖小，$\alpha$-乳糖与 $\beta$-乳糖的溶解度也存在着差异。将乳糖投入水中后，即有部分乳糖溶解于水，达到饱和时的溶解度就是 $\alpha$-乳糖水合物的溶解度，也称为最初溶解度。乳糖的最初溶解度低，但受水温的影响较小，将上面的饱和溶液振荡或搅拌时再加入乳糖仍可溶解，最后达到饱和点，这就是乳糖的最终溶解度。所以乳糖的最终溶解度是指 $\alpha$-乳糖水合物和 $\beta$-乳糖在某一温度下的平衡溶解度。

乳糖的溶解度随温度的升高而增加，受温度影响较大。表 1-14 为乳糖在不同温度时的溶解度。

表 1-14　乳糖在不同温度时的溶解度/（g/100mL 水）

| 温度/℃ | 最初溶解度 | | 最终溶解度 |
| --- | --- | --- | --- |
| | $\alpha$-乳糖水合物 | $\beta$-乳糖 | |
| 0 | 5.0 | 45.1 | 11.9 |
| 15.0 | 7.1 | — | 16.9 |
| 25.0 | 8.6 | — | 21.6 |
| 39.0 | 12.6 | — | 31.5 |
| 49.0 | 17.8 | 75.0 | 42.4 |
| 59.1 | — | — | 59.1 |
| 63.9 | — | — | 64.2 |
| 64.0 | 26.2 | — | 65.8 |
| 73.5 | — | 85.0 | 84.5 |
| 79.1 | — | — | 98.4 |
| 87.2 | — | — | 122.5 |
| 88.2 | — | — | 127.3 |
| 89.0 | 55.7 | — | 139.2 |
| 100.0 | — | 94.7 | 157.6 |

3. 乳糖的性质

乳糖远较麦芽糖难溶于水，被酸所水解的作用也较蔗糖及麦芽糖稳定，一般在乳糖中加入 2% 的硫酸溶液加热 7s，或在室温下加浓盐酸才能使其完全水解成 1 分子葡萄糖和 1 分子半乳糖。与酸水解一样，在乳糖酶的作用下也可以将乳糖水解。

乳糖在消化器官内经乳糖酶作用水解后才能被吸收。如果体内缺少乳糖酶，未被消化的乳糖进入大肠，经厌氧微生物发酵成乳酸或其他成分。

乳糖具有调节胃酸、促进钙的吸收、促进胃肠蠕动和消化腺分泌的作用，也为婴儿肠道内双歧杆菌的生长所必需。乳糖水解后产生的半乳糖是形成脑神经中重要成分——糖脂质的主要来源，所以在婴儿发育旺盛期，乳糖有很重要的作用。同时由于乳糖水解比较困难，因此一部分被送至大肠中，在肠内由于乳酸菌的作用使乳糖形成乳酸而抑制其他有害细菌的繁殖，对于防止婴儿下痢也有很大的作用。

一部分人随着年龄的增长，人体消化道内缺乏乳糖酶，不能分解和吸收乳糖，饮用牛乳后出现呕吐、腹胀、腹泻等不适症状，称为乳糖不耐症。世界上至少 90% 的成年人不同程度地缺乏乳糖酶，只保留原乳糖酶活力的 5%～10%。婴儿乳糖酶单位是 29（每克蛋白质），而耐受乳糖的成年人为 17，不耐受乳糖的成年人为 3，当然人体间个体差异也是很大的。在乳品加工中，利用乳糖酶将乳中的乳糖分解为葡萄糖和半乳糖；或利用乳酸菌将乳糖转化成乳酸，不仅可预防乳糖不耐症，而且可提高乳糖的消化吸收率，改善制品口味。

（二）乳中的其他碳水化合物

乳中除了乳糖，还含有少量其他的碳水化合物。例如在常乳中含有极少量的葡萄糖（100mL 中含 4.08～7.58mg），而在初乳中可达 15mg/100mL，分娩后经过 10d 左右恢复到常乳中的数值。这种葡萄糖并非由乳糖的加水分解所生成，而是从血液中直接移至乳腺内。除了葡萄糖外，乳中还含有约 2mg/100mL 的半乳糖。另外，还含有微量的果糖、低聚糖、己糖胺。其他糖类的存在尚未被证实。

**四、乳的酸度**

乳蛋白分子中含有较多的酸性氨基酸和自由的羧基，而且受磷酸盐等酸性物质的影响，所以乳是偏酸性的。

通过酸度的测定可鉴别原料乳的新鲜度，了解微生物的污染情况。新鲜乳的酸度称为固有酸度或自然酸度。新鲜乳的自然酸度为 16～18°T，这种酸度与贮存过程中因微生物繁殖所产生的酸无关。挤出后的乳在微生物的作用下产生乳酸发酵，导致乳的酸度逐渐升高。由于发酵产酸而升高的这部分酸度称为发酵酸度。自然酸度和发酵酸度之和称为总酸度。一般条件下，乳品生产中所测定的酸度就是总酸度。

乳品工业中的酸度，是指以标准碱液用滴定法测定的滴定酸度。我国 GB 5413.34—2010《乳和乳制品酸度的测定》中就规定酸度检验以滴定酸度为标准。

滴定酸度亦有多种测定方法及其表示形式。我国滴定酸度用吉尔涅尔度简称"°T"或乳酸度（乳酸%）来表示。

（1）乳酸度（乳酸%） 滴定酸度也可以用乳酸量来表示，用乳酸量表示时，按上述方法滴定后，用下式计算即可：

$$X_1(\%) = \frac{V_1 \times 0.009}{m} \times 100\%$$

式中　$X_1$——乳酸含量，%；

　　　$V_1$——消耗 0.1mol/L 氢氧化钠的体积数，mL；

　　　$m$——供试牛乳的重量，g；

　0.009——乳酸的相对分子质量为 90，0.1mol/L 时，1000mL 中为 9g，即 1mL 中含有 0.009g，此数相当于 0.1mol/L 氢氧化钠溶液 1mL。

此法为日本、美国所采用的方法，美国用 9g 牛乳代替 10mL 牛乳。

(2) 吉尔涅尔度（°T）　取 100mL 牛乳（生产单位为了节省原料乳，取 10mL 来滴定，加入 20mL 蒸馏水稀释，这时需将碱液的消耗数×10），用酚酞作指示剂，以 0.1mol/L NaOH 溶液滴定，记录所消耗的 NaOH 毫升数。每毫升为 1°T，也称 1°。

用下式计算：

$$X_2 = V_2 \times 10$$

式中　$X_2$——乳酸度，°T；

　　　$V_2$——消耗 0.1mol/L NaOH 溶液的体积，mL。

### 五、冰点

牛乳冰点的平均值为 $-0.565\sim0.525℃$，平均为 $-0.542℃$。

作为溶质的盐类与乳糖是冰点下降的主要因素。由于它们在牛乳中的含量较稳定，因此正常新鲜牛乳的冰点是物理性质中较稳定的一项。牛乳中如果掺水，可导致冰点回升。掺水 10%，冰点约上升 0.054℃。可根据冰点的变动用下式来推算掺水量：

$$w = \frac{t - t'}{t}(100 - w_s)$$

式中　$w$——以质量计的加水量，%；

　　　$t$——正常乳的冰点，℃；

　　　$t'$——被检乳的冰点，℃；

　　　$w_s$——被检乳的乳固体含量，%。

以上计算对新鲜牛乳是有效的，但酸败乳冰点会降低。另外贮藏与杀菌条件对乳的冰点也有影响，所以测定冰点必须是对酸度在 20°T 以下的新鲜乳。

### 六、乳中的酶类

乳中的酶类有 60 种以上，其来源有三个：①乳腺分泌的酶；②一部分来自乳腺细胞的白细胞在泌乳时崩解所出现；③另一部分是由乳中生长的微生物所产生。与乳品生产有密切关系的酶类主要为水解酶类和氧化还原酶类。

(一) 水解酶类

1. 脂酶

牛乳中的脂酶至少有 2 种：一种是只附在脂肪球膜间的膜脂酶，它在常乳中不常见，而在末乳、乳房炎乳及其他一些生理异常乳中常出现；另一种是与酪蛋白相结合的乳浆脂酶，存在于脱脂乳中。

脂酶的相对分子质量一般为 7000～8000，最适温度为 37℃，最适 pH 值为 9.0～9.2。钝化温度至少 80℃。钝化温度与脂酶的来源有关，来源于微生物的脂酶耐热性高，已经钝化的酶有恢复活力的可能。

乳脂肪在脂酶的作用下水解产生游离脂肪酸，从而使牛乳带上脂肪分解的酸败气味，这是乳制品特别是奶油生产上常见的问题。为了抑制脂酶的活性，在奶油生产中，一般采用不低于 80~85℃的高温或超高温处理。另外，加工过程也能使脂酶增加其作用机会，例如均质处理，由于破坏脂肪球膜而增加了脂酶与乳脂肪的接触面，使乳脂肪更易水解，故均质后应及时进行杀菌处理。

### 2. 磷酸酶

牛乳中的磷酸酶有 2 种：一种是酸性磷酸酶，存在于乳清中；另一种为碱性磷酸酶，吸附于脂肪球膜处。其中碱性磷酸酶的最适 pH 值为 7.6~7.8，经 63℃ 30min 或 71~75℃ 15~30s 加热后可钝化，故可以利用这种性质来检验低温巴氏杀菌法处理的消毒牛乳的杀菌程度是否完全。

近年发现，牛乳经 80~180℃瞬间加热杀菌，可使碱性磷酸酶钝化，但若是在 5~40℃放置后，已钝化的碱性磷酸酶又能重新活化。这是由于牛乳中含有可渗析的对热不稳定的抑制因子和不能渗析的对热稳定的活化因子。牛乳经 63℃ 30min 或 71~75℃ 15~30s 加热后，抑制因子不会被破坏，所以能抑制残存磷酸酶的活力；在 80~180℃加热时，抑制因子遭到破坏，而对热稳定的活化因子则不受影响，从而使磷酸酶重新活化。故高温短时杀菌处理的消毒牛乳装瓶后应立即在 4℃条件下冷藏。

### 3. 蛋白酶

牛乳中含有非细菌性的蛋白酶，其作用类似胰蛋白酶，存在于脱脂乳部分，在等电点时，与酪蛋白酶在贮藏中复活，对 $\beta$-酪蛋白有特异作用。

细菌性的蛋白酶使蛋白质水解后形成蛋白胨、多肽及氨基酸，是干酪成熟的主要因素。蛋白酶多属细菌性的，其中由乳酸菌形成的蛋白酶在乳中特别是在干酪中具有特别重要的意义。在干酪成熟时，干酪中的蛋白质主要靠干酪中微生物群落所分泌的酶的影响而分解。

蛋白酶在高于 75~80℃的温度中即被破坏。在 70℃以下时，可以稳定地耐受长时间的加热；在 37~42℃时，这种酶在弱碱性环境中的作用最大，中性及酸性环境中作用减弱。

### 4. 乳糖酶

这种酶对乳糖分解成葡萄糖和半乳糖具有催化作用，在 pH5.0~7.5 时反应较弱。最近已经证明，一些成人和婴儿由于缺乏乳糖酶，往往产生对乳糖吸收不完全的症状，从而引起下痢，服用乳糖酶则有良好的效果。

### 5. 淀粉酶

牛乳中存在的是 α-淀粉酶，这种酶在初乳和乳房炎乳中多见。α-淀粉酶的最适 pH 值为 7.4，最适温度为 30~34℃，在 65~68℃经 30min 加热可将其钝化，而钙和氯可使其活化，淀粉酶可将淀粉分解为糊精。

### （二）氧化还原酶

主要包括过氧化氢酶、过氧化物酶和还原酶。

### 1. 过氧化氢酶

牛乳中的过氧化氢酶主要来自白细胞的细胞成分，特别在初乳和乳房炎乳中含量较多。所以，通过对过氧化氢酶的测定可判定牛乳是否为乳房炎乳或其他异常乳。经 65℃ 30min 加热，95%的过氧化氢酶会钝化；经 75℃ 20min 加热，则 100%钝化。

### 2. 过氧化物酶

过氧化物酶是最早从乳中发现的酶，它能促使过氧化氢分解产生活泼的新生态氧，从而使乳中的多元酚、芳香胺及某些化合物氧化。过氧化物酶主要来自于白细胞的细胞成分，其数量与细菌无关，是乳中固有的酶。

过氧化物酶作用的最适温度为 25℃，最适 pH 值是 6.8，钝化温度和时间大约为 76℃ 20min、77～78℃ 5min、85℃ 10s。通过测定过氧化物酶的活性可以判断牛乳是否经过热处理或判断热处理的程度。

　3. 还原酶

还原酶是由挤乳后进入乳中的微生物代谢产生，最主要的是脱氢酶。这种酶随微生物进入乳及乳制品中，在乳中的数量与细菌污染程度直接有关。这种酶能促使美蓝还原成无色，所以挤下后经完全灭菌的乳就不能产生美蓝的褐色作用。在生产上利用此原理来测定乳的质量（细菌的含量），即所谓还原酶试验。

乳中还原酶作用的最适条件为 pH5.5～8.5，温度 40～50℃。如将乳加热到 60℃时，酶的反应减弱，而在 69～70℃下加热 30min 或在 75℃下加热 5min 可被完全破坏，这时即不能使美蓝褐色。

### 七、乳中的其他成分

除上述成分外，乳中尚有少量的有机酸、色素、细胞成分、风味成分及激素等。

　1. 有机酸

乳中的有机酸主要是柠檬酸等。在酸败乳及发酵乳中，在乳酸菌的作用下，马尿酸可转化为苯甲酸。

乳中柠檬酸的含量为 0.07%～0.40%，平均为 0.18%，以盐类状态存在。除了酪蛋白胶粒成分中的柠檬酸盐外，还存在有分子、离子状态的柠檬酸盐，主要为柠檬酸钙。柠檬酸对乳的盐类平衡及乳在加热、冷冻过程中的稳定性均起重要作用。同时，柠檬酸还是乳制品芳香成分丁二酮的前体。

　2. 细胞成分

乳中所含的细胞成分主要是白细胞和一些乳房分泌组织的上皮细胞，也有少量红细胞。牛乳中细胞含量的多少是衡量乳房健康状况及牛乳卫生质量的标志之一，一般正常乳中细胞数不超过 $50 \times 10^4$/mL，平均为 $26 \times 10^4$/mL。

### 八、乳中微生物

乳与乳制品是一类营养丰富的食品，是各类微生物极好的培养基，如果在生产与加工过程中受到微生物的污染，这些微生物在适宜条件下会迅速繁殖，影响乳与乳制品的质量。乳中微生物主要是细菌、霉菌和酵母菌。

一般根据其在乳基质中所起的作用分为三类：①污染菌。广义地讲污染菌是指一切侵入牛乳中的微生物；狭义地讲是指引起乳和乳制品腐败变质的有害微生物，如低温细菌、蛋白分解菌、脂肪分解菌、产酸菌、大肠杆菌等。②致病菌。即可引起机体发生病变，对人畜健康有害的病原微生物，当它存在于乳中时，可以通过乳传播人畜的各种流行病，如溶血性链球菌、布鲁氏杆菌、乳房炎链球菌以及沙门菌、痢疾杆菌等。③益生菌。这是一类生理性细菌，是对乳品生产有益的微生物，它们可以使人们得到所希望的乳制品，例如在干酪、酸性奶油及酸乳等制品的生产中，乳酸菌有重要作用；酵母是生产牛乳酒、马乳酒不可缺少的微生物；青霉菌可在生产干酪时产生特殊的风味物质。因此，了解乳中微生物的种类和特性，对防止污染菌、致病菌的侵入以及利用合适的益生菌生产各种优质发酵乳制品，具有重要意义。

乳中微生物污染的途径有以下几个方面。

### 1. 牛体本身污染

一些细菌通过乳头管进入乳房，存在于乳房下部，使乳尚未离开乳房即已被污染，但这些菌一般无害且数量极少。若细菌大量侵入，以致乳房发炎，这样的乳不能再食用。在乳头部积聚的细菌大部分在开始挤奶时被冲掉，最初挤出的乳细菌数也最多。随着挤乳过程的进行，乳中细菌含量逐渐减少，所以应把刚挤出的乳单独存放于特制容器内另行处理。另外，乳房周围及牛体其他部位可能附着大量细菌，多数属于芽孢杆菌和大肠杆菌，应每日清理牛舍牛体卫生。在挤乳前用清洁温热毛巾清洗乳房，既可减少微生物对牛乳的污染，又可促进乳腺分泌乳。

### 2. 空气污染

牛舍内的空气含有许多微生物，其中以芽孢杆菌和球菌类居多，也有许多霉菌孢子。所以，在挤奶和收奶过程中应尽可能不要长时间暴露于空气中。

### 3. 用具污染

用具主要包括乳桶、挤乳机、过滤布等一切和乳接触的容器，如果不杀菌或杀菌不彻底就会使鲜乳受到严重污染。比如乳桶只用清水冲洗，所装牛乳中细菌数高达 2557000/mL。这是桶凹凸不平、生锈、存有乳垢等所致。用具中所含菌的大多数，甚至 70% 为耐热性的球菌属，若不严格清洗消毒，鲜乳被污染后，即使使用高温瞬时杀菌也不能消灭这些耐热性细菌，易造成乳制品的腐败变质。

### 4. 其他污染途径

挤乳员不注意卫生如手不干净、混入苍蝇或其他昆虫、溅入污水等都会使乳污染大量微生物。用机器挤乳可排除大量污染源，但是挤乳设备未经适当清洗消毒，牛乳中也会进入大量微生物。

乳挤出后应进行过滤并及时冷却到 4℃ 以下，以延缓牛乳中微生物的增殖，提高保存性。

 **质量标准及检验**

学生以组为单位进行，共同完成任务。每小组在课前自主完成相关知识准备，根据牛乳实验室检验的任务要求，按照设计方案完成任务。牛乳实验室检验的质量标准及检验方法和步骤应依据 GB 19301—2010 进行。

### 一、感官检验

感官检验应符合表 1-15。

表 1-15 感官要求

| 项 目 | 要 求 | 检验方法 |
|---|---|---|
| 色泽 | 呈乳白色或微黄色 | 取适量牛乳置于 50mL 烧杯中，在自然光下观察色泽和组织状态。闻气味，用温开水漱口，品尝滋味 |
| 滋味、气味 | 具有乳固有的香味，无异味 | |
| 组织状态 | 呈均匀一致液体，无凝块、无沉淀、无正常视力可见异物 | |

### 二、理化指标检验

理化指标检验方法和具体操作应符合表 1-16 的规定。

**表 1-16　理化检验指标**

| 项　目 | 指标 | 检验方法 | 项　目 | 指标 | 检验方法 |
|---|---|---|---|---|---|
| 冰点/℃ | −0.500～−0.560 | GB 5413.38 | 杂质度/(mg/kg) | ≤4.0 | GB 5413.30 |
| 相对密度/(20℃/4℃) | ≥1.027 | GB 5413.33 | 非脂乳固体/(g/100g) | ≥8.1 | GB 5413.39 |
| 蛋白质/(g/100g) | ≥2.8 | GB 5009.5 | 酸度/°T | 12～18 | GB 5413.34 |
| 脂肪/(g/100g) | ≥3.1 | GB 5413.3 | | | |

# 冰点的测定

（一）原理

样品管中放入一定量的乳样，置于冷阱中，于冰点以下制冷。当被测乳样制冷到−3℃时，进行引晶，结冰后通过连续释放热量，使乳样温度回升至最高点，并在短时间内保持恒定，为冰点温度平台，该温度即为该乳样的冰点值。

（二）试剂和材料

除非另有说明，本方法所用试剂均为分析纯或以上规格，水为 GB/T 6682 规定的一级水。

1. 氯化钠（NaCl）

磨细后置于干燥炉中，130℃±5℃干燥 24h 以上，于干燥器中冷却至室温。

2. 乙二醇（$C_2H_6O_2$）

3. 校准液

选择两种不同冰点的氯化钠标准溶液，氯化钠标准溶液与被测牛奶样品的冰点值相近，且所选择的两份氯化钠标准溶液的冰点值之差不得少于 100m℃。

（1）校准液 A（20～25℃室温下）　称取 6.731g（精确至 0.0001g）氯化钠，溶于少量水中，定容至 1000mL 容量瓶中。其冰点值为−0.400℃。

（2）校准液 B（20℃室温下）　称取 9.422g（精确至 0.0001g）氯化钠，溶于少量水中，定容至 1000mL 容量瓶中。其冰点值为−0.557℃。

4. 冷却液

准确量取 330mL 乙二醇于 1000mL 容量瓶中，用水定容至刻度并摇匀，其体积比分数为 33%。

（三）仪器和设备

1. 天平

感量为 0.1mg。

2. 热敏电阻冰点仪

带有热敏电阻控制的冷却装置（冷阱），热敏电阻探头，搅拌器和引晶装置（见图 1-4）及温度显示仪。

（1）检测装置，温度传感器和相应的电子线路　温度传感器为直径 1.60mm±0.4mm 的玻璃探头，在 0℃时电阻在 3～30kΩ 之间。当探头在测量位置时，热敏电阻的顶部应位于样品管的中轴线，且顶部离内壁与管底保持相等距离（见图 1-4）。温度传感器和相应的电子线路在−400～−600m℃之间测量分辨率为 1m℃ 或更好。

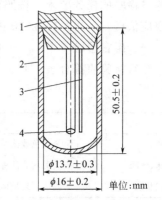

图 1-4　热敏电阻冰点仪检测装置
1—顶杆；2—样品管；
3—搅拌金属棒；4—热敏探头

仪器正常工作时，此循环系统在−400～−600m℃范围之间任何一个点的线性误差应不超过1m℃。

（2）搅拌金属棒　耐腐蚀，在冷却过程中搅拌测试样品。

搅拌金属棒应根据相应仪器的安放位置来调整振幅。正常搅拌时金属棒不得碰撞玻璃传感器或样品管壁。

（3）引晶装置　操作时，测试样品达到−3.0℃时启动引晶的机械振动装置；引晶时，使搅拌金属棒在1～2s内加大振幅，使其碰撞样品管壁。

**3. 样品管**

硼硅玻璃，长度50.5mm±0.2mm，外部直径为16.0mm±0.2mm，内部直径为13.7mm±0.3mm。

**4. 称量瓶**

**5. 容量瓶**

1000mL。

**6. 烘箱**

温度可控制在150℃±5℃。

**7. 干燥器**

**8. 移液器**

1～5mL。

（四）分析步骤

**1. 试样制备**

测试样品要保存在0～6℃的冰箱中，样品抵达实验室时立即检测效果最好。测试前样品温度达到室温，且测试样品和氯化钠标准溶液测试时的温度应一致。

**2. 仪器预冷**

开启冰点仪，待冰点仪传感探头升起后，打开冷阱盖，按生产商规定加入相应体积冷却液，盖上盖子，冰点仪进行预冷。预冷30min后，开始测量。

**3. 常规仪器校准**

（1）A校准　用移液器分别吸取2.20mL校准液A，依次放入三个样品管中，在启动后的冷阱中插入装有校准液A的样品管。当重复测量值在−0.400℃±0.0020℃校准值时，完成校准。

（2）B校准　用移液器分别吸取2.20mL校准液B，依次放入三个样品管中，在启动后的冷阱中插入装有校准液B的样品管。当重复测量值在−0.557℃±0.0020℃校准值时，完成校准。

**4. 样品测定**

将样品2.20mL转移到一个干燥清洁的样品管中，将待测样品管放到仪器上的测量孔中。冰点仪的显示器显示当前样品温度，温度呈下降趋势，测试样品达到−3.0℃时启动引晶的机械振动，搅拌金属棒开始振动引晶，温度上升，当温度不再发生变化时，冰点仪停止测量，传感头升起，显示温度即为样品冰点值。

测试结束后，应保证探头和搅拌金属棒清洁、干燥，必要时，可用柔软洁净的纱布仔细擦拭。如果引晶在达到−3.0℃之前发生，则该测定作废，需重新取样。测定结束后，移走样品管，并用水冲洗温度传感器和搅拌金属棒并擦拭干净。

每一样品至少进行两次平行测定,绝对差值≤4m℃时,可取平均值作为结果。

(五)分析结果的表述

如果常规校准检查的结果证实仪器校准具有有效性,则取两次测定结果的平均值,保留三位有效数字。

(六)精密度

在重复性条件下获得的两次独立测定结果的绝对差值不超过4m℃。

## 杂质度的测定

(一)原理

试样经过滤板过滤、冲洗,根据残留于过滤板上的可见带色杂质的数量确定杂质量。

(二)仪器和设备

(1)过滤设备 杂质度过滤机或配有可安放过滤板漏斗的2000~2500mL抽滤瓶。

(2)过滤板 直径32mm,单位面积质量为135g/m²,过滤时通过面积的直径为28.6mm。

(3)杂质度标准板。

(4)杂质度标准板的制作方法 GB 5413.30附录。

(5)天平 感量为0.1g。

(三)分析步骤

液体乳样品量取500mL;乳粉样品称取62.5g(精确至0.1g),用8倍水充分调和溶解,加热至60℃;炼乳样品称取125g(精确至0.1g),用4倍水溶解,加热至60℃,于过滤板上过滤,为使过滤迅速,可用真空泵抽滤,用水冲洗过滤板,取下过滤板,置烘箱中烘干,将其上杂质与标准杂质板比较即得杂质度。当过滤板上杂质的含量介于两个级别之间时,判定为杂质含量较多的级别。

(四)分析结果的表述

与杂质度标准比较得出的过滤板上的杂质量,即为该样品的杂质度。

(五)精密度

按本标准所述方法对同一样品所做的两次重复测定,其结果应一致,否则应重复再测定两次。

## 非脂乳固体的测定

(一)原理

先分别测定出乳及乳制品中的总固体含量、脂肪含量(如添加了蔗糖等非乳成分含量,也应扣除),再用总固体减去脂肪和蔗糖等非乳成分含量,即为非脂乳固体。

(二)试剂和材料

除非另有规定,本方法所用试剂均为分析纯,水为GB/T 6682规定的三级水。

(1)平底皿盒 高20~25mm、直径50~70mm的带盖不锈钢或铝皿盒,或玻璃称量皿。

(2)短玻璃棒 适合于皿盒的直径,可斜放在皿盒内,不影响盖盖。

(3)石英砂或海砂 可通过500μm孔径的筛子,不能通过180μm孔径的筛子,并通过下列适用性测试:将约20g的海砂同短玻棒一起放于一皿盒中,然后敞盖在100℃±2℃的干燥箱中至少烘2h。把皿盒盖盖后放入干燥器中冷却至室温后称量,准确至0.1mg。用

5mL 水将海砂润湿，用短玻棒混合海砂和水，将其再次放入干燥箱中干燥 4h。把皿盒盖盖后放入干燥器中冷却至室温后称量，精确至 0.1mg，两次称量的差值不应超过 0.5mg。如果两次称量的质量差超过了 0.5mg，则需对海砂进行下面的处理后，才能使用：将海砂在体积分数为 25% 的盐酸溶液中浸泡 3d，经常搅拌。尽可能地倾出上清液，用水洗涤海砂，直到中性。在 160℃ 条件下加热海砂 4h。然后重复进行适用性测试。

（三）仪器和设备

（1）天平　感量为 0.1mg。

（2）干燥箱

（3）水浴锅

（四）分析步骤

1. 总固体的测定

在平底皿盒中加入 20g 石英砂或海砂，在 100℃±2℃ 的干燥箱中干燥 2h，于干燥器冷却 0.5h，称量，并反复干燥至恒重。称取 5.0g（精确至 0.0001g）试样于恒重的皿内，置水浴上蒸干，擦去皿外的水渍，于 100℃±2℃ 干燥箱中干燥 3h，取出放入干燥器中冷却 0.5h，称量，再于 100℃±2℃ 干燥箱中干燥 1h，取出冷却后称量，前后两次质量相差不超过 1.0mg。

试样中总固体的含量按下式计算：

$$X = \frac{m_1 - m_2}{m} \times 100$$

式中　$X$——试样中总固体的含量，g/100g；

$m_1$——皿盒、海砂加试样干燥后质量，g；

$m_2$——皿盒、海砂的质量，g；

$m$——试样的质量，g。

2. 脂肪的测定（按 GB 5413.3 中规定的方法测定）详见本任务

3. 蔗糖的测定（按 GB 5413.5 中规定的方法测定）

4. 分析结果的表述

$$X_{\text{NFT}} = X - X_1 - X_2$$

式中　$X_{\text{NFT}}$——试样中非脂乳固体的含量，g/100g；

$X$——试样中总固体的含量，g/100g；

$X_1$——试样中脂肪的含量，g/100g；

$X_2$——试样中蔗糖的含量，g/100g。

**三、微生物指标**

微生物指标应符合表 1-17。

**表 1-17　微生物指标**

| 项　　目 | 指　　标 | 检　验　方　法 |
| --- | --- | --- |
| 菌落总数（个/mL） | $\leqslant 2 \times 10^6$ | GB 4789.2 |

## 菌落总数的测定

（一）原理

食品检样经过处理，在一定条件下（如培养基、培养温度和培养时间等）培养后，所得每克（毫升）检样中形成的微生物菌落总数。

（二）仪器、设备及试剂

1. 仪器和设备

除微生物实验室常规灭菌及培养设备外，其他设备和材料如下：恒温培养箱、冰箱、恒温水浴箱、天平、均质器、振荡器、无菌吸管或微量移液器及吸头、无菌锥形瓶、无菌培养皿、pH 计或 pH 比色管或精密 pH 试纸、放大镜或/和菌落计数器。

2. 培养基和试剂

平板计数琼脂培养基、磷酸盐缓冲液、无菌生理盐水。

（三）操作步骤

1. 样品的稀释

① 固体和半固体样品。称取 25g 样品置盛有 225mL 磷酸盐缓冲液或生理盐水的无菌均质杯内，8000~10000r/min 均质 1~2min，或放入盛有 225mL 稀释液的无菌均质袋中，用拍击式均质器拍打 1~2min，制成 1∶10 的样品匀液。

② 液体样品。以无菌吸管吸取 25mL 样品置盛有 225mL 磷酸盐缓冲液或生理盐水的无菌锥形瓶（瓶内预置适当数量的无菌玻璃珠）中，充分混匀，制成 1∶10 的样品匀液。

③ 用 1mL 无菌吸管或微量移液器吸取 1∶10 样品匀液 1mL，沿管壁缓慢注于盛有 9mL 稀释液的无菌试管中（注意吸管或吸头尖端不要触及稀释液面），振摇试管或换用 1 支无菌吸管反复吹打使其混合均匀，制成 1∶100 的样品匀液。

④ 按③操作程序，制备 10 倍系列稀释样品匀液。每递增稀释一次，换用 1 次 1mL 无菌吸管或吸头。

⑤ 根据对样品污染状况的估计，选择 2~3 个适宜稀释度的样品匀液（液体样品可包括原液），在进行 10 倍递增稀释时，吸取 1mL 样品匀液于无菌平皿内，每个稀释度做两个平皿。同时，分别吸取 1mL 空白稀释液加入两个无菌平皿内作空白对照。

⑥ 及时将 15~20mL 冷却至 46℃的平板计数琼脂培养基（可放置于 46℃±1℃恒温水浴箱中保温）倾注平皿，并转动平皿使其混合均匀。

2. 培养

① 待琼脂凝固后，将平板翻转，36℃±1℃培养 48h±2h。

② 如果样品中可能含有在琼脂培养基表面弥漫生长的菌落时，可在凝固后的琼脂表面覆盖一薄层琼脂培养基（约 4mL），凝固后翻转平板，按①条件进行培养。

3. 菌落计数

可用肉眼观察，必要时用放大镜或菌落计数器，记录稀释倍数和相应的菌落数量。菌落计数以菌落形成单位（colony-forming units，CFU）表示。

① 选取菌落数在 30~300CFU 之间、无蔓延菌落生长的平板计数菌落总数。低于 30CFU 的平板记录具体菌落数，大于 300CFU 的可记录为多不可计。每个稀释度的菌落数应采用两个平板的平均数。

② 其中一个平板有较大片状菌落生长时，则不宜采用，而应以无片状菌落生长的平板作为该稀释度的菌落数；若片状菌落不到平板的一半，而其余一半中菌落分布又很均匀，即可计算半个平板后乘以 2，代表一个平板菌落数。

③ 当平板上出现菌落间无明显界线的链状生长时，则将每条单链作为一个菌落计数。

（四）结果与报告

1. 菌落总数的计算方法

① 若只有一个稀释度平板上的菌落数在适宜计数范围内，则计算两个平板菌落数的平均值，再将平均值乘以相应稀释倍数，作为每克（毫升）样品中菌落总数结果。

② 若有两个连续稀释度的平板菌落数在适宜计数范围内时，按下式计算：

$$N = \sum C / (n_1 + 0.1 n_2) d$$

式中　$N$——样品中菌落数；

　　　$\sum C$——平板（含适宜范围菌落数的平板）菌落数之和；

　　　$n_1$——第一稀释度（低稀释倍数）平板个数；

　　　$n_2$——第二稀释度（高稀释倍数）平板个数；

　　　$d$——稀释因子（第一稀释度）。

③ 若所有稀释度的平板上菌落数均大于 300CFU，则对稀释度最高的平板进行计数，其他平板可记录为多不可计，结果按平均菌落数乘以最高稀释倍数计算。

④ 若所有稀释度的平板菌落数均小于 30CFU，则应按稀释度最低的平均菌落数乘以稀释倍数计算。

⑤ 若所有稀释度（包括液体样品原液）平板均无菌落生长，则以小于 1 乘以最低稀释倍数计算。

⑥ 若所有稀释度的平板菌落数均不在 30～300CFU 之间，其中一部分小于 30CFU 或大于 300CFU 时，则以最接近 30CFU 或 300CFU 的平均菌落数乘以稀释倍数计算。

2. 菌落总数的报告

① 菌落数小于 100CFU 时，按"四舍五入"原则修约，以整数报告。

② 菌落数大于或等于 100CFU 时，第 3 位数字采用"四舍五入"原则修约后，取前 2 位数字，后面用 0 代替位数；也可用 10 的指数形式来表示，按"四舍五入"原则修约后，采用两位有效数字。

③ 若所有平板上为蔓延菌落而无法计数，则报告菌落蔓延。

④ 若空白对照上有菌落生长，则此次检测结果无效。

⑤ 称重取样以 CFU/g 为单位报告，体积取样以 CFU/mL 为单位报告。

### 任务总结

本任务阐述了乳的化学组成主要包括水分、脂肪、蛋白质、乳糖、盐类、维生素、酶类、气体等，以及乳中的各种成分的结构、特点和性质。特别是乳中脂肪球膜的构造、蛋白质的三个凝固特性的原理要重点掌握。最后讲述了乳中微生物的来源及其预防，以减少污染途径。

牛乳的实验室检测是为牛乳的进一步加工提供可靠的理论依据，同时是保证乳制品质量的有效措施。通过本任务的学习和实践，学生能够掌握原料乳的化验室检测技能，达到独立对其进行检测的目的。

### 知识考核

**一、填空题**

1. 乳脂肪中含有_____种左右的脂肪酸，其他动植物脂肪中只含有 5～7 种脂肪酸。

2. 碘价系表示不饱和脂肪酸的数量，即以 100g 油脂所能吸收碘的质量来表示。普通乳脂的碘价在_____之间。

3. 乳中的碳水化合物主要是＿＿＿＿＿，占总碳水化合物的 99.8% 以上，其他碳水化合物虽然也有存在，但含量极微。

4. 乳中常见的微生物有＿＿＿＿＿、＿＿＿＿＿、＿＿＿＿＿。

**二、选择题**

1. 在我国 GB 6914 生鲜牛乳收购理化指标规定中，要求酸度（以乳酸表示）在（　　　　）。

　　A. ≤0.162%　　　　　B. ≥0.162%　　　　　C. ≤0.152%　　　　　D. ≤0.158%

2. 牛乳中的蛋白质是乳中的主要含氮物质，含量为（　　　　）。

　　A. 2.5%～3.5%　　　B. 2.8%～3.8%　　　C. 2.6%～3.8%　　　D. 3.0%～3.8%

3. 生乳的冰点范围是（　　　　）。

　　A. -0.490～-0.540℃　　　　　　　　　B. -0.500～-0.540℃

　　C. -0.500～-0.560℃　　　　　　　　　D. -0.520～-0.580℃

**三、简述题**

1. 乳中微生物的来源有哪些？

2. 乳的成分主要包括哪些？

# 任务三　原料乳预处理过程

### 能力目标

1. 掌握原料乳初步处理操作准备工作。
2. 熟练掌握原料乳预处理基本操作技术。
3. 掌握原料乳预处理相关设备的使用操作技术。
4. 能够根据预处理结果判断产品的品质。
5. 能发现原料乳预处理中出现的问题并提出解决方案。

### 知识目标

1. 理解原料乳的过滤与净化等预处理的基础理论知识。
2. 熟悉原料乳预处理工艺中的参数及操作要点。
3. 掌握原料乳预处理的方法及其原理。
4. 掌握原料乳的冷却、贮存及其作用。

### 知识准备

**一、原料乳的过滤与净化**

原料乳的质量好坏是影响乳制品质量的关键，只有优质原料乳才能保证优质的产品。为了保证原料乳的质量，挤出的牛乳在牧场必须立即进行过滤、冷却等初步处理。其目的是除去机械杂质并减少微生物数量。

（一）原料乳的过滤

所谓过滤就是将液体微粒的混合物，通过多孔质的材料（过滤材料）将其分开的操作。在牛乳方面除了用于除去鲜乳的杂质和液体乳制品生产过程中的凝固物等以外，也应用于尘垃试验。过滤方法，有常压（自然）过滤、吸滤（减压过滤）和加压过滤等。由于牛乳是一种胶体，因此多用滤孔比较粗的纱布、滤纸、金属绸或人造纤维等作过滤材料，并用吸滤或加压过滤等方法，也可采用膜技术（如微滤）去除杂质。

常压过滤时，滤液是以低速通过滤渣的微粒层和由滤材形成的毛细管群的层流；滤液流量与过滤压力成正比，与滤液的黏度及过滤阻力成反比。加压或减压过滤时，由于滤液的液流不正规，滤材的负荷加大，致使圈状组织变形，显示出复杂的过滤特性。膜技术的应用则可使过滤能长时间连续地进行。牛乳过滤时温度和干物质含量尤其是胶体的分散状况会使过滤性能受到影响。

在奶牛场中挤乳时，乳容易被大量粪屑、饲料、垫草、牛毛和蚊蝇所污染，因此挤下的乳必须及时进行过滤。另外，凡是将乳从一个地方送到另一个地方，从一个工序送到另一个工序，或者由一个容器送到另一个容器时，都应进行过滤。奶牛场常用的过滤方法是纱布过滤。乳品厂简单的过滤是在受乳槽上装不锈钢制金属网加多层纱布进行粗滤，进一步的过滤可采用管道过滤器。管道过滤器可设在受乳槽与乳泵之间，与牛乳输送管道连在一起。中型乳品厂也可采用双筒牛乳过滤器。一般连续生产都设有两个过滤器交替使用。使用过滤器时，为加快过滤速度，含脂率在 4% 以上时，须把牛乳温度提高到 40℃ 左右，但不能超过70℃；含脂率在 4% 以下时，应采取 4～15℃ 的低温过滤，但要降低流速，不宜加压过大。在正常操作情况下，过滤器进口与出口之间压力差应保持在 $6.86 \times 10^4$ Pa（0.7kgf/cm$^2$[❶]）以内。如果压力差过大，易使杂质通过滤层。管式过滤器见图 1-5。

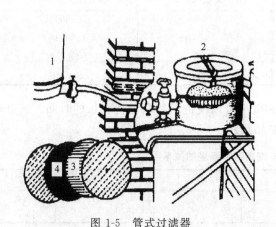

图 1-5 管式过滤器

1—贮乳槽；2—滤过器；3—滤过棉；4—金属网板

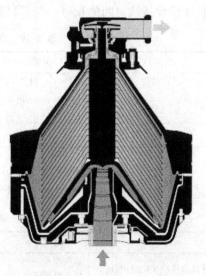

图 1-6 离心净乳机工作示意图

### （二）乳的净化

原料乳经过数次过滤后，虽然除去了大部分杂质，但乳中污染的很多极微小的细菌细胞和机械杂质、白细胞及红细胞等，难以用一般的过滤方法除去。为了达到的高的纯净度，需用离心式净乳机进一步净化。

净乳机的工作原理是将牛乳通入一组高速旋转的分离钵中，钵体安装在一个垂直的轴上，此轴由一组上、下轴承支撑。乳在分离钵内受强大离心力的作用，将大量的机械杂质留在分离钵内壁上，而乳被净化（图 1-6）。净乳机的转速一般都在 6000～7000r/min 以上。

---

❶ 1kgf/cm$^2$=98.0665kPa，全书余同。

采用 4～10℃低温净化时，应在原料乳冷却以后，送入贮乳槽之前进行；采用 40℃中温或 60℃高温净化后的乳，最好直接加工。如不能直接加工时，必须迅速冷却到 4～6℃贮藏，以保持乳的新鲜度。

## 二、原料乳的冷却

### （一）冷却的作用

刚挤下的乳的温度约为 36℃左右，是微生物繁殖最适宜的温度，如不及时冷却，混入乳中的微生物就会迅速繁殖，使乳的酸度增高，凝固变质，风味变差。故新挤出的乳，经净化后须迅速冷却到 4℃左右以抑制乳中微生物的繁殖。冷却对乳中微生物的抑制作用见表 1-18。

表 1-18　乳的冷却与乳中细菌数的关系/（细菌个数/mL）

| 贮存时间 | 刚挤出的乳 | 3h | 6h | 12h | 24 |
|---|---|---|---|---|---|
| 冷却乳 | 11500 | 11500 | 8000 | 7800 | 62000 |
| 未冷却乳 | 11500 | 18500 | 102000 | 114000 | 1300000 |

由表 1-18 可看出，未冷却的乳其微生物增加迅速，而冷却乳则增加缓慢，6～12h 微生物还有减少的趋势，这是因为乳中自身抗菌物质——乳烃素使细菌的繁育受到抑制。这种物质抗菌特性持续时间的长短，与原料乳温度的高低和细菌污染程度有关（表 1-19）。

表 1-19　乳温与抗菌特性作用时间的关系

| 乳温/℃ | 抗菌特性作用时间 | 乳温/℃ | 抗菌特性作用时间 |
|---|---|---|---|
| 37 | 2h 以内 | 5 | 36h 以内 |
| 30 | 3h 以内 | 0 | 40h 以内 |
| 25 | 6h 以内 | 10 | 240h 以内 |
| 10 | 24h 以内 | -25 | 720h 以内 |

从表 1-19 可看出，新挤出的乳迅速冷却到低温可以使抗菌特性保持较长的时间。另外，原料乳污染越严重，抗菌作用时间越短（表 1-20）。

表 1-20　抗菌特性与细菌污染程度的关系

| 乳　温 | | 37℃ | 30℃ | 16℃ | 13℃ |
|---|---|---|---|---|---|
| 抗菌特性作用时间/h | 挤乳时严格遵守卫生制度 | 3.0 | 5.0 | 12.7 | 36.0 |
| | 挤乳时未严格遵守卫生制度 | 2.0 | 2.3 | 7.6 | 19.0 |

由表 1-20 可以看出，挤乳时严格遵守卫生制度，刚挤出的乳迅速冷却，是保证鲜乳较长时间保持新鲜度的必要条件。

### （二）冷却的方法

乳的冷却方法很多，常用的有以下几种。

#### 1. 水池冷却法

这是一种最普通且简易的方法，是将装乳的乳桶放在水池中用冰水或冷水进行冷却（图 1-7）。

用水池冷却牛乳时，可使乳冷却到比冷却用水的温度高 3～4℃。在北方由于地下水温低，即使在夏天也在 10℃以下，直接用地下水即可达到冷却的目的。在南方为了使乳冷却到较低温度，可在池水中加入冰块。

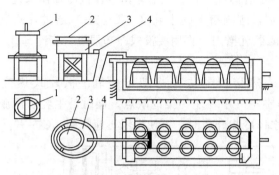 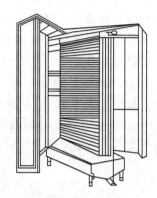

图 1-7　水池冷却乳的方法
1—量乳器；2—过滤器；3—接收槽；4—开关

图 1-8　表面冷却器

为了加速冷却，需经常进行搅拌，并按照水温进行排水和换水，池中水量应为冷却乳量的 4 倍。每隔 3d 应将水池彻底洗净后，再用石灰溶液洗涤一次。挤下的乳应随时进行冷却，不要将所有的乳挤完后才将乳桶浸在水池中。水池冷却的缺点是：冷却缓慢和消耗水量较多。

2. 表面冷却器（冷排）冷却法

表面冷却器是由金属排管组成（图 1-8），所以也叫冷排冷却器。乳从上到下从分配槽底部的细孔流出，形成波层，流过冷却器的表面再流入贮乳槽中，冷却剂（冷水或冷盐水）从冷却器的下部自下而上通过冷却器的每根排管，以降低沿冷却器表面流下的乳的温度。

这种冷却器构造简单、价格低廉，冷却效率也比较高，适于小规模加工厂及乳牛场使用。

3. 浸没式冷却法

这是一种小型轻便、灵巧的冷却器，可以插入贮乳槽或乳桶中以冷却牛乳（图 1-9）。

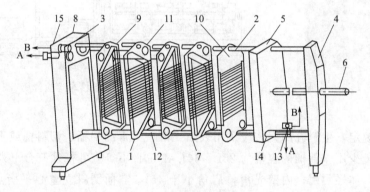

图 1-9　浸没式冷却器
1—传热板；2—导杆；3—前支架（固定板）；4—后支架；5—紧压板；
6—压紧螺杆；7—板框橡胶垫圈；8—连接管；9—上角孔；10—分界板；
11—圆环橡胶垫圈；12—下角孔；13~15—连接管；A—乳液；B—冷水

浸没式冷却器中带有离心式搅拌器，可以调节搅拌速度，并带有自动控制开关，可以定时自动进行搅拌，故可使牛乳均匀冷却，并防止稀奶油上浮。

较大规模的乳牛场冷却牛乳时，为了提高冷却器效率，节约制冷机的动力消耗，在使用浸没式冷却器前，一般先用片式预冷器使牛乳温度降低，然后再由浸没式冷却器来进一步冷却。如片式预冷器用15℃的冷水作冷却剂，刚刚挤下的牛乳（35℃左右）通过片式预冷器后，可以冷却到18℃左右，然后直接流入贮乳槽内，再用浸没式冷却器进一步冷却。

4. 板片式热交换器法

一般中、大型乳品厂多采用板片式热交换器法来冷却鲜牛乳。板片式热交换器（图1-10）克服了表面冷却器因乳液暴露在空气中易于污染的缺点，同时，牛乳以薄膜形式进行热交换，提高了热交换率，用冷盐水作冷却介质时，可使乳温迅速降到4℃左右。

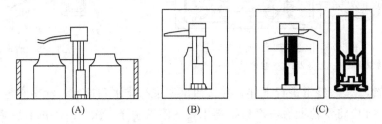

（A）　　　　　　（B）　　　　　　（C）

图1-10　片式预冷器结构图

（A）乳桶外冷却；（B）乳桶内冷却；（C）奶罐中冷却

（三）原料乳的运输

原料乳的运输也是乳品生产上的重要环节，运输不善会造成很大损失，甚至无法进行生产。目前我国乳源分散的地方，多采用乳桶运输（图1-11）；乳源集中的地方，采用乳槽车运输（图1-12）；国外先进地区则采用地下管道运输。

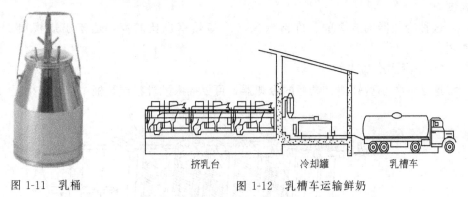

挤乳台　　　　　冷却罐　　　　乳槽车

图1-11　乳桶　　　　　　　　　图1-12　乳槽车运输鲜奶

1. 乳桶

国家标准规定，生鲜乳的盛装应采用表面光滑、无毒的铝桶、塑料桶或不锈钢桶。镀锌桶和挂锡桶尽量少用。乳桶的容量为25L、40L和50L不等。乳桶须符合下列要求：有足够的强度和韧性，体轻耐用；内壁光滑，肩角小于45°，空桶倒斜立重心平衡点夹角为15°～20°；盛乳后斜立重心平衡点夹角为30°；桶内转角呈弧形，便于清洗。颈部两侧提手柄长不得小于10cm，与桶盖内侧边缘距离应保持4cm，手柄角度要适于搬运；桶盖易开关，且不漏乳（图1-13）。

2. 乳槽车

乳槽车由不锈钢制成，隔热良好，车后带有离心乳泵，装卸方便。

3. 注意事项

无论采用哪种运输方式，都应注意以下几点。

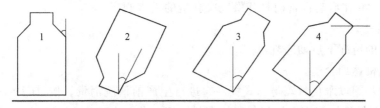

图 1-13 乳桶不同重心平衡点夹角及肩角

1—肩角小于 45°；2—斜立重心平衡点夹角为 15°～20°；

3—盛牛乳后斜立重心平衡点夹角约为 30°；4—牛乳溢流斜立重心平衡夹角大于 30°

① 防止乳在途中升温，特别是在夏季，乳温在运输途中往往很快升高。因此，最好在夜间或早晨运输。如在白天运输，要采用隔热材料遮盖乳桶。

② 保持清洁。运输时所用的容器必须保持清洁卫生，并加以严格杀菌；乳桶盖应有特殊的闭锁扣，盖内应有橡皮衬垫，不要用布块、油纸、纸张等作为乳桶的衬热物。因为布块可成为带菌的媒介物，用油纸或其他材料作衬垫时，不仅带菌，而且不容易把乳桶盖严。此外，更不允许用麦秆、稻草、青草或树叶等作衬垫。

③ 防止震荡。容器内牛乳必须装满并盖严，以防止震荡。

④ 严格执行责任制，按路程计算时间，尽量缩短中途停留时间，以免鲜乳变质。

⑤ 长距离运送牛乳时，最好采用乳槽车。

### 三、贮存

为了保证工厂连续生产的需要，必须有一定的原料乳贮存量。一般工厂总的贮乳量应不少于 1d 的处理量。贮存原料乳的设备，要有良好的绝热保温措施，要求贮乳经 24h 温度升高不超过 2～3℃，并配有适当的搅拌机构，定时搅拌乳液，防止脂肪上浮而造成分布不均匀（图 1-14）。

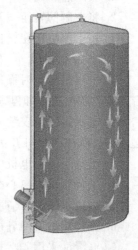

贮乳罐的容量，应根据各厂每天牛乳总收纳量、收乳时间、运输时间及生产能力等因素决定。一般贮乳罐的总容量应为日收纳总量的 2/3～1。而且每只贮乳罐的容量应与每班生产能力相适应。每班的处理量一般相当于两个贮乳罐的乳容量，否则使用多个贮乳罐会增加调罐、清洗的工作量和增加牛乳的损耗。贮乳罐使用前应彻底清洗、杀菌，待冷却后贮入牛乳。每罐须放满，并加盖密封，如

图 1-14 贮乳罐示意图

果装半罐，会加快乳温上升，不利于原料乳的贮存。贮存期间要开动搅拌机，24h 内搅拌 20min，乳脂率的变化在 0.1% 以下。

 **生产实例及规程**

以组为单位完成离心净乳机操作的工作任务，每小组在课前自主完成相关知识准备。

### 一、设备及材料

离心净乳机

### 二、操作步骤

（一）开机前的检查

检查齿轮箱润滑油液是否正常，刹车有无松动（现在新生产的净乳机均无刹车），高位

水箱是否有水，并在启动设备前打开供应净乳机的进水阀门。

（二）开机

1. 在无料的情况下启动净乳机。

2. 待净乳机达到全速。

3. 打开进料阀以水代料，与巴式板一起进行生产前清洗消毒，按《CIP清洗操作流程》执行，同时观察排液缸口有无漏奶，确认密封完好，此时电流为16～18A。

4. 生产过程中按工艺要求规定的时间进行排渣，排渣操作如下：

① 关闭进料泵；

② 关闭进料阀；

③ 关掉净乳机进出料阀门；

④ 将控制阀转到"开启"位置，待听到冲击噪声后，将控制阀转到"补偿"；排渣完毕后，将控制阀转至"密封"位置，待指示管有水急速流出时，将控制阀转到"空位"位置；

⑤ 排渣完毕，重新打开进出料阀门，开始正常净乳运行；

⑥ 打开进料阀；

⑦ 打开进料泵。

（三）关机

1. 关闭进料阀。

2. 将控制阀转至"开启"位置排渣。

3. 按下停机按钮，让设备自然停机。异常情况下，可采用刹车停机。

（四）注意事项

1. 分离机运行时操作工不能离开岗位，必须密切注意净乳机的运行情况，如有异常声音，震动转大应立即停车，检查原因待排除故障后重新启动。

2. 每次拆洗后安装时，应轻拿轻放，不要造成机械损伤；安装完毕，人工转动确定无碰撞声、摩擦声方可开机。

3. 正常生产，电机内电流不能超过20A。

4. 电机转动，离心摩擦联轴器严禁进水，以防打滑。

5. 高位水箱每月清洗一次。

6. 严禁用酸对净乳机进行CIP清洗。

7. 润滑油采用46#机油，第一次换油在运行250h后进行，以后视油质决定换油期限，换油时应仔细清理油箱底部。

（五）生产结束，进行清洗，消毒。

 **任务总结**

本任务阐述了原料乳预处理的主要目的，常见的预处理方法有过滤和净化两种。过滤又可以分为常压过滤和减压过滤。预处理的主要目的是为了除去原料乳中机械杂质并减少微生物数量，保证原料乳的质量。

原料乳预处理后，需立即冷却、运输及贮存，此工序是乳品生产上的重要环节，冷却和运输不善将会使原料乳酸度增高、凝固变质、风味变差，造成很大的损失，甚至无法进行生产。通过本任务的学习和实践，学生能够掌握原料乳的预处理技能，达到独立对其进行预处理的目的。

知识考核

**一、填空题**

1. 原料乳的预处理须经过哪些步骤_____。

2. 冷却的方法有_____、_____、_____、_____四种方法。

3. 原料乳过滤和净化的一般方法是_____。

**二、选择题**

1. 刚挤出的牛乳温度约为（　　　　），为了防止微生物的繁殖，新挤出的乳，经净化后需迅速冷却到（　　　）左右。

　　A. 30℃　　　　　　　B. 35℃　　　　　　　C. 20℃　　　　　　　D. 4℃

2. 在原料乳的贮存中，贮存原料乳的设备，要有良好的绝热保温措施，要求贮乳经24h温度升高不超过（　　　），同时配有适当的搅拌设备。

　　A. 2～4℃　　　　　　B. 1～3℃　　　　　　C. 2～3℃　　　　　　D. 2～5℃

**三、简述**

1. 牛乳在运输过程中应注意哪些？

2. 简述净乳机的工作原理。

# 项目二　液态乳的加工及检测

## 一、液态乳的概念

液态乳一般是泛指以生鲜牛乳或乳粉为原料，经合理的调配、有效的加热杀菌方式处理后，制成分装出售的饮用液态牛乳。

传统的液态乳——巴氏杀菌乳在消费水平已经很高的国家和地区（如欧洲和北美洲）有所停滞，而在消费水平偏低的地区（包括中国在内）市场呈持续增长趋势。近年来，随着人民生活水平的提高，我国液态乳的产量在政府、行业的大力宣传以及多种多样的能满足不同消费群体的乳制品出现的条件下高速增长。目前，国内乳品厂生产的液态乳主要以袋装（或瓶装）巴氏杀菌乳和纸盒（屋顶盒）装的灭菌乳为主。袋装巴氏杀菌乳在冷藏条件下货架期仅有 2d，产品只能在本地区销售；我国地域辽阔，在广大农村、中小城镇和欠发达地区冷链还很不完善，因此造成诸如巴氏杀菌乳这一类高度依赖冷链系统的产品的销售困难，延伸也有一定的问题。

随着乳制品加工技术的迅速发展，国外发达国家在长货架期、高品质液态乳加工技术方面出现了一些新兴技术，如延长货架期技术（ESL 技术）、非热杀菌技术、闪蒸浓缩技术等，极大地提高了乳制品的质量、货架期和安全性。

## 二、液态乳的分类

液态乳可按成品组成成分、杀菌方式方法和包装形式进行分类。

### （一）按成品组成成分分类

**1. 纯牛乳**

以生鲜牛乳为原料不添加任何其他食品原料，产品保持了牛乳所固有的风味和营养成分。

**2. 再制乳与复原乳**

再制乳是以乳粉、奶油等为原料，加水还原制成的与鲜乳组成、特性相似的乳产品。复原乳系指用全脂乳粉和水配制而成的与鲜乳组成、特性相似的乳产品。

**3. 调味乳**

以生鲜牛乳为主要原料，同时添加其他食物成分，如咖啡、巧克力、水果、谷物成分等制成的产品，产品的风味与纯牛乳有较大的不同，这类产品一般含有 80％以上的牛乳。

**4. 营养强化乳**

在生鲜牛乳的基础上，添加其他的营养成分，如维生素、矿物质、DHA 等对人体健康有益的营养物质而制成的液态乳制品。

**5. 含乳饮料**

在牛乳中添加水和其他调味成分制成的含乳量 30％～80％的产品。根据国家标准，乳饮料中蛋白质的含量应在 1％以上。

### （二）按杀菌方式分类

**1. 巴氏杀菌乳**

牛乳经巴氏杀菌法杀菌、冷却、包装后的产品。

2. 灭菌乳

一般来说，灭菌乳可分为两大类。

（1）超高温（UHT）灭菌乳 流动的乳液经 135℃ 以上灭菌数秒，在无菌状态下包装。

（2）持灭菌乳 将乳液预先杀菌（或不杀菌），包装于密闭容器中，在不低于 110℃ 温度下灭菌 10min 以上。

（三）按包装式样分类

1. 塑料瓶装液态乳。

2. 玻璃瓶装液态乳。

3. 塑料薄膜包装的液态乳。

4. 塑料涂层的纸盒装液态乳。

5. 多层复合纸包装的液态乳。

# 任务一 巴氏消毒乳的加工及检测

## 能力目标

1. 熟练掌握巴氏消毒乳加工工艺流程与原辅料的选择。

2. 学会不同巴氏消毒乳的加工工艺操作技术。

3. 能够根据不同的加工工艺熟练操作巴氏灭菌乳加工的机械与设备。

4. 掌握 CIP 清洗操作技能。

5. 掌握巴氏消毒乳质量指标检测的原理和操作技能。

6. 能根据实际的生产工艺和产品的品质发现巴氏消毒乳生产中出现的问题并提出解决方案。

## 知识目标

1. 掌握液态乳、巴氏消毒乳的概念、分类等理论知识。

2. 掌握巴氏消毒乳生产工艺流程与工艺参数。

3. 掌握巴氏消毒乳生产工艺各工序的操作要点。

4. 掌握巴氏消毒乳质量检测的原理和方法。

5. 掌握 CIP 自动清洗工艺与工艺参数。

## 知识准备

### 一、巴氏杀菌乳的概念及分类

巴氏杀菌乳（pasteurised milk），又称巴氏消毒乳或市售乳（marke milk），它是以新鲜牛乳为原料，经过净化、标准化、均质、杀菌、冷却、灌装，直接供给消费者饮用的液体产品。

按杀菌条件可将巴氏杀菌乳分为两类：低温长时杀菌（LTLT）乳和高温短时杀菌

（HTST）乳；按脂肪含量，可分为全脂乳、低脂乳、脱脂乳；按风味，可分为草莓、巧克力、果汁等调味乳或强化乳。

巴氏杀菌乳一般只杀灭乳中致病菌，而残留一定量的乳酸菌、酵母菌和霉菌；灭菌乳是杀死乳中一切微生物包括病原体、非病原体、芽孢等。但灭菌乳不是无菌乳，只是产品达到了商业无菌状态，即不含危害公共健康的致病菌和毒素；不含任何在产品贮存运输及销售期间能繁殖的微生物；在产品有效期内保持质量稳定和良好的商业价值，不变质。

### 二、乳的标准化

为了使产品符合要求，乳品中脂肪与无脂干物质含量要求保持一定比例。但是原料乳中脂肪与无脂干物质的含量随乳牛品种、地区、季节和饲养管理等因素不同而有较大差别。因此，必须调整原料乳中脂肪和无脂干物质之间的比例关系，使其符合制品的要求。一般把该过程称为标准化。如果原料乳中脂肪含量不足时，应添加稀奶油或分离一部分脱脂乳；当原料乳中脂肪含量过高时，则可添加脱脂乳或提取一部分稀奶油。标准化在贮乳罐的原料乳中进行或在标准化机中连续进行。

1. 标准化的原理

无论人工控制还是计算机控制，标准化的原理是一致的，见图 2-1。

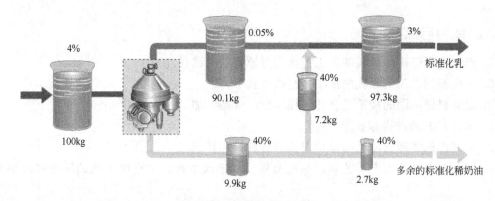

图 2-1　脂肪标准化的原理

以处理 100kg 含脂率为 4% 的全脂乳的图例说明。要求是生产出脂肪含量为 3% 的标准化乳和脂肪含量为 40% 的多余奶油的最适宜量。

100kg 全脂乳分离出含脂率 0.05% 的脱脂乳 90.1kg，含脂率为 40% 的稀奶油 9.9kg。在脱脂乳中必须加入含脂率为 40% 的稀奶油 7.2kg，才能获得含脂率为 3% 的乳 97.3kg，剩下 9.9－7.2＝2.7kg 含脂率为 40% 的稀奶油。

2. 标准化的基本计算方法

乳制品中脂肪与无脂干物质间的比值，取决于标准化后乳中脂肪与无脂干物质之间的比值，而标准化后乳中的脂肪与无脂干物质之间的比值，取决于原料乳中脂肪与无脂干物质之间的比例。若原料乳中脂肪与无脂干物质之间的比值不符合要求，则应对其进行调整，使其比值符合要求。

若设：

$F$——原料乳中的含脂率（%）；

$SNF$——原料乳中无脂干物质含量（%）；

$F_1$——标准化后乳中的含脂率（%）；

$SNF_1$——标准化后乳中无脂干物质含量（%）；

$F_2$——乳制品中的含脂率（%）；

$SNF_2$——乳制品中无脂干物质含量（%）。

则：$\dfrac{F}{SNF} \xrightarrow{\text{调整}} \dfrac{F_1}{SNF_1} = \dfrac{F_2}{SNF_2}$

在生产上，通常用比较简便的皮尔逊法进行计算，其原理是：设原料乳中的含脂率为 $F$（%），脱脂乳或稀奶油的含脂率为 $q$（%），按比例混合后乳（标准化乳）的含脂率为 $F_1$（%），原料乳的数量为 $X$，脱脂乳或稀奶油量为 $Y$ 时，对脂肪进行物料衡算，则形成下列关系式，即：原料乳和稀奶油（或脱脂乳）的脂肪总量等于混合乳的脂肪总量。

$$FX + qX = F_1(X + Y)$$

则　$X(F - F_1) = Y(F_1 - q)$ 或 $\dfrac{X}{Y} = \dfrac{F_1 - q}{F - F_1}$

脱脂乳或稀奶油的量：$Y = \dfrac{F - F_1}{F_1 - q} X$

$\because \dfrac{F_1}{SNF_1} = \dfrac{F_2}{SNF_2}$ 　　$\therefore F_1 = \dfrac{F_2}{SNF_2} SNF_1$

又因在标准化时添加的稀奶油（或脱脂乳）量很少，标准化后乳中干物质含量变化甚微，标准化后乳中的无脂干物质含量大约等于原料乳中无脂干物质含量，即：

$\because SNF_1 = SNF$ 　　$\therefore F_1 = \dfrac{F_2}{SNF_2} SNF$

若 $F_1 > F$，则加稀奶油调整；若 $F_1 < F$，则加脱脂乳调整。

例：今有含脂率为 3.6%、总干物质含量为 12% 的原料乳 1000kg，欲生产含脂率为 27% 的全脂乳粉，试计算进行标准化时，需加入多少千克含脂率为 35% 的稀奶油或含脂率为 0.1% 的脱脂乳？

解：① $\because F(\%) = 3.6$ 　$\therefore SNF(\%) = 12 - 3.6 = 8.4$（%）

则 $SNF_1 = SNF = 8.4$（%）

② $\because F_2(\%) = 27$ 　$\therefore SNF_2(\%) = 100 - 27 = 73$

根据 $\dfrac{F_1}{SNF_1} = \dfrac{F_2}{SNF_2}$ 得

$$F_1(\%) = \dfrac{F_2}{SNF_2} SNF_1 = \dfrac{27}{73} \times 8.4 = 3.11$$

③ $\because F_1 < F$，$\therefore$ 应加脱脂乳调整。

根据皮尔逊法则：

$$Y = \dfrac{F - F_1}{F_1 - q} X = \dfrac{3.6 - 3.11}{3.11 - 0.1} \times 1000 = 162.8（kg）$$

即需要加脂肪含量为 0.1% 的脱脂乳 162.8kg。

### 三、均质

在强力的机械作用下（16.7～20.6MPa）将乳中大的脂肪球破碎成小的脂肪球，均匀一致地分散在乳中，这一过程称为均质。均质可防止脂肪球上浮。图 2-2 为均质前后脂肪球大小的变化。

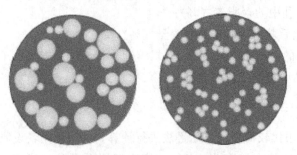

图 2-2　均质前后的脂肪球

1. 均质的意义

牛乳在放置一段时间后，有时上部分会出现一层淡黄色的脂肪层，称为"脂肪上浮"。就其原因主要是因为乳脂肪的相对密度（0.945）小、脂肪球直径大，容易聚结成团块。脂肪上浮影响乳的感官质量，所以原料乳在经过验收、净化、冷却、标准化等处理之后，必须进行均质处理。

均质后的脂肪呈数量更多的较小的脂肪球颗粒而均匀一致地分散在乳中，同时增加了光线在牛乳中折射和反射的机会，使得均质乳的颜色更白。

自然状态的牛乳，其脂肪球大小不均匀，变动于 $1\sim2\mu m$ 之间，一般为 $2\sim5\mu m$。如经均质，脂肪球直径可控制在 $1\mu m$ 左右，这时乳脂肪表面积增大，浮力下降，乳可长时间保持不分层，且不易形成稀奶油层脂肪，也就不易附着在贮乳罐的内壁和盖上。另一方面，经均质后的牛乳脂肪球直径减小，脂肪均匀分布在牛乳中，其他的维生素 A 和维生素 D 也呈均匀分布，促进了乳脂肪在人体内的吸收和同化作用。

经过均质化处理的牛乳具有新鲜牛乳的芳香气味，同非均质化牛乳相比较，均质化以后的牛乳防止了由于铜的催化作用而产生的臭味，这是因为均质作用增大了脂肪表面积所致。

均质后的牛乳也呈现出一些不足：对阳光、解脂酶等敏感，有时会产生金属腥味；蛋白质的热稳定性降低。

在巴氏杀菌乳的生产中，一般均质机的位置处于杀菌机的第一热回收段；在间接加热的 UHT 灭菌乳生产中，均质机位于灭菌之前；在直接加热的 UHT 灭菌乳生产中，均质机位于灭菌之后，因此应使用无菌均质机。

2. 均质的原理

均质作用是由三个因素协调作用而产生的（图 2-3）。

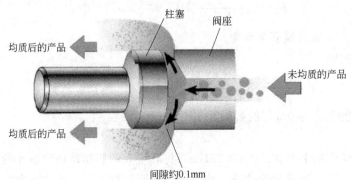

图 2-3　脂肪球在均质中破裂的过程

① 牛乳以高速度通过均质头中的窄缝对脂肪球产生巨大的剪切力，此力使脂肪球变形、伸长和粉碎。

② 牛乳液体在间隙中加速的同时，静压能下降，可能降至脂肪的蒸气压以下，这就产生了气穴现象，使脂肪球受到非常强的爆破力。

③ 当脂肪球以高速冲击均质环时会产生进一步的剪切力。

## 生产实例及规程

### 一、工艺流程

原料乳的验收→过滤、净化→标准化→均质→杀菌→冷却→灌装→冷藏

### 二、加工过程中的操作要求

**1. 原料要求**

原料乳的质量对产品的质量有很大的影响，乳品厂收购鲜乳时必须选用质量优良的原料乳。需经过感官指标、理化指标、微生物指标的检验。在巴氏杀菌乳的生产中不能用复原乳。

**2. 预处理（过滤、净化、脱气）**

（1）过滤、净化　原料乳验收后必须过滤、净化，以去除乳中的机械杂质、上皮细胞等，并减少微生物数量。过滤法是在受乳槽上装过滤网并铺上多层纱布，也可在乳的输送管道中连接一个过滤套或在管路的出口一端安放一布袋进行过滤。进一步过滤则使用双筒过滤器或双联过滤器。离心净乳法是利用离心净乳机进行净乳，同时还能除去乳中的乳腺体细胞和某些微生物。此方法可以显著提高净化效果，有利于提高制品质量，净化后的乳应迅速冷却到 2～4℃贮存。

（2）脱气　牛乳刚挤出时每升含有大约 50～56cm$^3$ 的气体，经过贮存、运输、计量、泵送后，一般气体含量在 10%以上。这些气体绝大多数是非结合分散存在的，对牛乳加工有不利的影响：影响牛乳计量的准确度，影响分离和分离效果，影响标准化的准确度，促使发酵乳中的乳清析出。

在牛乳处理的不同阶段进行脱气是非常必要的，而且带有真空脱气罐（图 2-4）的牛乳处理工艺是更合理的。工作时，将牛乳预热至 68℃后，泵入真空脱气罐，则牛乳温度立即降到 60℃，这时牛乳中的空气和部分水分蒸发到罐顶部，遇到罐冷凝器后，蒸发的水分冷凝回到罐底部，而空气及一些非冷凝气体（异味）由真空泵抽吸排除。脱气后的牛乳在 60℃条件下进行分离、标准化、均质，然后进入杀菌工序。

**3. 标准化**

标准化的方法　常用的标准化方法有三种。即预标准化、后标准化、直接标准化。这三种方法的共同点是：标准化之前的第一步必须把全脂乳分离成脱脂乳和稀奶油。

（1）预标准化　是指在杀菌之前进行标准化。当原料乳中的含脂率低于或高于标准要求时，为了调高或降低含脂率，将分离出来的脱脂乳或稀奶油与全脂乳在乳罐中混合，以达到制品的含脂率。当标准化含脂率高于原料乳时，可将稀奶油按计算比例与原料乳混合至达到要求的含脂率；当标

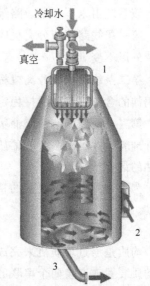

图 2-4　真空脱气罐工作示意图

1—安装在缸里的冷凝器；

2—切线方向的牛乳进口；

3—带水平控制系统的牛乳出口

准化含脂率低于原料乳时，则需将脱脂乳按计算比例与原料乳在罐中混合达到稀释的目的。经分析和调整后，标准化的乳再进行巴氏杀菌。

（2）后标准化　是指在巴氏杀菌后进行标准化。而含脂率的调整方法则与预标准化相同。后标准化由于是在杀菌后再对产品进行混合，因此会有多次污染的危险。

上述两种方法都需要使用大型的、笨重的混合罐，分析和调整都很费工，因此近年来越来越多地使用直接标准化。

（3）直接标准化　是将全脂乳加热至55～65℃，然后，按预先设定好的含脂率，分离出脱脂乳和稀奶油，把来自分离机的定量稀奶油立即在管道系统内重新与脱脂乳定量混合，以得到所需含脂率的标准乳。多余的稀奶油会流向稀奶油巴氏杀菌机（图2-5）。

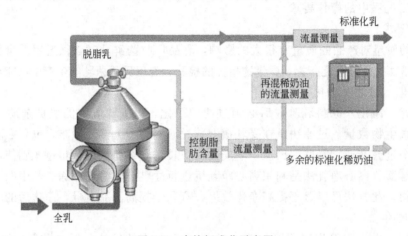

图 2-5　直接标准化示意图

直接标准化的特点为：快速，稳定，精确，与分离机联合运作，单位时间处理量大。

该系统由以下 3 条线路组成。

第一条线路调节分离机脱脂乳出口的外压。在流量改变或后序设备压力降低的情况下，保持外压不变。

第二条线路调节分离机稀奶油出口的流量。不论原料乳的流量或含脂率发生任何变化，稀奶油的含脂率都能保持稳定。

第三条线路调节稀奶油数量。实现稀奶油与脱脂乳重新定量混合，生成含脂率符合要求的标准乳，并排出多余的稀奶油。这条线路能按一定的稀奶油和脱脂乳比率，连续地调节稀奶油的混合量。

为了达到工艺中要求的精确度，必须控制流量的波动、进乳含脂率的波动和预热温度的波动。

4. 均质

均质是通过均质机来完成，均质机是带有背压装置的一个高压泵。均质机上可以安装一个均质装置或安装两个串联的均质装置，因此得名一级均质和二级均质。一般采用二级均质（二段式），即第一级均质使用较高的压力（16.7～20.6MPa），目的是破碎脂肪球；第二级均质使用低压（3.4～4.9MPa），目的是分散已破碎的小脂肪球，防止粘连。脂肪球经一级和二级均质后破裂的情况见图2-6。均质前需要进行预热，达到60～65℃，这是因为均质温度高，形成的黏化现象就少，而低温下均质产生黏化乳现象较多。

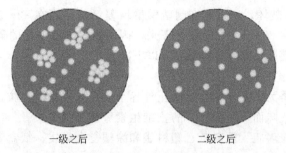

一级之后　　　　　　　　二级之后

图 2-6　一级和二级均质后脂肪球破裂情况

5. 杀菌

巴氏杀菌的主要目的是杀死原料乳中病原性的微生物，确保产品食用过程中的安全性，同时使乳的营养成分破坏程度最小，保证乳的新鲜口感和营养价值高的特点。

杀菌方法有低温长时杀菌法（LTLT 法，62～65℃ 30mim）和高温短时杀菌法（HTST 法，72～75℃ 15s 杀菌，或经 75～85℃ 15～20s 杀菌）。LTLT 法无法实现连续化生产，而 HTST 法可以进行连续、大规模生产，目前广为使用。

HTST 法杀菌目前广泛使用的设备是板式热交换器，加热介质是蒸汽或热水。板式热交换器由许多薄的金属型板平行排列而成。型板（传热薄板）由水压机冲压成型，表面有波纹，如平行波纹、交叉波纹等。这样，增加了换热器的传热面积，也增加了液体的湍流作用，可减少堵塞。加热介质和液体物料就在薄板两侧交替流动，因此，板式热交换器升温和降温速度都很快。加热介质和液体物料之间的温差小，适合于热敏感性产品。

板式热交换器的热量是可以回收的，因此能耗小。当牛乳进入热交换器，首先用已经受热的牛乳进行预热；接着进一步用热水加热，并在保温区流动，以保证足够的加热时间；然后用进入的冷牛乳进行冷却，最后经过冷水（或制冷剂）再进一步冷却。图 2-7 给出了板式热交换器的结构和液体通过交换器的路径。由图 2-7 可见，板式热交换器是由不同区域组成，包括热回收区、加热区、保温区和冷却区，每一个区域由许多薄板组成。

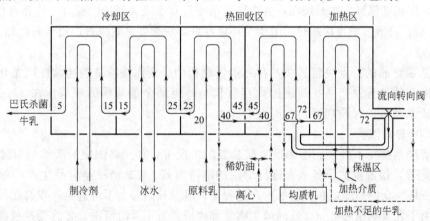

图 2-7　板式热交换器杀菌工艺示意图

6. 冷却

杀菌后的牛乳虽然大部分微生物都已消灭，但在后续的操作中仍有被污染的可能，因此应尽快冷却至 4℃，冷却速度越快越好，从而抑制残存细菌的生长繁殖，延长牛乳的保质期。另外还有一个原因是磷酸酶激活的问题。磷酸酶对热敏感，不耐热，易钝化（63℃ 20min 即可钝化），但其活力受抑制因子和活化因子的影响。抑制因子在 60℃ 30min 或 72℃

15s 的杀菌条件下不被破坏，所以能抑制磷酸酶恢复活力，而在 82～130℃ 加热时抑制因子被破坏，而活化因子在 82～130℃ 能保持下来，因而能促进已钝化的磷酸酶再恢复活性。所以巴氏杀菌乳在杀菌灌装后必须立即置 4℃ 以下冷藏。

7. 灌装

灌装的目的主要是为了便于销售，防止外界杂质混入成品中，防止微生物再污染，保存风味，防止吸收外界气味而产生异味，防止维生素等成分损失。

包装形式主要有玻璃瓶、塑料瓶、塑料袋和涂塑复合纸袋、纸盒等，目前市场上最常见的包装形式有以下几种。

（1）玻璃瓶　玻璃瓶是传统的巴氏杀菌包装，具有环保、能重复使用、成本较低的特点。但是不便携带、质量重、易漏奶、易破碎，只能在乳品生产企业本地区附近使用。

（2）塑料瓶　塑料瓶有多层共挤和单层材质两种结构的高密度聚乙烯瓶以及聚丙烯瓶，易携带、保质期长、易贮存。

（3）塑桶　塑桶是大容量包装，适合家庭消费。桶装奶档次较高，同时具有价格优势。巴氏杀菌保证了纯正口味，是一种有前景的包装。

（4）复合塑膜袋　此种包装品种多，性能各异，占据了主要的中、低端乳品包装市场。百利包、芬包、万容包等均是此类产品。三层黑白膜包装袋，价格低，保质期短；五层黑白膜包装袋，价格较高，保质期达 90d；K 涂共挤膜包装袋，价格适中，保质期长；镀铝复合膜袋，价格较低，保质期长。

（5）纸杯　纸杯（新鲜杯）包装与瓶装、袋装相比，产品更卫生。特点是美观时尚，容量较小，适合一次喝完；材料易吸收，撕去盖膜，可微波加热；10℃ 以下可保存 5d，是一种保鲜包装。

（6）屋顶盒　典型产品为国际纸业生产的新鲜屋，为纸塑结构。屋顶型纸盒包装有其独到的设计、材质及结构，可防止氧气、水分的进出，对外来光线有良好的阻隔性；可保持盒内牛乳的鲜度，有效保存牛乳中丰富的维生素 A 和维生素 B。近年来，在国内冷链系统不断完善的基础上，屋顶型保鲜包装系统在我国市场的销售量有了很大幅度的提升。屋顶盒保质期 7～10d，需冷藏，可微波炉直接加热，卫生及环保性好，货架展示效果好，便于开启和倒取。

8. 冷藏

巴氏杀菌产品的特点决定其在贮存和销售过程中必须保持冷链的连续性，尤其是从乳品厂到商店的运输过程及产品在商店的贮存过程是冷链两个最薄弱的环节。在 2～6℃ 条件贮存时，巴氏杀菌乳的保质期可在 1 周左右。

三、CIP 自动清洗

CIP 清洗是指在不拆卸、不挪动机械装置的情况下，利用高浓度的清洗剂溶液，将能与食品（牛奶等）接触到的设备表面进行清洗的清洗方式。CIP 清洗是乳品生产厂保证产品质量的重要一环。众所周知，在乳制品生产过程中，乳及其制品会不可避免地残留在设备表面及管壁上，由于乳及其制品是非常好的微生物营养物质，若不及时清洗，必然会导致微生物大量繁殖，形成生产中的污染源。如果使用被污染的设备进行生产必将对产品质量产生严重影响，如细菌数大量增加，残留腐败物进入产品中，直接影响产品质量，造成细菌超标、保质期缩短、风味残缺、感官指标下降等严重的质量问题。目前解决清洗问题的最佳方案就是使用 CIP 清洗系统，为了提高 CIP 的清洗效率，企业一般采用 CIP 自动清洗系统，自动 CIP（cleaning in place）就地清洗系统是对乳品、饮料加工生产线和灌装设备进行自动清洗的专用设备，可提供酸洗、碱洗以及热洗三个程序，并且可自动设置酸液、碱液浓度以及热水的温度。

（一）CIP清洗的作用机理

利用大流量泵，泵以冷热水及酸碱液进行强烈循环，或由特殊的喷淋冲刷装置使洗液高速均匀喷淋或冲刷被清洗物的表面，使之达到物理、化学和微生物学的清洗。

常用的洗涤剂有酸、碱洗涤剂和灭菌洗涤剂。

酸、碱洗涤剂的优点有：能将微生物全部杀死；去除有机物效果较好。缺点为：对皮肤有较强的刺激性；水洗性差。

灭菌剂的优点有：杀菌效果迅速，对所有微生物有效；稀释后一般无毒；不受水硬度影响；在设备表面形成薄膜；浓度易测定；易计量；可去除恶臭。缺点为：有特殊味道；需要一定的储存条件；不同浓度杀菌效果区别大；气温低时易冻结；用法不当会产生副作用；混入污物杀菌效果明显下降；洒落时易沾污环境并留有痕迹。

酸碱洗涤剂中的酸是指$1\%\sim2\%$硝酸溶液，碱指$1\%\sim3\%$氢氧化钠溶液在$65\sim80℃$使用。灭菌剂为经常使用的氯系杀菌剂，如次亚氯酸钠等。

热能在一定流量下，温度越高，黏度系数越小，雷诺数（$Re$）越大。温度的上升通常可以改变污物的物理状态，加速化学反应速度，同时增大污物的溶解度，便于清洗时杂质溶液脱落，从而提高清洗效果、缩短清洗时间。

运动能的大小是由$Re$来衡量的。$Re$的一般标准为：从壁面流下的薄液，槽类$Re>200$，管类$Re>3000$，而$Re>30000$效果最好。

水的溶解作用，水为极性化合物，对油脂性污物几乎无溶解作用，对碳水化合物、蛋白质、低级脂肪酸有一定的溶解作用，对电解质及有机或无机盐的溶解作用较强。

机械作用是由运动产生的作用，如搅拌、喷射清洗液产生的压力和摩擦力等。

（二）清洗效果的影响因素

采用CIP自动清洗系统去除牛奶生产线中的污垢，并达到杀菌消毒的目的。要注意控制好如下几个操作条件。

（1）保持好清洗液在管道中的湍流状态 在定置清洗过程中，清洗液就是利用流体在紊乱流动状态（湍流）下形成的对管壁的冲刷力来清除污垢的。在管道中，流体的状态分为层流和湍流两种，当流体处于湍流状态时，它除了有沿着管道轴向的主运动之外，还有沿着径向的副运动。影响流体流动状态的因素有流体的流速、流体的管径、流体的流动黏度系数等。

（2）清洗液温度的影响 提高清洗液温度会对清洗系统产生下列影响：改变污物的物理状态，使其在装置表面上的附着力降低而易被清除；加快清洗剂与污物之间的化学反应速度；降低清洗液的黏度，使雷诺数升高，使清洗效果改善；使污垢中的可溶性成分在清洗液中的溶解度加大等。研究表明牛奶残留物形成的污垢在$32\sim85℃$温度范围内，清洗温度每提高$10℃$，清洗速度可提高1.6倍；而且在这一温度范围内最适合对牛奶污垢的清洗。因为在较高温度下清洗液具有杀菌作用，所以有时在$80℃$左右的较高温度下清洗，不加灭菌药剂也可以达到杀菌消毒的效果。但是因为在$85℃$以上时，牛奶中的蛋白质形成的污垢会因受热发生变性而牢固附着在装置表面，而当温度低于$32℃$时牛奶中的脂肪在装置表面形成附着物，不可能融化或溶解去除，因此在这两种情况下清洗效果都会受到影响，一般不宜采用。

（3）清洗时间的影响 CIP自动清洗的去污作用是依靠流体流动产生的物理作用力与清洗剂的化学作用力共同作用的结果。在开始清洗后的一段时间内，清洗效果是与时间同步增长的，即随着时间延长清洗效果明显改善。但经过较长一段时间后就会达到平衡状态，即使再延长清洗时间，清洗效果也不会有很大的改变。

（4）清洗剂的影响

① 清洗剂种类。目前食品行业应用的清洗剂种类很多，主要有酸碱类等，其中氢氧化钠和硝酸应用最为广泛。碱类洗涤剂对含蛋白质较高的污物有很好的去除作用，但对食品橡胶垫圈等有一定的腐蚀作用。酸类洗涤剂对碱性清洗剂不能去除的顽垢有较好效果，但对金属有一定的腐蚀性，应添加一些抗腐蚀剂或用清水冲洗干净。清洗剂还有表面活性剂、螯合剂等，但只在特殊需要时才使用，如清洗用水硬度较高时可使用螯合剂去除金属离子。

② 清洗剂浓度。提高清洗剂浓度时，可适当缩短清洗时间或弥补清洗温度的不足。清洗剂浓度增高会造成清洗费用的增加，而且浓度的增高并不一定能有效地提高清洗效果，因此厂家有必要根据实际情况确定合适的清洗剂浓度。

③ 洗液温度。通常而言，温度每升高 10℃，化学反应速度会提高 1.5～2.0 倍，清洗速度也相应提高，清洗效果较好。清洗温度一般不低于 60℃。

（三）CIP 清洗程序及要求

1. 原料

① NaOH（≥99%）、$HNO_3$（65%～68%）AR。

② 测定用精密试纸（pH6.4～8.0）。

2. 清洗程序

（1）预冲洗　用清水预清洗 3min，直到排出的水由乳白色转为澄清。用温水冲洗 10min。

（2）碱洗　碱液浓度 3%，循环 10min，温度 80～90℃。

（3）水洗　用清水冲洗 5～7min，直至将残存热碱液冲洗干净，测 pH6.8～7.2，方可生产。

（4）酸洗　用 70～75℃ 1%～1.5% $HNO_3$ 溶液循环清洗 15～20min；或循环 10min，酸液浓度 1.5%，温度 80℃。

（5）水洗　用清水冲洗 5～7min，直至将残存酸液冲洗干净，至中性澄清为止，测 pH6.8～7.2，方可生产。

通常在乳品生产开始之前进行管道及设备消毒，用 90%～95% 的热水循环，当回水温度低于 85℃ 之后，再循环 10～15min。

（四）CIP 清洗效果评定标准

作为食品行业理想的 CIP，清洗效果必须达到以下标准。

1. 感官

（1）气味　清新、无异杂味，对于特殊的处理过程或特殊阶段容许有轻微的气味但不影响最终产品的安全和自身品质。

（2）视觉　清洗表面光亮，无积水，无膜，无污垢或其他。同时，经过 CIP 处理后，设备的生产处理能力明显改变。

2. 卫生指标

微生物指标达到相关要求；不能造成产品其他卫生指标的提高。

3. 经济性

在同时满足清洗的条件下，成本是衡量清洗效果的重要因素。CIP 操作必须相对安全、方便。随着食品生产机械化和自动化程度的不断提高，CIP 系统得到广泛的研究与应用，同时科学的进步和市场的不断规范，它在食品生产中的普及率会不断加大。

**质量标准及检验**

巴氏消毒乳的检验项目、检验方法和成品质量标准应符合 GB 19645—2010。以组为单位在课前自主完成相关知识准备，研讨并制订巴氏消毒乳感官指标、理化指标和微生物指标检验的方案，按照设计方案完成任务。

**一、感官检验**

感官检验的具体操作过程和指标要求应符合表 2-1。

表 2-1　感官要求

| 项目 | 指标要求 | 检验方法 |
|---|---|---|
| 色泽 | 呈乳白色或微黄色 | 取适量的试样置于 50mL 烧杯中，在自然光下观察色泽和组织状态。闻气味，用温开水漱口，品尝滋味 |
| 滋味与气味 | 具有乳固有的香味，无异味 | |
| 组织状态 | 呈均匀一致液体，无凝块、无沉淀、无正常视力可见异物 | |

**二、理化指标检验**

理化指标检验的具体操作过程和指标要求应符合表 2-2 的规定。

表 2-2　理化指标

| 项　　目 | | 指　标 | 检　验　方　法 |
|---|---|---|---|
| 脂肪[①]/(g/100g) | ≥ | 3.1 | GB 5413.3 |
| 蛋白质/(g/100g) | | | |
| 牛乳 | ≥ | 2.9 | |
| 羊乳 | ≥ | 2.8 | GB 5009.5 |
| 非脂乳固体/(g/100g) | ≥ | 8.1 | GB 5413.39 |
| 酸度/°T | | | |
| 牛乳 | | 12~18 | GB 5413.34 |

① 仅适用于全脂巴氏杀菌乳。

**巴氏消毒乳中蛋白质含量的测定**

1. 原理

牛乳中的蛋白质在催化加热条件下被分解，产生的氨与硫酸结合生成硫酸铵。然后碱化蒸馏使氨游离，用硼酸吸收后，在用硫酸或盐酸标准滴定溶液滴定，根据酸的消耗量得到样品中氮的含量，乘以换算系数，即为蛋白质的含量。

2. 试剂和材料

① 硫酸铜，硫酸钾，硫酸，硼酸，甲基红指示剂，溴甲酚绿指示剂，亚甲基蓝指示剂，氢氧化钠，95%乙醇。

② 硼酸溶液（20g/L）：称取 20g 硼酸，加水溶解后并稀释至 1000mL。

③ 氢氧化钠溶液（400g/L）：称取 40g 氢氧化钠加水溶解后，放冷，并稀释至 100mL。

④ 硫酸标准滴定溶液（0.0500mol/L）或盐酸标准滴定溶液（0.0500mol/L）。

⑤ 甲基红乙醇溶液（1g/L）：称取 0.1g 甲基红，溶于 95%乙醇，用 95%乙醇稀释至 100mL。

⑥ 亚甲基蓝乙醇溶液（1g/L）：称取 0.1g 亚甲基蓝，溶于 95%乙醇，用 95%乙醇稀释

至 100mL。

⑦ 溴甲酚绿乙醇溶液（1g/L）：称取 0.1g 溴甲酚绿，溶于 95％乙醇，用 95％乙醇稀释至 100mL。

⑧ 混合指示液：2 份甲基红乙醇溶液与 1 份亚甲基蓝乙醇溶液临用时混合。

**3. 仪器和设备**

（1）天平　感量为 1mg。

（2）全套凯氏定氮装置　如图 2-8 所示。

**4. 分析步骤**

（1）试样处理　称取充分混匀的牛乳试样 10～25g（约相当于 30～40mg 氮），精确至 0.001g，移入干燥的 100mL、250mL 或 500mL 定氮瓶中，加入 0.2g 硫酸铜、6g 硫酸钾及 20mL 硫酸，轻摇后于瓶口放一小漏斗，将瓶以 45°角斜支于有小孔的石棉网上。小心加热，待内容物全部炭化，泡沫完全停止后，加强火力，并保持瓶内液体微沸，至液体呈蓝绿色并澄清透明后，再继续加热 0.5～1h。取下放冷，小心加入 20mL 水。放冷后，移入 100mL 容量瓶中，并用少量水洗定氮瓶，洗液并入容量瓶中，再加水至刻度，混匀备用。同时做试剂空白试验。

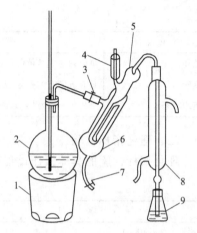

图 2-8　定氮蒸馏装置图

1—电炉；2—水蒸气发生器（2L 烧瓶）；
3—螺旋夹；4—小玻杯及棒状玻塞；
5—反应室；6—反应室外层；7—橡皮管
及螺旋夹；8—冷凝管；9—蒸馏液接收瓶

（2）测定　按图 2-8 装好定氮蒸馏装置，向水蒸气发生器内装水至 2/3 处，加入数粒玻璃珠，加甲基红乙醇溶液数滴及数毫升硫酸，以保持水呈酸性，加热煮沸水蒸气发生器内的水并保持沸腾。

（3）蒸馏　向接收瓶内加入 10.0mL 硼酸溶液及 1～2 滴混合指示液，并使冷凝管的下端插入液面下，根据试样中氮含量，准确吸取 2.0～10.0mL 试样处理液由小玻杯注入反应室，以 10mL 水洗涤小玻杯并使之流入反应室内，随后塞紧棒状玻塞。将 10.0mL 氢氧化钠溶液倒入小玻杯，提起玻塞使其缓缓流入反应室，立即将玻塞盖紧，并加水于小玻杯以防漏气。夹紧螺旋夹，开始蒸馏。蒸馏 10min 后移动蒸馏液接收瓶，液面离开冷凝管下端，再蒸馏 1min。然后用少量水冲洗冷凝管下端外部，取下蒸馏液接收瓶。

（4）滴定　将洗净的滴定管用滴定管夹夹住固定于滴定架台上，装好已标定的盐酸或硫酸标准溶液后，滴定接收瓶的吸收液至溶液颜色由蓝绿色变为酒红色时为终点，记录消耗的标准溶液的浓度和体积。

（5）同时做试剂空白　按分析步骤（3）用空白液代替样品溶液进行蒸馏，再滴定空白吸收液。

重复样品溶液和空白液的测定操作，样品溶液和空白液所消耗用的标准酸体积都分别取其 2 次以上滴定体积的平均值。

（6）蒸馏瓶的洗涤　在进行样品溶液或空白溶液的重复测定操作之前。应先清洗蒸馏系统。方法如下：蒸馏步骤（3）完毕后，将火源移去时，蒸馏瓶内的废液立即流到蒸馏瓶外侧夹层内，可由出水口经排水管排出。把装有蒸馏水的烧杯置于冷凝管下方，并将冷凝管下端出口插入水的液面以下，关闭进水口、出水口和进样口。加热夹层的水至沸腾大约 1min，移去火源，烧杯中的蒸馏水被吸入而流到蒸馏瓶内，再流至蒸馏瓶外侧夹层，由出水口经排水管排除。按此方法重复洗涤 2～3 次。

5. 结果与计算

试样中蛋白质的含量按下式进行计算。

$$X = \frac{(V_1 - V_2) \times c \times 0.0140}{m \times V_3/100} \times F \times 100$$

式中　$X$——试样中蛋白质的含量，g/100g；

　　　$V_1$——试液消耗硫酸或盐酸标准滴定液的体积，mL；

　　　$V_2$——试剂空白消耗硫酸或盐酸标准滴定液的体积，mL；

　　　$V_3$——吸取消化液的体积，mL；

　　　$c$——硫酸或盐酸标准滴定溶液浓度，mol/L；

　0.0140——1.0mL 硫酸 $[c(1/2H_2SO_4) = 1.000mol/L]$ 或盐酸 $[c(HCl) = 1.000mol/L]$ 标准滴定溶液相当的氮的质量，g/mmol；

　　　$m$——试样的质量，g；

　　　$F$——氮换算为蛋白质的系数，6.38。

6. 说明及注意事项

① 消化时不要用强火，应保持和缓沸腾，注意不断转动凯氏烧瓶，以便利用冷凝酸液将附在瓶壁上的物质洗下并保持消化完全。

② 样品中若含脂肪较多时，消化过程中易产生大量泡沫，为防止泡沫溢出瓶外，在开始消化时应用小火加热，并不断摇动。

③ 蒸馏装置不得漏气。

④ 蒸馏完毕后，应先将冷凝管提离液面清洗管口，在蒸馏 1min 后关掉热源，否则可能造成吸收液倒吸。

7. 精密度

在重复性条件下获得的两次独立测定结果的绝对差值不得超过算术平均值的 10%。

### 三、微生物指标检验

微生物指标检验方法、操作过程和指标要求应符合表 2-3。

表 2-3　微生物限量

| 项　目 | 采样方案 a 及限量(若非指定,均以 CFU/g 或 CFU/mL 表示) | | | | 检验方法 |
| --- | --- | --- | --- | --- | --- |
| | n | c | m | M | |
| 菌落总数 | 5 | 2 | 50000 | 100000 | GB 4789.2 |
| 大肠菌群 | 5 | 2 | 1 | 1 | GB 4789.3 平板计数法 |
| 金黄色葡萄球菌 | 5 | 0 | 0/25g(mL) | — | GB 4789.10 定性检验 |
| 沙门菌 | 5 | 0 | 0/25g(mL) | — | GB 4789.4 |

注：n 为同一批次产品应采集的样品件数；c 为最大可允许超出 m 值的样品数；m 为微生物指标可接受水平的限量值；M 为微生物指标的最高安全限量值。全书余同。

## 平板计数法测定大肠菌群数

（一）仪器、设备及试剂

1. 仪器和设备

除微生物实验室常规灭菌及培养设备外，其他设备和材料如下：恒温培养箱、冰箱、恒温水浴箱、天平、均质器、振荡器、无菌吸管或微量移液器及吸头、无菌锥形瓶、无菌培养皿、pH 计或 pH 比色管或精密 pH 试纸、菌落计数器。

2. 试剂和培养基

月桂基硫酸盐胰蛋白胨肉汤、煌绿乳糖胆盐、结晶紫中性红胆盐琼脂、磷酸盐缓冲液、无菌生理盐水、无菌 1mol/L NaOH、无菌 1mol/L HCl。

（二）操作步骤

1. 样品的稀释

（1）固体和半固体样品　称取 25g 样品，放入盛有 225mL 磷酸盐缓冲液或生理盐水的无菌均质杯内，8000～10000r/min 均质 1～2min，或放入盛有 225mL 磷酸盐缓冲液或生理盐水的无菌均质袋中，用拍击式均质器拍打 1～2min，制成 1:10 的样品匀液。

（2）液体样品：以无菌吸管吸取 25mL 样品置盛有 225mL 磷酸盐缓冲液或生理盐水的无菌锥形瓶（瓶内预置适当数量的无菌玻璃珠）中，充分混匀，制成 1:10 的样品匀液。

（3）样品匀液的 pH 值应在 6.5～7.5 之间，必要时分别用 1mol/L NaOH 或 1mol/L HCl 调节。

（4）用 1mL 无菌吸管或微量移液器吸取 1:10 样品匀液 1mL，沿管壁缓缓注入 9mL 磷酸盐缓冲液或生理盐水的无菌试管中（注意吸管或吸头尖端不要触及稀释液面），振摇试管或换用 1 支 1mL 无菌吸管反复吹打，使其混合均匀，制成 1:100 的样品匀液。

（5）根据对样品污染状况的估计，按上述操作，依次制成 10 倍递增系列稀释样品匀液。每递增稀释 1 次，换用 1 支 1mL 无菌吸管或吸头。从制备样品匀液至样品接种完毕，全过程不得超过 15min。

2. 平板计数

① 选取 2～3 个适宜的连续稀释度，每个稀释度接种 2 个无菌平皿，每皿 1mL。同时取 1mL 生理盐水加入无菌平皿作空白对照。

② 及时将 15～20mL 冷至 46℃ 的结晶紫中性红胆盐琼脂（VRBA）倾注于每个平皿中。小心旋转平皿，将培养基与样液充分混匀，待琼脂凝固后，再加 3～4mL VRBA 覆盖平板表层。翻转平板，置于 36℃±1℃ 培养 18～24h。

3. 平板菌落数的选择

选取菌落数在 15～150CFU 之间的平板，分别计数平板上出现的典型和可疑大肠菌群菌落。典型菌落为紫红色，菌落周围有红色的胆盐沉淀环，菌落直径为 0.5mm 或更大。

4. 证实试验

从 VRBA 平板上挑取 10 个不同类型的典型和可疑菌落，分别移种于 BGLB 肉汤管内，36℃±1℃ 培养 24～48h，观察产气情况。凡 BGLB 肉汤管产气，即可报告为大肠菌群阳性。

（三）大肠菌群平板计数的报告

经最后证实为大肠菌群阳性的试管比例乘以计数的平板菌落数，再乘以稀释倍数，即为每克（毫升）样品中大肠菌群数。例：$10^{-4}$ 样品稀释液 1mL，在 VRBA 平板上有 100 个典型和可疑菌落，挑取其中 10 个接种 BGLB 肉汤管，证实有 6 个阳性管，则该样品的大肠菌群数为：$100×6/10×10^4$/g（mL）＝$6.0×10^5$CFU/g（mL）。

## 金黄色葡萄球菌的测定

（一）设备和材料

除微生物实验室常规灭菌及培养设备外，其他设备和材料如下。

(1) 恒温培养箱 36℃±1℃。

(2) 冰箱 2～5℃。

(3) 恒温水浴箱 37～65℃。

(4) 天平 感量 0.1g。

(5) 均质器。

(6) 振荡器。

(7) 无菌吸管 1mL（具 0.01mL 刻度）、10mL（具 0.1mL 刻度）或微量移液器及吸头。

(8) 无菌锥形瓶 容量 100mL、500mL。

(9) 无菌培养皿 直径 90mm。

(10) 注射器 0.5mL。

(11) pH 计或 pH 比色管或精密 pH 试纸。

（二）培养基和试剂

① 10%氯化钠胰酪胨大豆肉汤。

② 7.5%氯化钠肉汤。

③ 血琼脂平板。

④ Baird-Parker 琼脂平板。

⑤ 脑心浸出液肉汤（BHI）。

⑥ 兔血浆。

⑦ 稀释液。磷酸盐缓冲液。

⑧ 营养琼脂小斜面。

⑨ 革兰染色液。

⑩ 无菌生理盐水。

（三）操作步骤

1. 样品的处理

称取 25g 样品至盛有 225mL 7.5%氯化钠肉汤或 10%氯化钠胰酪胨大豆肉汤的无菌均质杯内，8000～10000r/min 均质 1～2min，或放入盛有 225mL 7.5%氯化钠肉汤或 10%氯化钠胰酪胨大豆肉汤的无菌均质袋中，用拍击式均质器拍打 1～2min。若样品为液态，吸取 25mL 样品至盛有 225mL 7.5%氯化钠肉汤或 10%氯化钠胰酪胨大豆肉汤的无菌锥形瓶（瓶内可预置适当数量的无菌玻璃珠）中，振荡混匀。

2. 增菌和分离培养

① 将上述样品匀液于 36℃±1℃培养 18～24h。金黄色葡萄球菌在 7.5%氯化钠肉汤中呈混浊生长，污染严重时在 10%氯化钠胰酪胨大豆肉汤内呈混浊生长。

② 将上述培养物，分别划线接种到 Baird-Parker 平板和血平板，血平板 36℃±1℃培养 18～24h。Baird-Parker 平板 36℃±1℃培养 18～24h 或 45～48h。

③ 金黄色葡萄球菌在 Baird-Parker 平板上，菌落直径为 2～3mm，颜色呈灰色到黑色，边缘为淡色，周围为一混浊带，在其外层有一透明圈。用接种针接触菌落有似奶油至树胶样的硬度，偶然会遇到非脂肪溶解的类似菌落，但无混浊带及透明圈。长期保存的冷冻或干燥食品中所分离的菌落比典型菌落所产生的黑色较淡些，外观可能粗糙并干燥。在血平板上，

形成菌落较大，圆形、光滑凸起、湿润、金黄色（有时为白色），菌落周围可见完全透明溶血圈。挑取上述菌落进行革兰染色镜检及血浆凝固酶试验。

3. 鉴定

（1）染色镜检　金黄色葡萄球菌为革兰阳性球菌，排列呈葡萄球状，无芽孢，无荚膜，直径约为 0.5～1μm。

（2）血浆凝固酶试验　挑取 Baird-Parker 平板或血平板上可疑菌落 1 个或以上，分别接种到 5mL BHI 和营养琼脂小斜面，36℃±1℃培养 18～24h。取新鲜配制兔血浆 0.5mL，放入小试管中，再加入 BHI 培养物 0.2～0.3mL，振荡摇匀，置 36℃±1℃温箱或水浴箱内，每 0.5h 观察一次，观察 6h，如呈现凝固（即将试管倾斜或倒置时，呈现凝块）或凝固体积大于原体积的一半，被判定为阳性结果。同时以血浆凝固酶试验阳性和阴性葡萄球菌菌株的肉汤培养物作为对照。也可用商品化的试剂，按说明书操作，进行血浆凝固酶试验。

结果如可疑，挑取营养琼脂小斜面的菌落到 5mL BHI，36℃±1℃培养 18～48h，重复试验。

（3）葡萄球菌肠毒素的检验　可疑食物中毒样品或产生葡萄球菌肠毒素的金黄色葡萄球菌菌株的鉴定，应测葡萄球菌肠毒素。

4. 结果与报告

（1）结果判定　符合 2 中③金黄色葡萄球菌特征，可判定为金黄色葡萄球菌。

（2）结果报告　在 25g（mL）样品中检出或未检出金黄色葡萄球菌。

## 沙门菌的测定

（一）设备和材料

除微生物实验室常规灭菌及培养设备外，其他设备和材料如下。

（1）冰箱　2～5℃。

（2）恒温培养箱　36℃±1℃，42℃±1℃。

（3）均质器。

（4）振荡器。

（5）电子天平　感量 0.1g。

（6）无菌锥形瓶　容量 500mL、250mL。

（7）无菌吸管　1mL（具 0.01mL 刻度）、10mL（具 0.1mL 刻度）或微量移液器及吸头。

（8）无菌培养皿　直径 90mm。

（9）无菌试管　3mm×50mm、10mm×75mm。

（10）无菌毛细管。

（11）pH 计或 pH 比色管或精密 pH 试纸。

（12）全自动微生物生化鉴定系统。

（二）培养基和试剂

① 缓冲蛋白胨水（BPW）。

② 四硫磺酸钠煌绿（TTB）增菌液。

③ 亚硒酸盐胱氨酸（SC）增菌液。

　④ 亚硫酸铋（BS）琼脂。

　⑤ HE 琼脂。

　⑥ 木糖赖氨酸脱氧胆盐（XLD）琼脂。

　⑦ 沙门菌属显色培养基。

　⑧ 三糖铁（TSI）琼脂。

　⑨ 蛋白胨水、靛基质试剂。

　⑩ 尿素琼脂（pH7.2）。

　⑪ 氰化钾（KCN）培养基。

　⑫ 赖氨酸脱羧酶试验培养基。

　⑬ 糖发酵管。

　⑭ 邻硝基酚 $\beta$-D-半乳糖苷（ONPG）培养基。

　⑮ 半固体琼脂。

　⑯ 丙二酸钠培养基。

　⑰ 沙门菌 O 和 H 诊断血清。

　⑱ 生化鉴定试剂盒。

（三）操作步骤

1. 前增菌

称取 25g（mL）样品放入盛有 225mL BPW 的无菌均质杯中，以 8000～10000r/min 均质 1～2min，或置于盛有 225mL BPW 的无菌均质袋中，用拍击式均质器拍打 1～2min。若样品为液态，不需要均质，振荡混匀。如需测定 pH 值，用 1mol/mL 无菌 NaOH 或 HCl 调 pH 至 6.8±0.2。无菌操作将样品转至 500mL 锥形瓶中，如使用均质袋，可直接进行培养，于 36℃±1℃ 培养 8～18h。如为冷冻产品，应在 45℃ 以下不超过 15min，或 2～5℃ 不超过 18h 解冻。

2. 增菌

轻轻摇动培养过的样品混合物，移取 1mL 转种于 10mL TTB 内，于 42℃±1℃ 培养 18～24h。同时，另取 1mL 转种于 10mL SC 内，于 36℃±1℃ 培养 18～24h。

3. 分离

分别用接种环取增菌液 1 环，划线接种于一个 BS 琼脂平板和一个 XLD 琼脂平板（或 HE 琼脂平板或沙门菌属显色培养基平板）。于 36℃±1℃ 分别培养 18～24h（XLD 琼脂平板、HE 琼脂平板、沙门菌属显色培养基平板）或 40～48h（BS 琼脂平板），观察各个平板上生长的菌落，各个平板上的菌落特征见表 2-4。

表 2-4　沙门菌属在不同选择性琼脂平板上的菌落特征

| 选择性琼脂平板 | 沙 门 菌 |
| --- | --- |
| BS 琼脂 | 菌落为黑色有金属光泽、棕褐色或灰色，菌落周围培养基可呈黑色或棕色；有些菌株形成灰绿色的菌落，周围培养基不变 |
| HE 琼脂 | 蓝绿色或蓝色，多数菌落中心黑色或几乎全黑色；有些菌株为黄色，中心黑色或几乎全黑色 |
| XLD 琼脂 | 菌落呈粉红色，带或不带黑色中心，有些菌株可呈现大的带光泽的黑色中心，或呈现全部黑色的菌落；有些菌株为黄色菌落，带或不带黑色中心 |
| 沙门菌属显色培养基 | 按照显色培养基的说明进行判定 |

4. 生化试验

自选择性琼脂平板上分别挑取 2 个以上典型或可疑菌落，接种三糖铁琼脂，先在斜面划线，再于底层穿刺；接种针不要灭菌，直接接种赖氨酸脱羧酶试验培养基和营养琼脂平板，于 36℃±1℃ 培养 18～24h，必要时可延长至 48h。在三糖铁琼脂和赖氨酸脱羧酶试验培养基内，沙门菌属的反应结果见表 2-5。

**表 2-5　沙门菌属在三糖铁琼脂和赖氨酸脱羧酶试验培养基内的反应结果**

| 三糖铁琼脂 | | | | 赖氨酸脱羧酶试验培养基 | 初步判断 |
|---|---|---|---|---|---|
| 斜面 | 底层 | 产气 | 硫化氢 | | |
| K | A | +（-） | +（-） | + | 可疑沙门菌属 |
| K | A | +（-） | +（-） | - | 可疑沙门菌属 |
| A | A | +（-） | +（-） | + | 可疑沙门菌属 |
| A | A | +（-） | +（-） | - | 非沙门菌 |
| K | K | +/- | +/- | +/- | 非沙门菌 |

注：K：产碱，A：产酸；+：阳性，-：阴性；+（-）：多数阳性，少数阴性；+/-：阳性或阴性。

接种三糖铁琼脂和赖氨酸脱羧酶试验培养基的同时，可直接接种蛋白胨水（供做靛基质试验）、尿素琼脂（pH7.2）、氰化钾（KCN）培养基，也可在初步判断结果后从营养琼脂平板上挑取可疑菌落接种。于 36℃±1℃ 培养 18～24h，必要时可延长至 48h，按表 2-6 判定结果。将已挑菌落的平板储存于 2～5℃ 或室温至少保留 24h，以备必要时复查。

**表 2-6　沙门菌属生化反应初步鉴别表**

| 反应序号 | 硫化氢（$H_2S$） | 靛基质 | pH7.2 尿素 | 氰化钾（KCN） | 赖氨酸脱羧酶 |
|---|---|---|---|---|---|
| A1 | + | - | - | - | + |
| A2 | + | + | - | - | + |
| A3 | - | - | - | - | +/- |

注：+阳性；-阴性；+/-阳性或阴性。

反应序号 A1：典型反应判定为沙门菌属。如尿素、KCN 和赖氨酸脱羧酶 3 项中有 1 项异常，按表 2-7 可判定为沙门菌。如有 2 项异常为非沙门菌。

**表 2-7　沙门菌属生化反应初步鉴别表**

| pH7.2 尿素 | 氰化钾（KCN） | 赖氨酸脱羧酶 | 判定结果 |
|---|---|---|---|
| - | - | - | 甲型副伤寒沙门菌（要求血清学鉴定结果） |
| - | + | + | 沙门菌Ⅳ或Ⅴ（要求符合本群生化特性） |
| + | - | + | 沙门菌个别变体（要求血清学鉴定结果） |

注：+表示阳性；-表示阴性。

反应序号 A2：补做甘露醇和山梨醇试验，沙门菌靛基质阳性变体两项试验结果均为阳性，但需要结合血清学鉴定结果进行判定。

反应序号 A3：补做 ONPG。ONPG 阴性为沙门菌，同时赖氨酸脱羧酶阳性，甲型副伤寒沙门菌为赖氨酸脱羧酶阴性。

必要时按表 2-8 进行沙门菌生化群的鉴别。

表 2-8 沙门菌属各生化群的鉴别

| 项 目 | I | II | III | IV | V | VI |
|---|---|---|---|---|---|---|
| 卫矛醇 | + | + | − | − | + | − |
| 山梨醇 | + | + | + | + | + | − |
| 水杨苷 | − | − | − | + | − | − |
| ONPG | − | − | + | − | + | − |
| 丙二酸盐 | − | + | + | − | − | − |
| KCN | − | − | − | + | + | − |

注：+表示阳性；−表示阴性。

如选择生化鉴定试剂盒或全自动微生物生化鉴定系统，可根据初步判断结果，从营养琼脂平板上挑取可疑菌落，用生理盐水制备成浊度适当的菌悬液，使用生化鉴定试剂盒或全自动微生物生化鉴定系统进行鉴定。

5. 血清学鉴定

(1) 抗原的准备 一般采用1.2％～1.5％琼脂培养物作为玻片凝集试验用的抗原。

O血清不凝集时，将菌株接种在琼脂量较高的（如2％～3％）培养基上再检查；如果是由于Vi抗原的存在而阻止了O凝集反应时，可挑取菌苔于1mL生理盐水中做成浓菌液，于酒精灯火焰上煮沸后再检查。H抗原发育不良时，将菌株接种在0.55％～0.65％半固体琼脂平板的中央，当菌落蔓延生长时，在其边缘部分取菌检查；或将菌株通过装有0.3％～0.4％半固体琼脂的小玻管1～2次，自远端取菌培养后再检查。

(2) 多价菌体抗原（O）鉴定 在玻片上划出2个约1cm×2cm的区域，挑取1环待测菌，各放1/2环于玻片上的每一区域上部，在其中一个区域下部加1滴多价菌体（O）抗血清，在另一区域下部加入1滴生理盐水，作为对照。再用无菌的接种环或针分别将两个区域内的菌落研成乳状液。将玻片倾斜摇动混合1min，并对着黑暗背景进行观察，任何程度的凝集现象皆为阳性反应。

(3) 多价鞭毛抗原（H）鉴定 同（2）。

(4) 血清学分型（选做项目）

(5) O抗原的鉴定 用A～F多价O血清做玻片凝集试验，同时用生理盐水做对照。在生理盐水中自凝者为粗糙形菌株，不能分型。被A～F多价O血清凝集者，依次用O4、O3、O10、O7、O8、O9、O2和O11因子血清做凝集试验。根据试验结果，判定O群。被O3、O10血清凝集的菌株，再用O10、O15、O34、O19单因子血清做凝集试验，判定E1、E2、E3、E4各亚群，每一个O抗原成分的最后确定均应根据O单因子血清的检查结果，没有O单因子血清的要用两个O复合因子血清进行核对。不被A～F多价O血清凝集者，先用9种多价O血清检查，如有其中一种血清凝集，则用这种血清所包括的O群血清逐一检查，以确定O群。每种多价O血清所包括的O因子如下：

O多价1 A，B，C，D，E，F群（并包括6，14群）

O多价2 13，16，17，18，21群

O多价3 28，30，35，38，39群

O多价4 40，41，42，43群

O多价5 44，45，47，48群

O多价6 50，51，52，53群

O 多价 7  55，56，57，58 群

O 多价 8  59，60，61，62 群

O 多价 9  63，65，66，67 群

（6）H 抗原的鉴定  属于 A～F 各 O 群的常见菌型，依次用表 2-9 所述 H 因子血清检查第 1 相和第 2 相的 H 抗原。

表 2-9　A～F 群常见菌型 H 抗原表

| O 群 | 第 1 相 | 第 2 相 | O 群 | 第 1 相 | 第 2 相 |
| --- | --- | --- | --- | --- | --- |
| A | a | 无 | D(不产气的) | d | 无 |
| B | g,f,s | 无 | D(产气的) | g,m,p,q | 无 |
| B | i,b,d | 2 | E1 | h,v | 6,w,x |
| C1 | k,v,r,c | 5,z15 | E4 | g,s,t | 无 |
| C2 | b,d,r | 2,5 | E4 | i | |

不常见的菌型，先用 8 种多价 H 血清检查，如有其中一种或两种血清凝集，则再用这一种或两种血清所包括的各种 H 因子血清逐一检查，以确定第 1 相和第 2 相的 H 抗原。8 种多价 H 血清所包括的 H 因子如下：

H 多价 1  a，b，c，d，i

H 多价 2  eh，enx，enz15，fg，gms，gpu，gp，gq，mt，gz51

H 多价 3  k，r，y，z，z10，lv，lw，lz13，lz28，lz40

H 多价 4  1，2；1，5；1，6；1，7；z6

H 多价 5  z4z23，z4z24，z4z32，z29，z35，z36，z38

H 多价 6  z39，z41，z42，z44

H 多价 7  z52，z53，z54，z55

H 多价 8  z56，z57，z60，z61，z62

每一个 H 抗原成分的最后确定均应根据 H 单因子血清的检查结果，没有 H 单因子血清的要用两个 H 复合因子血清进行核对。

检出第 1 相 H 抗原而未检出第 2 相 H 抗原的或检出第 2 相 H 抗原而未检出第 1 相 H 抗原的，可在琼脂斜面上移种 1～2 代后再检查。如仍只检出一个相的 H 抗原，要用位相变异的方法检查其另一个相。单相菌不必做位相变异检查。

位相变异试验方法如下。

小玻管法：将半固体管（每管约 1～2mL）在酒精灯上熔化并冷却至 50℃，取已知相的 H 因子血清 0.05～0.1mL，加入于熔化的半固体内，混匀后，用毛细吸管吸取分装于供位相变异试验的小玻管内，待凝固后，用接种针挑取待检菌，接种于一端。将小玻管平放在平皿内，并在其旁放一团湿棉花，以防琼脂中水分蒸发而干缩，每天检查结果，待另一相细菌解离后，可以从另一端挑取细菌进行检查。培养基内血清的浓度应有适当的比例，过高时细菌不能生长，过低时同一相细菌的动力不能抑制。一般按原血清（1∶200）～（1∶800）的量加入。

小倒管法：将两端开口的小玻管（下端开口要留一个缺口，不要平齐）放在半固体管内，小玻管的上端应高出培养基的表面，灭菌后备用。临用时在酒精灯上加热熔化，冷却至 50℃，挑取因子血清 1 环，加入小套管中的半固体内，略加搅动，使其混匀，待凝固后，将

待检菌株接种于小套管中的半固体表层内，每天检查结果，待另一相细菌解离后，可从套管外的半固体表面取菌检查，或转种 1‰软琼脂斜面，于 37℃培养后再做凝集试验。

简易平板法：将 0.35％～0.4％半固体琼脂平板烘干表面水分，挑取因子血清 1 环，滴在半固体平板表面，放置片刻，待血清吸收到琼脂内，在血清部位的中央点种待检菌株，培养后，在形成蔓延生长的菌苔边缘取菌检查。

（7）Vi 抗原的鉴定　用 Vi 因子血清检查。已知具有 Vi 抗原的菌型有：伤寒沙门菌，丙型副伤寒沙门菌，都柏林沙门菌。

（8）菌型的判定　根据血清学分型鉴定的结果，按有关沙门菌属抗原表判定菌型。

（四）结果与报告

综合以上生化试验和血清学鉴定的结果，报告 25g（mL）样品中检出或未检出沙门菌。

## 任务总结

本任务内容阐述了巴氏消毒奶的概念、分类及加工工艺流程和实际操作的主要内容，对巴氏消毒乳的加工机理与操作步骤以及检测技术进行了介绍。通过本任务的学习和实践，学生能够掌握巴氏消毒乳的加工及检测技能，达到独立对其进行加工与检验的目的。

## 知识考核

**一、填空**

1. 液体乳按杀菌方式分 _____、_____。

2. 灭菌乳可分为 _____、_____。

3. 巴氏灭菌乳按杀菌条件可分为 _____、_____。

**二、选择题**

1. 标准化的方法常用的有（　　　　）。

  A. 预标准化

  B. 后标准化和直接标准化

  C. 预标准化和直接标准化

  D. 预标准化、后标准化和直接标准化

2. 巴氏灭菌低温长时间的温度和时间分别为（　　　　）。

  A. 62～65℃，30min

  B. 65～70℃，30min

  C. 65～68℃，20min

  D. 72～75℃，15s

**三、判断**

1. 巴氏杀菌的主要目的是杀死原料乳中所有的微生物。　　　　　　　　　　（　　　）

2. 巴氏灭菌乳在工艺生产中，杀菌后应尽快冷却至 4℃，冷却得越快越好，抑制残留的细菌生长繁殖。

  （　　　）

3. 巴氏灭菌乳在 2～6℃条件贮存时，保质期可在 1 周左右。　　　　　　　（　　　）

# 任务二　UHT 奶的加工及检测

## 能力目标

1. 学会 UHT 乳加工工艺流程与原辅料的选择。

2. 掌握 UHT 乳的加工工艺及机械与设备使用操作技能。

3. 掌握 UHT 乳质量检测的原理和操作技能。

4. 能发现 UHT 乳加工中出现的问题并提出解决方案。

 **知识目标**

1. 理解灭菌乳的概念、分类的基础理论知识。

2. 掌握 UHT 灭菌乳的生产工艺及工艺参数。

3. 掌握 UHT 灭菌乳加工工艺各步骤的操作要点。

4. 掌握 UHT 灭菌乳质量检测的理论知识及操作要点。

 **知识准备**

### 一、灭菌乳的概念及分类

**（一）概念**

UHT 乳即超高温灭菌乳，又称长久保鲜乳，系指以新鲜牛乳（羊乳）为原料，经净化、均质、灭菌和无菌包装或包装后再进行灭菌，从而具有较长保质期可直接饮用的商品乳。

巴氏杀菌乳一般只杀灭乳中致病菌，而残留一定量的乳酸菌、酵母菌和霉菌；灭菌乳是杀死乳中一切微生物包括病原体、非病原体、芽孢等。但灭菌乳不是无菌乳，只是产品达到了商业无菌状态，即不含危害公共健康的致病菌和毒素；不含任何在产品贮存运输及销售期间能繁殖的微生物；在产品有效期内保持质量稳定和良好的商业价值，不变质。

**（二）分类**

**1. 按杀菌条件分类**

（1）保持灭菌乳 是指物料经预先杀菌（或不杀菌）进行灌装后，在密闭容器内被加热至少 110℃ 保持 10min 以上，然后经冷却制成的无菌产品。

（2）超高温灭菌乳（UHT） 是指物料在连续流动的状态下通过热交换器加热，经 135℃ 以上不少于 1s 的超高温瞬时灭菌以达到商业无菌水平，然后在无菌状态下灌装于无菌包装容器中的产品。

**2. 按原辅料分**

（1）灭菌纯牛乳 以牛乳或复原乳为原料，脱脂或不脱脂，不添加辅料，经超高温瞬时灭菌、无菌包装或保持灭菌制成的产品。

（2）灭菌调味乳 以牛乳或复原乳为原料，脱脂或不脱脂，添加辅料，经超高温瞬时灭菌、无菌包装或保持灭菌制成的产品。

以上每类又分为全脂、部分脱脂、脱脂三种。

### 二、UHT 灭菌乳生产原理

超高温灭菌乳是在 20 世纪 60 年代出现的一种产品，首先是由英国的巴顿等研究者提出。其原理是根据牛乳在加热中细菌的灭菌效果（SE），也就是杀孢子效率随着温度的升高，大大快于牛乳中的化学变化（褐变、维生素破坏、蛋白质变性等）。例如在温度有效范围内，热处理温度每升高 10℃，牛乳中所含细菌孢子的破坏性速度提高 11～30 倍（枯草杆菌孢子致死 $Q_{10}=30$，嗜热脂肪芽孢杆菌孢子致死 $Q_{10}=11$），而牛乳中化学变化褐变速度仅提高 2.5～3 倍，$Q_{10}=2.5～3$。这意味着温度越高，其灭菌效果越大，而引起的化学变化很小。温度上升对化学特性的影响及对芽孢失活的影响见图 2-9。

当牛乳长时间处于高温下时，会形成一些化学反应产物，导致牛乳变色（褐变），并伴随产生蒸煮味和焦糖味，最终出现大量的沉淀。而在高温短时热处理中，牛乳的这些缺陷就可以在很大程度上得以避免。因此，选择正确的温度/时间组合使芽孢的失活达到满意的程度而乳中的化学变化保持在最低水平是非常重要的。

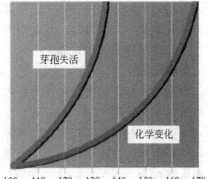

图 2-9  温度上升对化学特性和芽孢失活影响的速度曲线

图 2-10 示出了灭菌效率和褐变反应之间的关系。A 线所示是能够引发牛乳褐变的时间/温度组合的低限；B 线所示是完全灭菌（杀灭耐热芽孢）所要求的时间/温度组合的低限。二次灭菌（罐内灭菌）和 UHT 处理区域也在图中标示出来。从图中可以看出，两种加工方法在取得相同灭菌效率的同时，化学反应却存在着相当大的差别：褐变反应程度与维生素和氨基酸降解的程度差别很大。在较低的热负荷下，两种方法化学效应上的差别要小得多。所以 UHT 乳比二次灭菌乳的滋味和营养价值要好。生产上超高温瞬时灭菌工艺是以 150℃、0.36s 作为最高极限，一般都采用 135～150℃、1～4s。

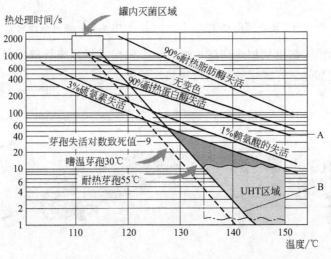

图 2-10  牛乳加工效率和芽孢失活限制线

30℃和 55℃分别对应为嗜温芽孢和耐热芽孢生成菌的营养细胞的最适生长温度。

 **生产实例及规程**

**一、工艺流程**

原料乳验收→预处理→超高温灭菌→无菌平衡罐→无菌包装→贮存

**二、工艺要求**

1. 原料乳验收

用于灭菌的牛乳必须是高质量的，即牛乳中的蛋白质能经得起剧烈的热处理而不变性。为了适应超高温处理，牛乳必须至少在 75％的酒精浓度中保持稳定，剔除由于下列原因而不适宜于超高温处理的牛乳：①酸度偏高的牛乳；②牛乳中盐类平衡不适当；③牛乳中含有过多的乳清蛋白（白蛋白、球蛋白等），即初乳。另外，牛乳的细菌数量，特别对热有很强抵抗力的芽孢数目应该很低。

2. 预处理

净乳、冷却、标准化等技术要求同巴氏杀菌乳。

3. UHT 灭菌

有直接加热法和间接加热法两种。

（1）直接加热法　可分为直接喷射式（蒸汽喷入产品中，图 2-11）和直接混注式（产品喷入蒸汽中，图 2-12）。

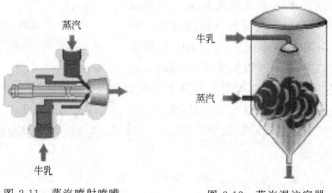

图 2-11　蒸汽喷射喷嘴　　　图 2-12　蒸汽混注容器

（2）间接加热法　热量从加热介质中通过一个间壁（板片或管壁）传送到产品中。间接加热法可分为板式加热、管式加热和刮板加热，见图 2-13。

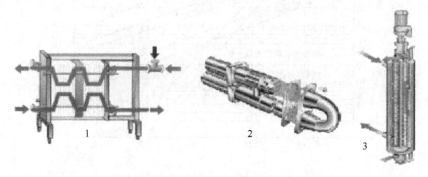

图 2-13　间接加热设备
1—板式换热器；2—管式换热器；3—刮板换热器

（3）直接加热法与间接加热法的比较

① 直接加热与间接加热最明显的区别是前者加热及冷却的速度较快，即 UHT 瞬时加热更容易通过直接加热系统来实现。

② 直接加热主要的优势在于它能加工黏度高的产品，特别是对那些不能通过板式交换器进行良好加工的产品，它不容易结垢。

③ 直接加热的缺点是需要在灭菌后均质。无菌均质机成本高，维护要小心，尤其是要更换柱塞密封以避免其被微生物污染。

④ 直接加热系统的结构相对较复杂。

⑤ 直接加热系统的运转成本相对较高，是同等处理能力的间接加热系统的 2 倍，主要体现在热回收率低，水、电成本高。因此，近年来随着国家能源和水资源成本的增加，间接加热法的使用更普遍。

4. 无菌包装

无菌包装是生产 UHT 乳的一个重要过程，该过程包括包装材料或容器的灭菌，在无菌环境下灌入无菌容器中，并密封。UHT 产品在非冷藏条件下具有长货架期，所以包装材料必须具有防光和防氧气作用。因此在聚乙烯塑料层之间需要有一个薄铝夹层。无菌包装系统有多种形式，可配无菌罐，也可不配无菌罐。

(1) 无菌罐　无菌罐用于 UHT 处理乳制品的中间贮存（图 2-14）。在 UHT 线上，无菌罐的作用主要有：如果包装机中有一台意外停机，无菌罐用于停机期间产品的贮存；几种产品同时包装，首先将一个产品贮满无菌罐，足以保证整批包装，随后，UHT 设备转换生产另一种产品，并直接在包装机线上进行包装。因此，在生产线上有一个或多个无菌罐，为灵活安排生产提供了方便。

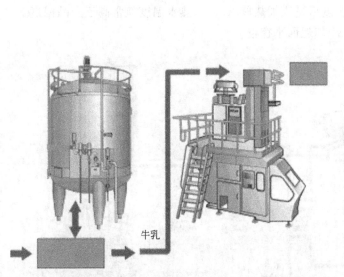

图 2-14　配备无菌罐的无菌灌装系统

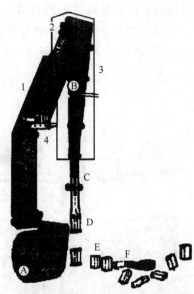

图 2-15　无菌砖形盒制造原理示意图

1—双氧水池；2—空气刮刀；3—无菌腔；

4—空气净化装置；A—纸卷；B—成型为纸筒；

C—灌装；D—横向封口；E—最后成型；

F—背缝贴上加强纸，打印日期

(2) 无菌灌装机　纸卷成型包装系统是目前使用最广泛的包装系统，包装材料由纸卷连续供给包装机，经过一系列成型过程进行灌装、封盒和切割。在这一过程中对包材的灭菌是获得无菌灌装的关键。包材的灭菌方式有多种，包括饱和蒸汽灭菌、双氧水灭菌、紫外线辐射灭菌以及双氧水与紫外线联合灭菌。对于纸或复合塑料包装系统最为广泛的是双氧水结合紫外线灭菌，一般双氧水浓度为 30%～35%。

目前我国应用较多的包装形式有砖形包装（图 2-15）、枕形包装和菱形包装。

5. 贮存

影响 UHT 灭菌乳贮存期的理化因素，包括出现凝胶化、黏度增加、沉淀和脂肪上浮。

影响贮存期的感官因素是滋味、气味和颜色的改变。UHT 灭菌乳的贮存期一般在 3～6 个月。

### 三、典型 UHT 灭菌乳加工生产线

1. 以管式热交换器为基础的间接加热的 UHT 灭菌乳生产线

在图 2-16 中，原料乳首先经验收、标准化、巴氏杀菌等过程。UHT 乳的加工工艺有时包含巴氏杀菌过程，因为巴氏杀菌可有效提高生产的灵活性，及时杀灭嗜冷菌，避免其繁殖代谢产生的酶类影响产品的保质期。巴氏杀菌后的乳（一般为 4℃左右）由平衡槽（1）经供料泵（2）进入预热段（3a），在这里牛乳被热水加热至 75℃后进入均质机（4）。通常采用二级均质，第二级均质压力为 5MPa，均质机合成均质效果为 25MPa。均质后的牛乳进入加热段（3c），在这里牛乳被加热至灭菌温度（通常为 137℃），在保持管（5）中保持 4s，然后进入热回收冷却段（3d），在这里牛乳被盐水冷却至灌装温度。冷却后的牛乳直接进入灌装机（8）或先进无菌贮存罐（7）后，再进入灌装机（8）。若牛乳的灭菌温度低于设定值，则牛乳就沿着启动冷却段（3e）返回平衡槽。加热循环热水的流程是这样的：首先热水经平衡槽、供料泵后进入预热段（3a）和热回收冷却段（3d），由蒸汽喷射阀（6）注入蒸汽，调节至灭菌所需要的加热介质温度后进入加热段（3c），热水温度通常高于产品温度 1～3℃，之后热水经中间冷却段（3b）冷却返回平衡槽。

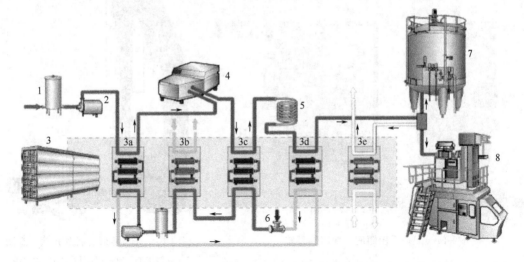

图 2-16　以管式热交换器为基础的间接 UHT 系统

1—平衡槽；2—供料泵；3—管式热交换器；3a—预热段；
3b—中间冷却段；3c—加热段；3d—热回收冷却段；3e—启动冷却段；
4—均质机；5—保持管；6—蒸汽喷射阀；7—无菌贮存罐；8—无菌灌装

在此过程中牛乳的温度变化大致如下：

原料乳经巴氏杀菌后冷至 4℃→预热至 75℃→均质 75℃→加热至 137℃→保温 137℃→盐水冷却至 6℃→（无菌贮罐 6℃）→无菌包装 6℃

可以看出，在此灭菌过程中，牛乳不与加热或冷却介质直接接触，可以保证产品不受外界污染；另外，热回收操作可节省大量能量。

2. 以板式热交换器为基础的直接蒸汽喷射加热的 UHT 灭菌乳生产线

在图 2-17 中，由平衡槽提供的大约 4℃的产品通过供料泵（2）流至板式热交换器（3）

的预热段，在预热至80℃时，产品经供料泵（2）加压至约400kPa，并继续流动至环形喷嘴蒸汽喷射头（5），蒸汽注入产品中，迅速将产品温度提升至140℃（400kPa的压力预防产品沸腾）。产品在UHT温度下于保持管（6）中保温几秒钟，随后闪蒸冷却。闪蒸冷却在装有冷凝器的蒸发室（7）中进行，由真空泵（8）保持蒸发部分真空状态。控制真空度，保证闪蒸出的蒸汽量等于蒸汽最早注入产品的量。一台离心泵将UHT处理后的产品送入二段无菌均质机（10）中。由板式热交换器（3）将均质后的产品冷却至约20℃，并直接连续送至无菌灌装机灌装或一个无菌罐进行中间贮存以待包装。冷凝所需冷水循环由水平衡槽（1b）提供，并在离开蒸发室（7）后作经蒸汽加热器加热后的预热介质。在预热中水温降至约11℃，这样，此水可用作冷却剂，冷却从均质机流回的产品。

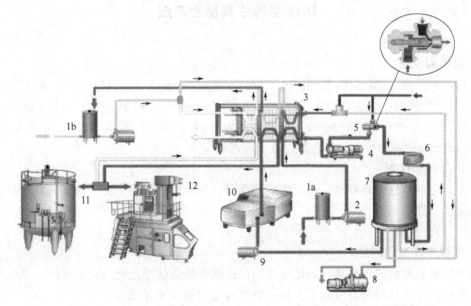

图2-17　带有板式热交换器的直接蒸汽喷射加热的UHT生产线

1a—牛乳平衡槽；1b—水平衡槽；2—供料泵；3—板式热交换器；
4—正位移泵；5—蒸汽喷射头；6—保持管；7—蒸发室；8—真空泵；
9—离心泵；10—无菌均质机；11—无菌罐；12—无菌灌装

 **质量标准及检验**

　　UHT乳成品检验的项目、检验方法和质量标准应符合GB 25190—2010。学生分组完成感官检验、理化指标检验和微生物指标检验。

**一、感官检验**

　　感官检验指标应符合表2-10的规定。

表2-10　感官要求

| 项目 | 要　　求 | 检验方法 |
|---|---|---|
| 色泽 | 呈乳白色或微黄色 | 取适量试样置于50mL烧杯中。在自然光下观察色泽和组织状态。闻气味，用温开水漱口，品尝滋味 |
| 滋味、气味 | 具有乳固有的香味，无异味 | |
| 组织状态 | 呈均匀一致液体，无凝块、无沉淀、无正常视力可见异物 | |

## 二、理化指标检验

理化指标的检验项目和方法应符合表 2-11 的规定。

表 2-11　理化检验指标

| 项　目 | 指　标 | 检验方法 | 项　目 | 指　标 | 检验方法 |
|---|---|---|---|---|---|
| 蛋白质/(g/100g) | ≥2.9 | GB 5009.5 | 非脂乳固体/(g/100g) | ≥8.1 | GB 5413.39 |
| 脂肪/(g/100g) | ≥3.1 | GB 5413.3 | 酸度/°T | 12~18 | GB 5413.34 |

## 三、微生物限量

应符合商业无菌的要求,检验方法按 GB/T 4789.26。

# UHT 乳微生物检验方法

（一）试剂和仪器

1. 仪器和设备

冰箱:0~4℃;恒温培养箱:30℃±1℃、36℃±1℃、55℃±1℃;恒温水浴锅:46℃±1℃;显微镜:10~100×;架盘药物天平:0~500g,精度 0.5g;电位 pH 计;灭菌吸管:1mL(具 0.01mL 刻度),10mL(具 0.1mL 刻度);吸耳球;灭菌平皿:直径 16mm×160mm;灭菌剪刀;白色搪瓷盘;灭菌镊子。

2. 培养基和试剂

革兰染色剂;疱肉培养基;溴甲酚紫葡萄糖肉汤;酸性肉汤;麦芽浸膏汤;锰盐营养琼脂;血琼脂;卵黄琼脂。

（二）检验步骤

1. 审核生产操作记录

杀菌记录:杀菌记录包括自动记录仪的记录纸和相应的手记记录。记录纸上要标明产品品名、规格、生产日期和杀菌锅号。每一项图表记录都应由杀菌锅操作者亲自记录和签字,由车间专人审核签字,最后由工厂检验部门审定后签字。

2. 抽样方法

可采用下述方法之一。

（1）按杀菌锅抽样　UHT 杀菌乳在杀菌冷却完毕后每杀菌锅抽样两袋,一般一个班的产品组成一个检验批,将各锅的样品组成一个样批送检,每批每个品种取样基数不得少于三袋。

（2）按生产班(批)次抽样

① 取样数为 1/6000,尾数超过 2000 者增取一袋,每班(批)每个品种不得少于三袋。某些产品班产量较大,则以 30000 袋为基数,其取样数按 1/6000;超过 30000 袋以上的按 1/20000 计,尾数超过 4000 袋者增取一袋。

② 个别产品产量过小,同品种同规格可合并班次为一批取样,但并班总数不超过 5000 袋,每个批次取样数不得少于三袋。

3. 称量

用电子秤或台天平称量,精确到 1g,各 HUT 灭菌乳的质量减去空袋的平均质量即为该灭菌乳的净重。称量前对样品进行记录编号。

4. 保温

（1）将全部 HUT 灭菌乳按下述分类在规定温度下按规定时间进行保温，见表 2-12。

**表 2-12　样品保温时间和温度**

| 输往地温度的范围 | 温度/℃ | 时间/d |
| --- | --- | --- |
| HUT 灭菌乳预定要输往低于 40℃地区 | 36±1 | 10 |
| HUT 灭菌乳预定要输往热带地区(40℃以上) | 55±1 | 5～7 |

（2）保温过程中应每天检查，如有涨袋或泄漏等现象，立即剔出做开袋检查。

（3）开袋　取保温过的全部 UHT 灭菌乳，冷却到常温后，按无菌操作开袋检验。

将样袋用温水和洗涤剂洗刷干净，用自来水冲洗后擦干。放入无菌室，以紫外光杀菌灯照射 30min，将样袋移置于超净工作台上，用 75％酒精棉球擦拭无代号端，并点燃酒精灯灭菌，用灭菌的卫生剪刀按照标记剪开（开袋前适当振摇）。

（4）留样　开袋后，用灭菌吸管或其他适当工具以无菌操作取出内容物 10～20mL，移入灭菌容器内，保存于冰箱中。待该批 UHT 灭菌乳检验得出结论后可弃去。

（5）pH 测定　取样测定 pH 值，与同批中正常灭菌乳相比，看是否有显著的差异。

5. 感官检查

在光线充足、空气清洁无异味的检验室中将 UHT 灭菌乳内容物倾倒入白色搪瓷盘内，由有经验的检验人员对产品的外观、色泽、状态和气味等进行观察和嗅闻，鉴别食品有无腐败变质的迹象。

6. 涂片染色镜检

（1）涂片　对感官或 pH 检查结果认为可疑的，均应进行涂片染色镜检。用接种环挑取样品涂于载玻片上，待干后用火焰固定。

（2）染色镜检　用革兰染色法染色、镜检，至少观察五个视野，记录细菌的染色反应、形态特征以及每个视野的菌数。与同批的正常样品进行对比，判断是否有明显的微生物增殖现象。

（3）接种培养　保温期间出现的涨袋、泄漏，或开袋检查发现 pH、感官质量异常、腐败变质，进一步镜检发现有异常数量细菌的样袋，均应及时进行微生物接种培养。

对需要接种培养的样袋（或留样）用灭菌的适当工具移出约 1mL 内容物，分别接种培养。接种量约为培养基的十分之一。要求使用 55℃培养基管，在接种前应在 55℃水浴中预热至该温度，接种后立即放入 55℃温箱培养。

UHT 灭菌乳食品（每袋）接种培养基、管数及培养条件见表 2-13。

**表 2-13　UHT 灭菌乳食品的检验**

| 培养基 | 管数 | 培养条件/℃ | 时间/h |
| --- | --- | --- | --- |
| 庖肉培养 | 2 | 36±1(厌氧) | 96～120 |
| 庖肉培养 | 2 | 55±1(厌氧) | 24～72 |
| 溴甲酚紫葡萄糖肉汤(带倒管) | 2 | 36±1(需氧) | 96～120 |
| 溴甲酚紫葡萄糖肉汤(带倒管) | 2 | 55±1(需氧) | 24～72 |

7. 微生物培养检验程序及判定

将按表 2-13 接种的培养基管分别放入规定温度的恒温箱进行培养，每天观察培养生长情况。

　　对在 36℃ 培养有菌生长的溴甲酚紫肉汤管，观察产酸产气情况，并涂片染色镜检。如果是含杆菌的混合培养物或球菌、酵母菌或霉菌的纯培养物，不再往下检验；如仅有芽孢杆菌则判为嗜温性需氧芽孢杆菌；如仅有杆菌无芽孢则为嗜温性需氧杆菌，如需进一步证实是否是芽孢杆菌，可转接于锰盐营养琼脂平板在 36℃ 培养后再做判定。

　　对在 55℃ 培养有菌生长的溴甲酚紫肉汤管，观察产酸产气情况，并涂片染色镜检。如有芽孢杆菌则判为嗜热性需氧芽孢杆菌；如仅有杆菌而无芽孢则判为嗜热性需氧杆菌。如需要进一步证实是否是芽孢杆菌，可转接于锰盐营养琼脂平板，在 55℃ 培养后再做判定。

　　对在 36℃ 培养有菌生长的庖肉培养基管，涂片染色镜检，如为不含杆菌的混合菌相，不再往下进行；如有杆菌，带或不带芽孢，都要转接于两个血琼脂平板（或卵黄琼脂平板），在 36℃ 分别进行需氧和厌氧培养。在需氧平板上有芽孢生长，则为嗜温性兼性厌氧芽孢杆菌；在厌氧平板上生长为一般芽孢则为嗜温性厌氧芽孢杆菌，如为梭状芽孢杆菌，应用庖肉培养基原培养液进行肉毒梭菌及肉毒毒素检验（按 GB/T 4789.12）。

　　对在 55℃ 培养有菌生长的庖肉培养基管，涂片染色镜检。如有芽孢，则为嗜热性厌氧芽孢杆菌或硫化腐败性芽孢杆菌；如无芽孢仅有杆菌，则转接于锰盐营养琼脂平板，在 55℃ 厌氧培养，如有芽孢则为嗜热性厌氧芽孢杆菌，如无芽孢则为嗜热性厌氧杆菌。

　　对有微生物生长的酸性肉汤和麦芽浸膏汤管进行观察，并涂片染色镜检。按所发现的微生物类型判定。

　　8. 结果判定

　　① 该批 UHT 灭菌乳食品经审查生产操作记录，属于正常；抽取样品经保温试验未涨袋或泄漏；保温后开袋，经感官检查、pH 测定或涂片镜检，或接种培养，确证无微生物增殖现象，则为商业无菌。

　　② 该批 UHT 灭菌乳食品经审查生产操作记录，未发现问题；抽取样品经保温试验有一袋及一袋以上发生涨袋或泄漏；或保温后开袋，经感官检查、pH 测定或涂片镜检和接种培养，确证有微生物增殖现象，则为非商业无菌。

 **任务总结**

　　本任务阐述 UHT 的概念、加工工艺流程及参数以及产品的检验方法及巴氏杀菌乳和 UHT 乳的区别，UHT 灭菌乳两种灭菌方法的特点及其区别，典型 UHT 灭菌乳的生产工艺及生产设备。期望通过本任务的学习和实践，学生能够掌握 UHT 乳的生产加工工艺以及检测技术。

 **知识考核**

**一、填空题**

1. UHT 灭菌乳的灭菌温度是＿＿＿＿，时间是＿＿＿＿。

2. UHT 灭菌乳的工艺包括：（1）原料乳验收；（2）预处理；（3）＿＿＿＿；（4）无菌灌装；（5）无菌包装；（6）贮存。

3. UHT 灭菌乳的灭菌方法包括：直接灭菌法和＿＿＿＿。

**二、选择题**

1. UHT 灭菌乳的贮存期一般是（　　　　）。

　　A. 1～2 个月　　　　　　B. 2～3 个月　　　　　　C. 3～5 个月　　　　　　D. 3～6 个月

2. UHT 灭菌乳的原料，为了适应超高温处理，牛乳必须至少在（　　　　）的酒精中保持稳定，才可以剔除不适合超高温灭菌的原料乳。

　　A. 75%　　　　　　　　B. 85%　　　　　　　　C. 72%　　　　　　　　D. 65%

3. 巴氏灭菌乳一般只是杀灭乳中的致病菌，灭菌乳是杀死乳中一切（　　　　）。

　　A. 细菌　　　　　　　　B. 病原体　　　　　　　　C. 芽孢　　　　　　　　D. 微生物

**三、简述**

1. 什么是灭菌乳？按杀菌条件可分为几类？

2. UHT 灭菌乳的生产原理是什么？简述其生产工艺流程及具体工艺要求。

# 项目三　乳粉的加工及检测

乳粉（milk powder）又称奶粉，它是以鲜乳为原料，或以鲜乳为主要原料添加一定数量的植物或动物蛋白、脂肪、维生素、矿物质等配料，用冷冻或加热的方法，除去其中几乎全部水分而制成的粉末状乳制品。乳粉中几乎保持了鲜奶的全部营养成分，增加了保存性，而且冲调容易，使用方便，便于运输，可以调节产奶的淡旺季节。

随着乳品工业的发展和科学技术的进步，满足各种不同要求的新品种奶粉不断涌现，乳粉的生产已经进入了一个崭新的时代。按照最终制成干燥粉末状态的乳制品均归于乳粉类的划分，乳粉的种类很多，但目前国内外仍以生产全脂乳粉、脱脂乳粉、速溶乳粉、母乳化乳粉、调制乳粉为主。

## 任务一　全脂加糖乳粉的加工及检测

### 能力目标

1. 掌握全脂加糖乳粉的生产加工过程。
2. 学会真空浓缩、喷雾干燥等重点步骤的工艺控制。
3. 学会全脂加糖乳粉成品检验的方法。

### 知识目标

1. 了解乳粉、全脂乳粉、全脂加糖乳粉的概念等基础知识。
2. 掌握喷雾干燥的原理。
3. 掌握全脂加糖乳粉的成品检验的国家标准值。

### 知识准备

在新鲜原料乳中添加一部分蔗糖或乳糖后，直接加工干燥制成的粉末状制品即为全脂加糖乳粉或甜乳粉。

#### 一、乳粉的生产方法

乳粉的生产方法分为冷冻法与加热法两类。

（一）冷冻法

冷冻法又可分为离心冷冻法和升华法两种。

1. 离心冷冻法

即采用离心法，先将牛乳在冰点以下浇盘冻结，并经常搅拌，使其冻成像雪花一样的薄片或碎片，而后放入高速离心机中，将乳固体呈胶状分出，在真空下加微热，使之干燥成粉。

2. 升华法

将牛乳在高度真空下（绝对压力为 67Pa），由于水分蒸发而冷却到结晶点，而后在此压力下加微热，使其乳中的冰屑升华，最后乳中固体物质即为粉末。

用冷冻法制造乳粉，因温度很低，牛乳中的全部营养成分都能全部保留。同时也可以避免加热时对产品色泽和风味等的影响，并且其溶解度极高。但目前此方法仍处于试验阶段，因为这种生产方法在设备上造价很高，尚不能普遍推广。

（二）加热法

即用加热的办法使牛乳中水分蒸发干燥成粉末，目前乳粉生产普遍采用此法。按照加热方式不同，又可分为平锅法、滚筒法和喷雾法三种。

1. 平锅法

这是一种最简单的干燥方法。即将鲜乳在开口的平锅中浓缩成糨糊状，而后抹成片状，最后经干燥、粉碎、过筛而成。

2. 滚筒法

又称为薄膜法。将经过浓缩或不浓缩的鲜乳，均匀地淌在蒸汽加热的滚筒上成薄膜状，滚筒转到一定位置，膜层被干燥，而且用刮刀刮下，最后粉碎，过筛成粉。滚筒干燥装置种类很多，但大体分为两类：常压滚筒干燥装置和真空滚筒干燥装置。滚筒干燥法生产的乳粉呈片状，含气泡少，冲调性差，风味差，色泽较深，国内现已不采用此法生产乳粉。

3. 喷雾法（离心喷雾、压力喷雾）

它是借助于离心力或压力的作用，使预先浓缩的浓缩乳，在特制的干燥室内喷成雾滴，而后用热空气干燥成粉末。

就上述三种加热方法比较而言，平锅法是一种比较古老和原始的方法。目前仅有一些边远地区采用此法生产。由于这种方法产品质量不能保证，劳动强度很大，无法大量生产，故日趋淘汰。滚筒法国内亦很少，但滚筒真空干燥法在国外乳粉生产上仍占一定地位。国内外绝大多数工厂还是采用喷雾干燥。因用喷雾法生产的乳粉，产品质量较好，具有较高的溶解度，又便于连续化和自动化生产。

**二、真空浓缩的意义**

制造全脂乳粉采用真空浓缩具有重大的经济价值和特殊的技术质量要求。因此，原料乳杀菌后应立即进行真空浓缩。其意义如下。

① 原料乳在干燥前先经过真空浓缩，除去 70%～80% 的水分，可以节约加热蒸汽和动力消耗，相应地提高了干燥设备的生产能力，从而降低成本。

② 真空浓缩对乳粉颗粒的物理性状有显著的影响。经浓缩后的浓缩乳喷雾干燥成乳粉后，其粒子较粗大，具有良好的分散性、冲调性，能够迅速复水溶解。

③ 真空浓缩可以改善乳粉的贮藏性。真空浓缩排除了溶解在乳中的空气和氧气，使乳粉颗粒中的气泡大大减少。由于当颗粒内存在氧气时容易与全脂乳粉中的脂肪起化学反应，给制品带来不良的影响，降低贮藏性能，因此浓缩乳的浓度越高，制成的乳粉气体含量越低，越有利于贮藏。

④ 经过浓缩后喷雾干燥的乳粉，其颗粒致密、坚实、密度较大，对包装有利。

原料乳浓缩的程度将直接影响到乳粉的质量，一般浓缩至原体积 1/4 左右，即乳固体含量 45% 左右，浓缩后的乳温一般在 47～50℃，其密度应在 1.089～1.100 左右。浓度的控制一般以测定样品中浓缩乳的密度或黏度来确定，也可以在浓缩设备上安装折光仪进行连续测定。

### 三、喷雾干燥的原理及特点

干燥的目的是为了除去液态乳中的水分,使产品以固态存在。由于滚筒干燥法生产的乳粉溶解度低,现已很少采用,国内基本上采用喷雾干燥法生产乳粉。

#### 1. 喷雾干燥的原理

喷雾干燥是采用机械力量,通过雾化器将浓缩乳在干燥室内喷成极细小的雾状乳滴,以增大其表面积,加速水分蒸发速率。雾状乳滴一经与鼓入的热空气接触,水分便在瞬间蒸发出去,使细小的乳滴干燥成乳粉颗粒。喷雾干燥是喷雾和干燥密切的结合,用单独一次工序即可将浓缩乳干燥成乳粉,这两个方面同时影响产品的品质。

喷雾干燥过程分为恒速干燥和降速干燥两个阶段。由于浓缩乳在干燥室中雾化成很细小的乳滴,所以每一阶段的时间都很短暂。如以浓缩乳雾化成平均直径为 $50\mu m$ 的乳滴计,每 1kg 浓缩乳喷雾后,可分散成为约 152 亿个乳滴,其总表面积可达 $120m^2$。在 $130\sim160℃$ 的热空气中恒速干燥时间仅需几分之一秒或几十分之一秒,整个干燥过程只需要 $10\sim15s$。雾化乳滴的温度经瞬间调整达到其所处环境的湿球温度后,即进入以下阶段。

在恒速干燥阶段,乳中水分蒸发发生在乳滴微粒的表面,蒸发速度由穿过周围空气膜的扩散速率所控制。蒸发所需的热量取自周围的热空气。随着乳滴的加热,蒸发强度加强,乳滴温度只能达到其周围热空气的湿球温度。干燥速率取决于周围热空气与乳滴之间的温度差,其中乳滴温度可近似地认为与进入干燥室热空气的湿球温度相同。此时,乳滴中的水分穿过乳滴微粒的扩散速率要大于或等于蒸发速率。恒速干燥阶段中将除去乳滴中绝大部分的游离水分。

当乳滴中水分穿过乳滴微粒的扩散速率不能再使微粒表面水分保持饱和状态时,水分扩散速率便成为控制因素,而影响蒸发干燥过程的继续进行,这时开始进入降速干燥阶段。蒸发发生于乳滴微粒表面内部的某一界面上。如果水蒸气扩散速率低于蒸发速率,则水蒸气即在乳滴微粒的内部形成,这时微粒表面若呈塑性状态,就会使乳滴干燥形成中空的乳粉颗粒。在降速干燥阶段,乳滴微粒中的结合水会部分地被排出。乳粉颗粒的水分含量将接近或等于该空气温度下的平衡水分。平衡水分是乳粉喷雾干燥的极限水分。

在喷雾干燥条件下,热空气的温度和湿度不断地变化,但其湿球温度 ($t_M$) 的变化不大,所以可将恒速干燥阶段乳滴的温度 ($\theta_1$) 视为不变,等于湿球平均温度 ($\theta_1=t_M$)。在降速干燥阶段,乳滴的温度逐渐上升 ($\theta_1>t_M$)。但喷雾干燥就整个干燥时间而言,乳滴加热阶段并不重要,整个干燥过程主要在恒速干燥阶段和降速阶段内进行。

在干燥过程中,乳滴由于水分蒸发,乳固体含量增高,黏度和表面张力也增大,使水分扩散系数变小,蒸发速率减慢,容易产生过热,甚至乳滴产生表壳硬化现象。残留在乳滴内的水汽及空气难以排除,这时蛋白质容易变性,会降低乳粉的溶解度。表壳硬化现象一般在残留水分含量为 $10\%\sim30\%$ 时发生。

#### 2. 喷雾干燥的特点

喷雾干燥的主要优点如下。

① 干燥速率快,物料受热时间短。浓缩乳经雾化后分散成微细液滴,单位重量的表面积增大,与干热空气接触后水分蒸发极快,整个干燥过程仅需 $15\sim30s$,牛乳营养成分破坏程度较小,乳粉的溶解度高,冲调性好。

② 干燥温度低,乳粉品质好。整个干燥过程中乳粉颗粒表面的温度较低,不会超过干燥介质的湿球温度 $50\sim60℃$,从而可以减少牛乳中一些热敏性物质的损失,且产品具有良

好的理化性质。

③ 可以方便调节工艺参数，控制成品的质量指标，同时也可以生产有特殊要求的产品。

④ 卫生质量好，产品不易污染。整个干燥过程是在密闭状态的干燥室内进行的，产品不易受到外来的污染，最大程度保证了产品的质量。

⑤ 操作简单，机械化、自动化程度高，劳动强度低，生产能力大。

喷雾干燥的主要缺点是设备热效率较低；干燥室体积庞大，粉尘回收装置比较复杂，设备清扫工作量较大；设备投资大，对建筑要求比较高。

 **生产实例及规程**

### 一、工艺流程

采用喷雾干燥法生产全脂乳粉，其工艺流程如下：

原料乳验收→预处理→预热、均质→杀菌→真空浓缩→喷雾干燥→出粉→晾粉、筛粉→包装→装箱→检验→成品

### 二、操作过程及要求

**1. 原料乳的验收及预处理**

加工乳粉所需的原料，必须符合国家标准中规定的各项要求。原料乳经过严格的感官、理化及微生物检验合格后，才能进入加工程序。鲜乳经过验收后应及时进行过滤、净化、冷却和贮存等预处理。

**2. 标准化**

通过净乳机的离心作用可把乳中难以过滤去除的细小污物及芽孢分离，同时还能对乳中的脂肪进行标准化。一般将全脂乳粉中脂肪含量控制在 $25\% \sim 30\%$，将全脂加糖乳粉中脂肪含量控制在 $20\%$ 以上。

**3. 预热、均质**

生产全脂加糖乳粉时，一般不必经过均质操作，但若乳粉的配料中加入了植物油或其他不易混匀的物料时，就需进行均质。均质时的压力一般控制在 $14 \sim 21\text{MPa}$，温度控制以在 $60\text{℃}$ 为宜。均质后脂肪球变小，从而可以有效地防止脂肪上浮，并易于消化吸收。

**4. 加糖**

在生产全脂加糖乳粉时，需要向乳中加糖，加糖的方法有：①净乳之前加糖；②将杀菌过滤的糖浆加入浓缩乳中；③包装前加蔗糖细粉于乳粉中；④预处理前加一部分糖，包装前再加一部分。

选择何种加糖方式，取决于产品配方和设备条件。当产品中含糖在 $20\%$ 以下时，最好是在 $15\%$ 左右，采用①或②法为宜。当糖含量在 $20\%$ 以上时，应采用③或④法为宜。因为蔗糖具有热熔性，在喷雾干燥时流动性较差，容易黏壁和形成团块。带有二次干燥的设备，采用加干糖法为宜。溶解加糖法所制成的乳粉冲调性好于加干糖的乳粉，但是密度小、体积较大。无论何种加糖方法，均应做到不影响乳粉的微生物指标和杂质度指标。

**5. 杀菌**

乳粉中不允许存在病原菌。一般的腐败性细菌是引起产品变质的重要因素。乳中含有解酯酶和过氧化物酶，对产品贮藏性不利，必须在杀菌过程中将其钝化。因此，乳粉生产中杀菌的主要目的是杀灭各种病原菌，杀灭乳中并破坏各种酶的活力，如杀灭金黄色葡萄球菌、大部分的腐败菌及其他微生物，破坏蛋白酶、酯酶、过氧化物酶等。

原料乳经过普通杀菌后（UHT除外），各种致病菌、大肠杆菌、葡萄球菌可全部杀灭，一般细菌有99.5％被杀死，但一些耐热的芽孢杆菌、小球菌和部分嗜热性乳酸链球菌可能残存下来。因此，乳粉成品不是绝对无菌的。乳粉之所以能长期保持乳的营养成分，主要是因为成品的含水量很低，使残存微生物细胞和周围环境的渗透压差值增大，从而发生所谓"生理干燥现象"。这时，乳粉中残存的微生物不仅不能繁殖，甚至还会死亡。

原料乳的杀菌方法，可以采用低温杀菌法、高温短时间杀菌法或超高温瞬时杀菌法等。选择杀菌条件与设备和干燥方法有关。喷雾干燥制造全脂乳粉，一般采用高温短时间杀菌法，其设备与浓缩设备相连。若使用列管式杀菌器，通常采用的杀菌条件为80～85℃、5～10min。板式杀菌设备，选用80～85℃、15s。若采用超高温瞬时杀菌装置则为130～135℃、2～4s。而国外生产上较多用的是85～115℃、2～3min。

杀菌方法对全脂乳粉的品质特别是溶解度和贮藏性有很大影响。提高杀菌温度和延长时间直接影响溶解度等指标。因此必须根据制品的品质特性，选择合适的杀菌方法。超高温瞬时杀菌不仅几乎能将原料乳中微生物全部杀死，而且，乳蛋白可以达到软凝块化，营养成分破坏程度小，近年来为人们所重视。

研究证明，在蛋白质的自然状况下，SH基团被包裹在里面，而当加热到75℃以上时，蛋白质的构造发生变化，这些基团被激活，热处理温度达到90℃时，会导致乳清蛋白中β-乳球蛋白极大的变化，产生大量的疏基，它对脂肪表现出一定的抗氧化特性，提高乳粉的贮藏性能。但须指出，高温长时间的杀菌加热会严重影响乳粉的溶解度。

6. 真空浓缩

所使用的浓缩设备有单效循环式升膜蒸发器、单效降膜式蒸发器、双效降膜式蒸发器和板式蒸发器等。我国乳粉加工厂目前使用双效和三效者居多。使用双效降膜式蒸发器，控制蒸发室温度，第一效保持70℃左右，第二效为45℃左右。真空度一般保持在$8.533 \times 10^4$～$8.933 \times 10^4$Pa。

7. 喷雾干燥

（1）喷雾干燥的工艺流程

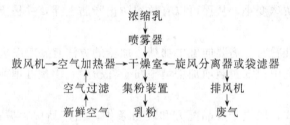

（2）喷雾干燥机组　喷雾干燥设备类型很多，但都是由干燥室、雾化器及其附属设备共同组成。

① 干燥室。干燥室是浓缩乳被喷雾器雾化成微小液滴与热空气进行热交换的场所。若根据干燥室外观结构划分，则可分为箱式和塔式两种。现在一般多使用塔式干燥室，也称为干燥塔，其底部有锥形底、平底和斜底三种。

干燥室热风筒周围要安装起冷却作用的夹套，以减轻乳粉干燥过程中的热变性焦化。干燥室内壁一般为不锈钢，外壳采用钢板结构，内外壁之间以绝热材料填充，通常用80～100mm厚的岩棉层保温。为了防止乳粉黏壁，需要在干燥塔壁装置多个打击锤定时敲打塔壁，使黏粉及时脱离塔壁防止造成乳粉过度受热以及出现焦粉。干燥室下部的锥角大都是

60°或 50°，干燥后的乳粉靠重力排出。干燥室还装备有检查门、光源等，有的还配置安全灭火装置。

根据热风与物料颗粒运动的方式，喷雾干燥室可分为并流、逆流和混流。在乳品工业中应用的各种干燥室具体有五类：水平并流型、垂直下降并流型、垂直下降混流型、垂直上升逆流型、垂直上升混流型。

② 雾化器。雾化器是将浓缩乳稳定地雾化成均匀的乳滴，且均匀散布于干燥室的有效空间内，而不喷到壁上。还能与其他喷雾条件配合，喷出符合质量要求的成品。

③ 高压泵。凡是压力式喷雾都需使用高压泵。高压泵一般为三柱塞式往复泵，可供产生高压和均质，使浓缩乳在高压力作用下由雾化器喷出，形成雾状。离心式喷雾不需要高压泵，使用一般乳泵即可。

④ 空气过滤器。浓缩乳在喷雾干燥过程中吹入干燥室内的热风是吸收周围环境中的空气经加热而成的，吸入的空气必须经过过滤除尘。过滤器的滤层一般使用钢丝、尼龙丝、海绵、泡沫、塑料等物充填，约 10cm 厚。空气过滤器性能约为 $100m^3/(m^2 \cdot min)$。通过的风压控制在 147Pa，风速为 2m/s。过滤器应经常洗刷，保持其工作效率。

⑤ 空气加热器。空气加热器是用于加热吸入的冷空气，使之成为热风，供干燥雾化的浓缩乳用。有蒸汽加热和燃油炉加热两种，前者可加热到 150～170℃，后者可加热到 180～200℃。空气加热器多用紫铜管和钢管制造，加热面积因管径、散热片及排列状态等因素而异。一般总传热膜系数为 $29.08W/(m^2 \cdot K)$。

⑥ 进、排风机。进风机的作用是吸入空气并将加热的空气送入干燥室内，使雾化的浓缩乳干燥。同时排风机将浓缩乳蒸发出去的水蒸气及时排掉，以保持干燥室的干燥作用正常进行。为防止粉粒向外飞扬，干燥室须维持 98～196Pa 的负压状态，所以，排风机的风压要比进风机大。排风机风量要比进风机风量大 20%～40%。

⑦ 滤粉装置。滤粉装置的作用是将排风中夹带的粉粒与气流分离。常用的滤粉装置有旋风分离器、袋滤器或两者结合使用。也有湿回收器和静电回收器。一般旋风分离器对 $10\mu m$ 以下的细粉回收率不高，其分离效果与尺寸比例、光洁度、气流速度有关，一般认为 18～20m/s 的速度效果最好，与出料口的密封度有关。袋滤器回收率较高，但操作管理麻烦。如将旋风分离器与袋滤器串联使用，效果很好。

⑧ 分风箱。该装置安装在热风进入干燥室的分风室处。其作用是将进入的热风分散均匀无涡流，与雾化的浓缩乳进行很好的接触，避免干燥室内出现局部积粉、焦粉或潮粉。

（3）雾化的方法 乳粉喷雾干燥所采用的雾化方法主要有压力喷雾法、离心喷雾法。雾化设备的设计取决于颗粒大小和干燥生产要求的特性，即乳粉颗粒、结构、溶解性、密度和润湿性等。乳滴分散越微细，比表面积越大，越有利于干燥。

① 压力喷雾法。压力喷雾法是采用高压泵将浓缩乳通过雾化器，使之克服表面张力而雾化成微细乳滴，在干燥室内与热空气接触，在瞬间获得干燥。浓缩乳经高压泵以高速送到喷头处时，以一定速度沿着斜线导乳沟进入喷嘴的旋转室，浓缩乳的部分静压能转化为动能，使浓缩乳产生旋转运动，在喷嘴中央形成压力等于大气压的空气旋流，而浓缩乳则形成围绕空气旋转的环形薄膜从喷嘴喷出，液膜长度变薄并拉成丝，最后断裂成乳滴，乳滴群遇热迅速干燥。常用的雾化器有 S 型和 M 型两种。

② 离心喷雾法。离心喷雾法是通过一个高速旋转转盘的离心力作用将浓缩乳喷成微细乳滴，在干燥室内与热空气接触达到瞬间干燥的目的。浓缩乳在高速旋转的转盘上雾化时，

受到两种力的作用，一种是转盘旋转产生的离心力；另一种是由空气与乳液之间较高的相对速度产生的摩擦力。乳液在排到空气中以前，被离心力作用加速到很高速度，从转盘的周边甩出时呈薄膜状，与周围空气接触的瞬间受摩擦力作用而立即分散成微细乳滴，达到雾化目的，遇热迅速干燥。常用的雾化器有沟槽式、喷枪式、曲叶板式等，设计良好的雾化器，运转时应使雾滴大小均匀，润湿周边长；能使料液达到高转速；并且离心盘结构简单、坚固、质轻、易拆洗、无死角、生产效率高。典型的离心雾化器工作如图3-1所示。

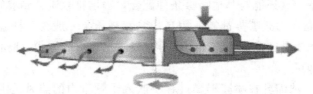

图 3-1　运行中的离心雾化器

压力喷雾法与离心喷雾法性能对比见表3-1。

表 3-1　压力喷雾与离心喷雾工艺性能对比

| | 压 力 喷 雾 | 离 心 喷 雾 |
|---|---|---|
| 优点 | ①结构单纯，操作管理方便，通过设置不同的数量喷枪可调节喷雾流量。<br>②改变喷嘴形状或大小，可调节制品颗粒大小或密度。<br>③制品的容重较大，颗粒中空气含量少，成品贮藏性能好。<br>④可采用大型干燥室，动力消耗较低 | ①通过单独调整离心盘转速，即可改变喷雾量，其幅度达25％。<br>②不需要用高压泵送料，容易进行喷雾流量的自动控制。<br>③浓度高和黏度大的浓缩乳仍可喷雾，料液浓度可提高至50％以上。<br>④制品颗粒较大，冲调性能好 |
| 缺点 | ①喷嘴容易磨损，需要用硬质合金或人造宝石材料，否则喷嘴孔径变化对颗粒大小及分布有明显影响。<br>②对高浓度和高黏度物料喷雾较困难。<br>③乳粉颗粒平均直径较离心喷雾小，可能影响制品的冲调性 | ①喷雾结构较复杂，运转费用稍高于压力喷雾。<br>②设备能力较小，且不能用于水平顺流喷雾。<br>③热风箱调节不当时，焦粉较多，致使制品杂质度增加。<br>④制品容重较小，颗粒中含空气泡较多，会影响成品的贮藏性 |

（4）喷雾干燥的工艺条件　压力喷雾干燥与离心喷雾干燥的工艺条件分别见表3-2、表3-3。

表 3-2　压力喷雾法生产乳粉时的工艺条件

| 项　目 | 全脂乳粉 | 全脂加糖乳粉 | 速溶加糖乳粉 |
|---|---|---|---|
| 浓缩乳浓度/°Be′ | 12～13 | 14～16 | 18～18.5 |
| 浓缩乳干物质含量/％ | 45～55 | 45～55 | 55～60 |
| 浓缩乳温度/℃ | 40～45 | 40～45 | 45～47 |
| 高压泵使用压力/MPa | 13～20 | 13～20 | 8～10 |
| 喷嘴孔径/mm | 1.2～1.8 | 1.2～1.8 | 1.5～3.0 |
| 芯子流乳沟槽/mm | 0.5×0.3 | 0.5×0.3 | 0.7×0.5 |
| 喷雾角度/° | 70～80 | 70～80 | 60～70 |
| 进风温度/℃ | 130～170 | 140～170 | 150～170 |
| 排风温度/℃ | 70～80 | 75～80 | 80～85 |
| 排风相对湿度/％ | 10～13 | 10～13 | 10～13 |
| 干燥室负压/Pa | 98～196 | 98～196 | 98～196 |

**表 3-3  离心喷雾干燥乳粉时的工艺条件**

| 项　　目 | 全脂乳粉 | 全脂加糖乳粉 | 项　　目 | 全脂乳粉 | 全脂加糖乳粉 |
|---|---|---|---|---|---|
| 浓缩乳浓度/°Be′ | 13～15 | 14～16 | 转盘数量/只 | 1 | 1 |
| 浓缩乳干物质含量/% | 45～50 | 45～50 | 进风温度/℃ | 200 上下 | 200 上下 |
| 浓缩乳温度/℃ | 45～55 | 45～55 | 干燥温度/℃ | 90 上下 | 90 上下 |
| 转盘转速/(r/min) | 5000～20000 | 5000～20000 | 排风温度/℃ | 85 上下 | 85 上下 |

（5）喷雾干燥的基本装置

① 一段干燥。最简单的生产乳粉的设备是一个具风力传送系统的喷雾干燥器，见图 3-2。这一系统建立在一级干燥原理上，即从将浓缩乳中的水分脱除至要求的最终湿度的过程全部在喷雾干燥塔室内（1）完成。相应风力传送系统收集乳粉和乳粉末，一起离开喷雾塔室进入到主旋风分离器（6）与废空气分离，通过最后一个旋风分离输送系统（7）冷却乳粉，并送入袋装漏斗。

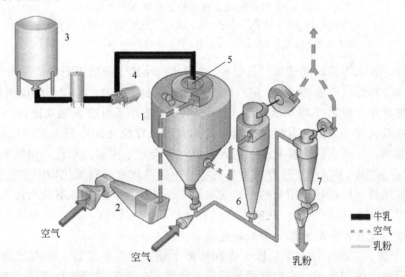

图 3-2  带有圆锥底的传统喷雾干燥（一段干燥）室
1—干燥室；2—空气加热器；3—牛乳浓缩缸；4—高压泵；5—雾化器；
6—主旋风分离器；7—旋风分离输送系统

② 两段干燥。传统的喷雾干燥法生产乳粉相对成本比较高，如能量消耗大、干燥（塔）室造价很高。理论上提高雾化前乳的浓缩程度，并采用更高的进风温度，可取得更好的效率，但是这些措施很容易导致制品的热损伤。若粉末在完全干燥之前（水分含量 5%～6% 的乳粉）就被从空气中分离出来，而在干燥室外继续干燥，则形成两段干燥加工工艺，如图 3-3 所示。

两段干燥方法生产乳粉包括了喷雾干燥第一段和流化床干燥第二段。乳粉离开干燥室的湿度比最终要求高 2%～3%，流化床干燥器的作用就是除去这部分超量湿度并最后将乳粉冷却下来。在这种情况下，即使进风温度较高，出风温度比较低，也不会导致热损害的增加。而且每单位时间内可以干燥更大量的浓缩乳。

乳粉在流化床干燥机中继续干燥，可生产优质的乳粉。因为在喷雾干燥机中空气进风温度高，粉末停顿的时间短，仅几秒钟；而在流化床干燥机中空气进风温度相对低（130℃），

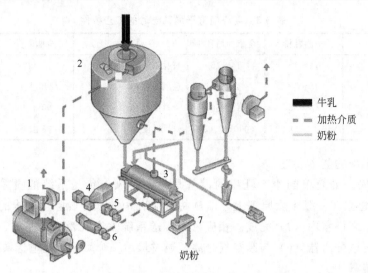

牛乳
加热介质
奶粉

奶粉

图 3-3　带有流化床辅助装置的喷雾干燥室

1—间接加热器；2—干燥室；3—振动流化床；4—用于流化床的空气加热器；
5—用于流化床的周围冷却空气；6—用于流化床的脱湿冷却空气；7—筛子

消耗很少空气，粉末停留时间较长（几分钟），因此流化床干燥机更适合最后阶段的干燥。

两段干燥能耗低（节能 20％），生产能力更大（提高 57％），附加干燥仅消耗 5％热能，乳粉质量通常更好，但需要增加流化床。流化床除干燥外还可有其他功能，如用于粉粒附聚，生产大颗粒乳粉，以提高乳粉的分散性，其原理是在流化床中粉末之间相互碰撞强烈，如果它们足够黏，即在它们边缘有足够的含水量，则会发生附聚。因此，向粉末中吹入蒸汽（这是所谓的再湿润，多应用于生产脱脂乳粉中）可提高附聚。在流化床中空气速度要调整，以将最小粉末微粒（已经很干附聚性差）吹离返回到干燥箱中，进入雾化液体入口与湿滴附聚（尤其应用于全脂乳粉生产）。此制造方式对乳粉质量无影响，因为最小粉末几乎没有热破坏。这些过程使粉末容易分散，即乳粉速溶。

③ 三段干燥。三段干燥中第二段干燥在喷雾干燥室的底部进行，而第三段干燥位于干燥塔外进行最终干燥和冷却。主要有两种三段式干燥器：具有固定流化床的干燥器与具有固定传送带的干燥器。

8. 冷却

喷雾干燥室温度较高，乳粉温度一般都在 60～65℃左右。高温下包装的乳粉，尤其是全脂乳粉，受热过久，游离脂肪增多，在贮藏期间容易引起脂肪氧化变质，产生氧化臭味；高温状态下的乳粉还容易吸收大气中的水分，影响溶解度和色泽，严重降低制品的质量。因此，迅速连续出粉，通过晾粉和筛粉使乳粉温度及时冷却至 30℃以下，是乳粉生产中重要的环节。筛粉一般采用机械振动筛，网眼为 40～60 目。过筛后可将粗粉、细粉混合均匀，并除去团块和粉渣。新生产的乳粉经过 12～24h 的贮藏，其表观密度可提高 5％左右，有利于包装。

9. 包装

由于乳粉颗粒的多孔性，表面积大，吸潮性强，所以对称量包装操作和包装容器的种类都必须注意。尤其是全脂乳粉含有 26％以上的乳脂肪，易受光、氧气等作用而变化，因此还要对包装室的空气采取调湿、降温措施，室温一般控制在 18～20℃，空气相对湿度以 50％～60％为宜。

需要长期贮藏的乳粉应采取真空包装或充氮密封包装。充氮包装是使用半自动或全自动的真空充氮封罐机，在称量装罐之后，抽成真空排除乳粉及罐内的空气，然后立即充以纯度为99%以上的氮气再行密封，这是目前全脂乳粉密封包装最好的方法。该处理可使乳粉保质期达3～5年，否则保质期仅为半年或更少。塑料袋简易包装成本低，劳动强度轻，但对乳粉的贮藏性有一定的影响。目前复合薄膜包装材料正广泛地用于乳粉包装，虽然成本较高，但仍是很有发展前途的包装材料之一。

 **质量标准及检验**

全脂加糖乳粉成品的具体检验项目、检验方法和质量标准应符合 GB 5410/T—2008。

**一、感官检验**

感官检验的方法和操作规程应符合表 3-4 中的规定。

表 3-4　全脂加糖乳粉的感官特性

| 项　目 | 全脂加糖乳粉 | 检验方法 |
|---|---|---|
| 色泽<br>滋味和气味<br>组织状态<br>冲调性 | 呈均匀一致的乳黄色<br>具有纯正的乳香味<br>干燥均匀的粉末<br>经搅拌可迅速溶解于水中，不结块 | 取适量试样置于 50mL 烧杯中，在自然光下观察色泽和组织状态。闻其气味，用温开水漱口，品尝滋味 |

**二、净含量**

单件定量包装商品的净含量负偏差不得超过表 3-5 的规定；同批产品的平均净含量不得低于标签上标明的净含量。

表 3-5　乳粉产品净含量要求

| 净含量/g | 负偏差允许值 | | 净含量/g | 负偏差允许值 | |
|---|---|---|---|---|---|
| | 相对偏差/% | 绝对偏差/g | | 相对偏差/% | 绝对偏差/g |
| 100～200 | 4.5 | — | 500～1000 | — | 15 |
| 200～300 | — | 9 | 1000～10000 | 1.5 | — |
| 300～500 | 3 | — | | | |

**三、理化指标检验**

蛋白质、脂肪、水分、复原乳酸度、不溶度指数和杂质度的检验方法和指标要求应符合表 3-6 中的规定。

表 3-6　全脂加糖乳粉蛋白质、脂肪、水分和杂质度

| 项　目 | 全脂加糖乳粉 | 检验方法 | 项　目 | 全脂加糖乳粉 | 检验方法 |
|---|---|---|---|---|---|
| 蛋白质/% ≥ | 18.5 | GB 5009.5 | 水分/% ≤ | 5.0 | GB 5009.3 |
| 脂肪/% ≥ | 20.0 | GB 5413.3 | 不溶度指数/mL ≤ | 1.0 | GB/T 5413.29 |
| 蔗糖/% ≤ | 20.0 | GB 5413.5 | 杂质度/(mg/kg) ≤ | 16 | GB/T 5413.30 |
| 复原乳酸度/°T ≤ | 16.0 | GB 5413.28 | | | |

**全脂加糖乳粉中蔗糖含量的测定**

（一）原理

试样中的乳糖、蔗糖经提取后，利用高效液相色谱柱分离，用示差折光检测器或蒸发光

散射检测器检测，外标法进行定量。

（二）试剂和材料

除非另有规定，本方法所用试剂均为分析纯，水为 GB/T 6682 规定的一级水。

（1）乙腈　色谱纯。

（2）乳糖标准贮备液（20mg/mL）　称取在 94℃±2℃ 烘箱中干燥 2h 的乳糖标样 2g（精确至 0.1mg），溶于水中，用水稀释至 100mL 容量瓶中。放置于 4℃ 冰箱中。

（3）乳糖标准工作液　分别吸取乳糖标准贮备液 0、1mL、2mL、3mL、4mL、5mL 于 10mL 容量瓶中，用乙腈定容至刻度。配成乳糖标准系列工作液，浓度分别为 0、2mg/mL、4mg/mL、6mg/mL、8mg/mL、10mg/mL。

（4）蔗糖标准溶液（10mg/mL）　称取在 105℃±2℃ 烘箱中干燥 2h 的蔗糖标样 1g（精确到 0.1mg），溶于水中，用水稀释至 100mL 容量瓶中。放置于 4℃ 冰箱中。

（5）蔗糖标准工作液　分别吸取蔗糖标准溶液 0、1mL、2mL、3mL、4mL、5mL 于 10mL 容量瓶中，用乙腈定容至刻度。配成蔗糖标准系列工作液，浓度分别为 0、1mg/mL、2mg/mL、3mg/mL、4mg/mL、5mg/mL。

（三）仪器和设备

天平（感量 0.1mg）、高效液相色谱仪、示差折光检测器或蒸发光散射检测器、超声波振荡器。

（四）分析步骤

1. 试样处理

称取固态试样 1g 或液态试样 2.5g（精确到 0.1mg）于 50mL 容量瓶中，加 15mL 50～60℃ 水溶解，于超声波振荡器中振荡 10min，用乙腈定容至刻度，静置数分钟，过滤。取 5.0mL 过滤液于 10mL 容量瓶中，用乙腈定容，通过 0.45μm 滤膜过滤，滤液供色谱分析。可根据具体试样进行稀释。

2. 测定

（1）参考色谱条件　色谱柱：氨基柱 4.6mm×250mm，5μm，或具有同等性能的色谱柱；

流动相：乙腈：水＝70：30；

流速：1mL/min；

柱温：35℃；

进样量：10μL；

示差折光检测器条件：温度 33～37℃；

蒸发光散射检测器条件：飘移管温度 85～90℃；气流量 2.5L/min；撞击器关。

（2）标准曲线的制作　将标准系列工作液分别注入高效液相色谱仪中，测定相应的峰面积或峰高，以峰面积或峰高为纵坐标，以标准工作液的浓度为横坐标绘制标准曲线。

（3）试样溶液的测定　将试样溶液（试样处理液）注入高效液相色谱仪中，测定峰面积或峰高，从标准曲线中查得试样溶液中糖的浓度。

（五）分析结果的表述

试样中糖的含量按下式计算：

$$X = \frac{c \times V \times 100 \times n}{m \times 1000}$$

式中　$X$——试样中糖的含量，g/100g；

　　　$c$——样液中糖的浓度，mg/mL；

　　　$V$——试样定容体积，mL；

　　　$n$——样液稀释倍数；

　　　$m$——试样的质量，g。

（六）注意事项与说明

① 以重复性条件下获得的两次独立测定结果的算术平均值表示，结果保留三位有效数字。

② 在重复条件下获得的两次独立测定结果的绝对差值不得超过算术平均值的5%。

**四、卫生指标**

全脂加糖乳粉的卫生指标的检验项目和检验方法应符合表 3-7 中的规定。

表 3-7　全脂加糖乳粉的卫生指标

| 项　　目 | | 全脂加糖乳粉 | 检验方法 |
|---|---|---|---|
| 铅/(mg/kg) | ≤ | 0.5 | GB/T 5009.12 |
| (标准中没有)铜/(mg/kg) | ≤ | 10 | GB/T 5413.21 检 |
| 硝酸盐(以 $NaNO_3$ 计)/(mg/kg) | ≤ | 100 | GB/T 5413.32 |
| 无机砷/(mg/kg) | ≤ | 0.25 | GB/T 5009.11 |
| 亚硝酸盐(以 $NaNO_3$ 计)/(mg/kg) | ≤ | 2 | GB/T 5413.32 |
| (标准中没有)酵母和霉菌/(CFU/g) | ≤ | 50 | GB 4789.15 和 GB 4789.18 |
| 黄曲霉毒素 $M_1$(折算为鲜乳计)/(μg/kg) | ≤ | 0.5 | GB/T 5009.24 |
| 菌落总数/(CFU/g) | ≤ | 50000 | GB 4789.2 和 GB 4789.18 |
| 大肠菌群/(MPN/100g) | ≤ | 90 | GB 4789.3 和 GB 4789.18 |
| 致病菌(指肠道致病菌和致病性球菌) | | 不得检出 | GB 4789.4、GB 4789.5、GB 4789.10、GB 4789.11 和 GB 4789.18 |

## 铜含量的测定

（一）原理

试样经干法灰化，分解有机质后，加酸使灰分中的无机离子全部溶解，直接吸入空气-乙炔火焰中原子化，并在光路中分别测定铜原子对特定波长谱线的吸收。

（二）试剂和材料

除非另有规定，本方法所用试剂均为优级纯，水为 GB/T 6682 规定的二级水。

（1）盐酸。

（2）硝酸（$HNO_3$）。

（3）金属铜　光谱纯。

（4）盐酸 A（2%）　取 2mL 盐酸，用水稀释至 100mL。

（5）盐酸 B（20%）　取 20mL 盐酸，用水稀释至 100mL。

（6）硝酸溶液（50%）　取 50mL 硝酸，用水稀释至 100mL。

（7）铜标准溶液（1000μg/mL）　称取金属铜 1.0000g，用硝酸 40mL 溶解，并用水定容于 1000mL 容量瓶中。可以直接购买该元素的有证国家标准物质作为标准溶液。

（8）铜元素的标准储备液　铜标准储备液：准确吸取铜标准溶液 10.0mL，用盐酸 A 定容到 100mL，再从定容后溶液中准确吸取 6.0mL，用盐酸 A 定容到 100mL，得到铜标准储备液。质量浓度为 6.0μg/mL。

（三）仪器和设备

① 原子吸收分光光度计。

② 铜空心阴极灯。

③ 分析用钢瓶乙炔气和空气压缩机。

④ 石英坩埚或瓷坩埚。

⑤ 马弗炉。

⑥ 天平。感量为 0.1mg。

（四）分析步骤

1. 试样处理

称取混合均匀的固体试样约 5g 或液体试样约 15g（精确到 0.0001g）于坩埚中，在电炉上微火炭化至不再冒烟，再移入马弗炉中，490℃±5℃灰化约 5h。如果有黑色炭粒，冷却后，则滴加少许硝酸溶液湿润。在电炉上小火蒸干后，再移入 490℃高温炉中继续灰化成白色灰烬。冷却至室温后取出，加入 5mL 盐酸 B，在电炉上加热使灰烬充分溶解。冷却至室温后，移入 50mL 容量瓶中，用水定容，同时处理至少两个空白试样。

2. 试样待测液的制备

① 用 50mL 的试液（试样处理备用液）直接上机测定。同时测定空白试液。

② 为保证试样待测试液浓度在标准曲线线性范围内，可以适当调整试液定容体积和稀释倍数。

3. 测定

（1）标准曲线的制备

① 标准系列使用液的配制。按表 3-8 给出的体积分别准确吸取铜元素的标准储备液于 100mL 容量瓶中，铜使用液，用盐酸 A 定容。此为铜元素不同浓度的标准使用液，其质量浓度见表 3-9。

表 3-8  配制标准系列使用液所吸取铜元素标准储备液的体积

| 名称 \ 序号 | 1 | 2 | 3 | 4 | 5 |
|---|---|---|---|---|---|
| Cu/mL | 2.0 | 4.0 | 6.0 | 8.0 | 10.0 |

表 3-9  铜元素标准系列使用液浓度

| 名称 \ 序号 | 1 | 2 | 3 | 4 | 5 |
|---|---|---|---|---|---|
| Cu/(μg/mL) | 0.12 | 0.24 | 0.36 | 0.48 | 0.60 |

② 标准曲线的绘制。按照仪器说明书将仪器工作条件调整到测定铜元素的最佳状态，选用灵敏吸收线 Cu 324.8nm 将仪器调整好预热后，测定铜时用毛细管吸喷盐酸 A 调零。分别测定铜元素标准工作液的吸光度。以标准系列使用液浓度为横坐标，对应的吸光度为纵坐标绘制标准曲线。

（2）试样待测液的测定  调整好仪器最佳状态，测铜盐酸 A 光调零，测定试样测试液的吸光度及空白试液的吸光度。查标准曲线得对应的质量浓度。

（五）分析结果的表述

试样铜的含量按下式计算：

$$X = [(c_1 - c_2) \times V \times f/m] \times 100$$

式中　　$X$——试样中各元素的含量，$\mu g/100g$；

$c_1$——测定液中元素的浓度，$\mu g/mL$；

$c_2$——测定空白液中元素的浓度，$\mu g/mL$；

$V$——样液体积，$mL$；

$f$——试样溶液稀释倍数；

$m$——试样的质量，$g$。

以重复性条件下获得的两次独立测定结果的算术平均值表示，铜结果保留三位有效数字。

（六）精密度

在重复性条件下获得两次独立测定结果的绝对差值，铜不得超过算术平均值的 15%。

## 硝酸盐、亚硝酸盐含量的测定

（一）原理

试样经沉淀蛋白质、除去脂肪后，采用相应的方法提取和净化，以氢氧化钾溶液为淋洗液，阴离子交换柱分离，电导检测器检测。以保留时间定性，外标法定量。

（二）试剂和材料

（1）超纯水　电阻率＞18.2MΩ·cm。

（2）乙酸（$CH_3COOH$）　分析纯。

（3）氢氧化钾（$KOH$）　分析纯。

（4）乙酸溶液（3%）　量取乙酸 3mL 于 100mL 容量瓶中，以水稀释至刻度，混匀。

（5）亚硝酸根离子（$NO_2^-$）标准溶液（100mg/L，水基体）。

（6）硝酸根离子（$NO_3^-$）标准溶液（1000mg/L，水基体）。

（7）亚硝酸盐（以 $NO_2^-$ 计，下同）和硝酸盐（以 $NO_3^-$ 计，下同）混合标准使用液

准确移取亚硝酸根离子（$NO_2^-$）和硝酸根离子（$NO_3^-$）的标准溶液各 1.0mL 于 100mL 容量瓶中，用水稀释至刻度，此溶液每 1L 含亚硝酸根离子 1.0mg 和硝酸根离子 10.0mg。

（三）仪器和设备

（1）离子色谱仪　包括电导检测器，配有抑制器，高容量阴离子交换柱，$50\mu L$ 定量环。

（2）食物粉碎机。

（3）超声波清洗器。

（4）天平　感量为 0.1mg 和 1mg。

（5）离心机　转速≥10000r/min，配 5mL 或 10mL 离心管。

（6）0.22$\mu$m 水性滤膜针头滤器。

（7）净化柱　包括 $C_{18}$柱、Ag 柱和 Na 柱或等效柱。

（8）注射器　1.0mL 和 2.5mL。

注：所有玻璃器皿使用前均需依次用 2mol/L 氢氧化钾和水分别浸泡 4h，然后用水冲洗 3～5 次，晾干备用。

（四）分析步骤

**1. 试样预处理**

（1）乳粉、豆奶粉、婴儿配方粉等固态乳制品（不包括干酪）　将试样装入能够容纳 2 倍试样体积的带盖容器中，通过反复摇晃和颠倒容器使样品充分混匀直到使试样均一化。

（2）发酵乳、乳、炼乳及其他液体乳制品　通过搅拌或反复摇晃和颠倒容器使试样充分混匀。

（3）干酪　取适量的样品研磨成均匀的泥浆状。为避免水分损失，研磨过程中应避免产生过多的热量。

**2. 提取**

① 称取试样 2.5g（精确至 0.01g），置于 100mL 容量瓶中，加水 80mL，摇匀，超声 30min，加入 3％乙酸溶液 2mL，于 4℃放置 20min，取出放置至室温，加水稀释至刻度。溶液经滤纸过滤，取上清液备用。

② 取上述备用的上清液约 15mL，通过 0.22μm 水性滤膜针头滤器、$C_{18}$ 柱，弃去前面 3mL（如果氯离子大于 100mg/L，则需要依次通过针头滤器、$C_{18}$ 柱、Ag 柱和 Na 柱，弃去前面 7mL），收集后面洗脱液待测。固相萃取柱使用前需进行活化，如使用 OnGuard Ⅱ RP 柱（1.0mL）、OnGuard Ⅱ Ag 柱（1.0mL）和 OnGuard Ⅱ Na 柱（1.0mL），其活化过程为：OnGuard Ⅱ RP 柱（1.0mL）使用前依次用 10mL 甲醇、15mL 水通过，静置活化 30min。OnGuard Ⅱ Ag 柱（1.0mL）和 OnGuard Ⅱ Na 柱（1.0mL）用 10mL 水通过，静置活化 30min。

**3. 参考色谱条件**

（1）色谱柱　氢氧化物选择性，可兼容梯度洗脱的高容量阴离子交换柱，如 Dionex IonPac AS11-HC 4mm×250mm（带 IonPac AG11-HC 型保护柱 4mm×50mm），或性能相当的离子色谱柱。

（2）淋洗液　氢氧化钾溶液，浓度为 5～50mmol/L；洗脱梯度为 5mmol/L 33min，50mmol/L 5min，5mmol/L 5min；流速 1.3mL/min。

（3）抑制器　连续自动再生膜阴离子抑制器或等效抑制装置。

（4）检测器　电导检测器，检测池温度为 35℃。

（5）进样体积　50μL（可根据试样中被测离子含量进行调整）。

**4. 测定**

（1）标准曲线　移取亚硝酸盐和硝酸盐混合标准使用液，加水稀释，制成系列标准溶液，含亚硝酸根离子浓度为 0.00、0.02mg/L、0.04mg/L、0.06mg/L、0.08mg/L、0.10mg/L、0.15mg/L、0.20mg/L，硝酸根离子浓度为 0.0、0.2mg/L、0.4mg/L、0.6mg/L、0.8mg/L、1.0mg/L、1.5mg/L、2.0mg/L 的混合标准溶液，从低浓度到高浓度依次进样。得到上述各浓度标准溶液的色谱图。以亚硝酸根离子或硝酸根离子的浓度（mg/L）为横坐标，以峰高（μS）或峰面积为纵坐标，绘制标准曲线或计算线性回归方程。

（2）样品测定　分别吸取空白和试样溶液 50μL，在相同工作条件下，依次注入离子色谱仪中，记录色谱图。根据保留时间定性，分别测量空白和样品的峰高（μS）或峰面积。

（五）分析结果的表述

试样中亚硝酸盐（以 $NO_2^-$ 计）或硝酸盐（以 $NO_3^-$ 计）含量按下式计算：

$$X = [(c - c_0) \times V \times f \times 1000/m \times 1000]$$

式中　$X$——试样中亚硝酸根离子或硝酸根离子的含量，mg/kg；

　　　$c$——测定用试样溶液中的亚硝酸根离子或硝酸根离子浓度，mg/L；

　　　$c_0$——试剂空白液中亚硝酸根离子或硝酸根离子的浓度，mg/L；

　　　$V$——试样溶液体积，mL；

　　　$f$——试样溶液稀释倍数；

　　　$m$——试样取样量，g。

　　说明：试样中测得的亚硝酸根离子含量乘以换算系数 1.5，即得亚硝酸盐（按亚硝酸钠计）含量；试样中测得的硝酸根离子含量乘以换算系数 1.37，即得硝酸盐（按硝酸钠计）含量。以重复性条件下获得的两次独立测定结果的算术平均值表示，结果保留两位有效数字。

（六）精密度

在重复性条件下获得的两次独立测定结果的绝对值差不得超过算术平均值的 10％。

 **任务总结**

本任务主要介绍了全脂加糖乳粉的生产过程和具体工艺步骤的操作过程，以及成品的检测技术。通过本任务的实施，学生能够依据国家标准方法对全脂加糖乳粉的成品进行感官检验、理化检验和卫生指标的检验，并能对检验结果进行数据分析和处理，得出正确的结论。

 **知识考核**

**一、填空题**

1. 真空浓缩设备种类繁多，按加热部分的结构可分为_____、_____和_____三种；按其二次蒸汽利用与否，可分为_____和_____浓缩设备。

2. 水分含量在_____以上的乳粉贮藏时会发生羰-氨基反应产生棕色化，温度高会加速这一变化。

**二、选择题**

1. 乳粉浓缩时的真空度一般为（　　　　）kPa。

　A. 0～8　　　　　　　　　B. 8～21　　　　　　　　　C. 40～51

2. 乳粉浓缩时的温度为（　　　　）℃。

　A. 50～60　　　　　　　　B. 80～90　　　　　　　　C. 100～160

3. 乳粉加工过程中，一般要求原料乳浓缩至原体积的 1/4，乳干物质达到（　　　　）左右。浓缩后的乳温一般约 47～50℃。

　A. 45％　　　　　　　　　B. 60％　　　　　　　　　C. 85％

# 任务二　婴儿配方乳粉的加工及检测

 **能力目标**

1. 掌握婴儿配方乳粉的生产加工过程。

2. 学会婴儿配方乳粉各种成分调配的方法和具体操作步骤。

 **知识目标**

1. 了解人乳与牛乳营养成分含量的区别。

2. 掌握婴儿配方乳粉调配的原则。

3. 掌握婴儿配方乳粉的成品检验的国家标准方法。

 **知识准备**

配制乳粉系在鲜乳中添加一部分维生素、无机盐及其他一些营养成分，再经杀菌、浓缩、干燥制成的乳制品。初期的配制乳粉实为加糖乳粉，后来发展成各种维生素强化乳粉。配制乳粉主要是针对婴儿营养需要而研制的，供给母乳不足的婴儿食用。近年来，配制乳粉已呈现出系列化的发展趋势，如中小学生乳粉、中老年乳粉、孕妇乳粉、降糖乳粉、营养强化乳粉等。现以婴儿配方乳粉为例加以说明。

牛乳被认为是人乳的最好代乳品，但人乳和牛乳在感官、组成上都有一定区别（表3-10）。故需要将牛乳中的各种成分进行调整，使之近似于母乳，并加工成方便食用的粉状乳产品。

表 3-10　100mL 人乳与牛乳中营养物质含量/g

| 乳的成分 | 蛋白质 | | 脂肪 | 乳糖 | 灰分 | 水分 | 热能/kJ |
| --- | --- | --- | --- | --- | --- | --- | --- |
| | 乳清蛋白 | 酪蛋白 | | | | | |
| 母乳 | 0.68 | 0.42 | 3.5 | 7.2 | 0.2 | 88.0 | 274 |
| 牛乳 | 0.69 | 2.21 | 3.3 | 4.5 | 0.7 | 88.6 | 226 |

（一）蛋白质

牛乳和母乳蛋白的生物学价值几乎无差别，但牛乳中的酪蛋白含量较母乳中高出很多，为人乳的 5 倍，且牛乳中酪蛋白与乳清蛋白的比例为 5:1，人乳接近 1:1，远远高出母乳，这些易导致婴儿消化不良。因此，必须调低牛乳中酪蛋白与乳清蛋白的比例，使之同母乳中的比例相一致。一般采用加入脱盐乳清粉或大豆分离蛋白进行调整。

（二）脂肪

牛乳和母乳中的脂肪含量无大的差别，但构成不同。牛乳中饱和脂肪酸多，不饱和脂肪酸少，特别是亚油酸、亚麻酸类的必需脂肪酸少，使牛乳脂肪的吸收率比母乳脂肪低 20% 以上。调整时可采用植物油脂替换牛乳脂肪的方法，以增加亚油酸的含量。亚油酸的量不宜过多，规定的上限用量为：$n$-6 亚油酸不应超过总脂肪量的 2%，$n$-3 长链脂肪酸不得超过总脂肪的 1%。

（三）碳水化合物

牛乳和母乳中的碳水化合物绝大部分是乳糖。但牛乳中乳糖含量比母乳低得多，且主要是 $\alpha$ 型，母乳主要是 $\beta$ 型（$\alpha:\beta=4:6$）。$\alpha$ 型乳糖能促进大肠杆菌的生长；$\beta$ 型乳糖对双歧杆菌的发育有刺激作用，抑制大肠杆菌的生长发育。一般采用添加可溶性多糖类如葡萄糖、麦芽糖、糊精等或加 $\beta$ 型乳糖，调整乳糖和蛋白质比例及平衡 $\alpha$ 和 $\beta$ 型比例，使其接近母乳。

（四）无机盐

牛乳中的无机盐含量比母乳中高 3 倍多。婴儿的肾脏机能尚未健全，过多摄入微量元素会加重肾脏负担，因此需要脱掉牛乳中部分无机盐类。一般采用连续脱盐机进行调整，但是牛乳中的铁含量比母乳低，根据需要应补充一部分铁等微量元素。

添加微量元素时应慎重，因为微量元素之间的相互作用，微量元素与牛乳中的酶蛋白、豆类中植酸之间的相互作用对食品的营养性影响很大。

（五）维生素

婴儿乳粉中应充分强化维生素，特别是维生素 A、维生素 C、维生素 D、维生素 K、叶酸、维生素 $B_1$、维生素 $B_2$ 和烟酸等。其中水溶性维生素的强化没有规定上限，但脂溶性维生素 A、维生素 D 长时间过量摄入会引起中毒，因此必须按规定量加入。

 **生产实例及规程**

### 一、工艺流程

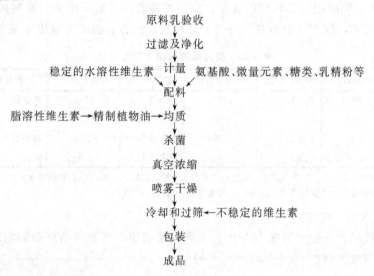

原料乳验收

过滤及净化

稳定的水溶性维生素 → 计量 ← 氨基酸、微量元素、糖类、乳精粉等

配料

脂溶性维生素 → 精制植物油 → 均质

杀菌

真空浓缩

喷雾干燥

冷却和过筛 ← 不稳定的维生素

包装

成品

### 二、操作规程和工艺要求

1. 原料乳的验收和预处理

应符合生产特级乳粉的要求，具体内容参见项目一。

2. 配料

按比例要求将各种物料混合于配料缸中，开动搅拌器，使物料混匀。水溶性热稳定性维生素（如烟酸、维生素 $B_{12}$）可在预热时加入；维生素 A 和维生素 D 可以溶入植物性油中在均质前加入，也可以喷雾前加入；热敏性维生素 $B_1$ 和维生素 C 等，最好混入干糖粉中，在喷雾干燥后加入。

我国的婴儿乳粉品种很多，但经过轻工部鉴定并在全国推广的婴儿乳粉主要是配方Ⅰ、配方Ⅱ、配方Ⅲ。

（1）婴儿配方乳粉Ⅰ 这是一个初级的婴儿配方乳粉，产品以乳为基础，添加了大豆蛋白，强化了部分维生素和微量元素等，营养成分的调整存在着不完善之处。但产品的价格低廉，易于加工，其组成和成分标准见表 3-11、表 3-12。

**表 3-11 婴儿配方乳粉Ⅰ配方组成**

| 原料 | 牛乳固形物/g | 大豆固形物/g | 蔗糖/g | 麦芽糖或饴糖/g | 维生素 $D_2$/IU | 铁/mg |
|------|------------|------------|-------|--------------|----------------|-------|
| 用量 | 60 | 10 | 20 | 10 | 1000～1500 | 6～8 |

表 3-12　100g 婴儿配方乳粉 I 营养成分含量

| 成　分 | 含　量 | 成　分 | 含　量 |
|---|---|---|---|
| 水分/g | 2.48 | 铁/mg | 6.2 |
| 蛋白质/g | 18.61 | 维生素 A/IU | 586 |
| 脂肪/g | 20.06 | 维生素 B$_1$/mg | 0.12 |
| 糖/mg | 54.6 | 维生素 B$_2$/mg | 0.72 |
| 灰分/g | 4.4 | 维生素 D$_2$/IU | 1600 |
| 钙/mg | 772 | 尿酶 | 阴性 |
| 磷/mg | 587 | | |

（2）婴儿配方乳粉 II　产品用脱盐乳清粉调整酪蛋白与乳清蛋白的比例（酪蛋白∶乳清蛋白为 40∶60），同时增加了乳糖的含量，添加植物油以增加不饱和脂肪酸的含量，再加入维生素和微量元素，使产品中各种成分与母乳相近。配方 II 的配方组成见表 3-13。

表 3-13　婴儿配方乳粉 II 配方组成

| 物料名称 | 每吨投料量 | 物料名称 | 每吨投料量 | 物料名称 | 每吨投料量 | 物料名称 | 每吨投料量 |
|---|---|---|---|---|---|---|---|
| 牛乳 | 2500kg | 乳清粉 | 475kg | 棕榈油 | 63kg | 三脱油 | 63kg |
| 乳油 | 67kg | 蔗糖 | 65kg | 维生素 A | 6g | 维生素 D | 0.12g |
| 维生素 C | 60g | 维生素 E | 0.25g | 维生素 B$_1$ | 3.5g | 维生素 B$_6$ | 35g |
| 硫酸亚铁 | 350g | 叶酸 | 0.25g | 维生素 B$_2$ | 4.5g | 烟酸 | 40g |

注：牛乳中干物质 11.1%，脂肪 3.0%；乳清粉中水分 2.5%，脂肪 1.2%；乳油中脂肪含量 82%；维生素 A 6g 相当于 240000IU；维生素 D 0.12g 相当于 48000IU；硫酸亚铁：$FeSO_4 \cdot 7H_2O$。

**3. 均质、杀菌、浓缩**

混合料均质压力一般控制在 18MPa；杀菌和浓缩的工艺要求与全脂加糖乳粉生产相同。浓缩后的物料浓度控制在 46% 左右。

**4. 喷雾干燥**

进风温度为 140～160℃，排风温度为 80～88℃。

## 质量标准及检验

婴儿配方乳粉的成品质量标准应符合 GB 10765—2010。

**一、感官检验**

感官检验要求见表 3-14。

表 3-14　感官要求

| 项目 | 要　求 | 检验方法 |
|---|---|---|
| 色泽 | 符合相应产品的特性。 | 将适量的样品散放在白色平盘中，在自然光下观察色泽和组织状态，闻其气味，然后用温开水漱口再品尝样品滋味。 |
| 滋味、气味 | 符合相应产品的特性。 | |
| 组织状态 | 符合相应产品的特性，产品不应有正常视力可见的外来异物。 | 将 8.3g（脱脂乳粉、调味乳粉）试样放入盛有 100mL 40℃ 水的 200mL 烧杯中，用搅拌棒搅拌均匀后观察样品溶解状态 |
| 冲调性 | 冲调性好，经搅拌迅速溶解于水中，不结块 | |

**二、理化检验**

理化检验的指标见表 3-15。

表 3-15　理化指标

| 营养素 | 指标 | | | | 检验方法 |
| --- | --- | --- | --- | --- | --- |
| | 每 100kJ | | 每 100kcal[⑥] | | |
| | 最小值 | 最大值 | 最小值 | 最大值 | |
| 蛋白质[①] | | | | | |
| 乳基婴儿配方食品/g | 0.45 | 0.70 | 1.88 | 2.93 | GB 5009.5 |
| 豆基婴儿配方食品/g | 0.50 | 0.70 | 2.09 | 2.93 | |
| 脂肪[②]/g | 1.05 | 1.40 | 4.39 | 5.86 | GB 5413.3 |
| 其中:亚油酸/g | 0.07 | 0.33 | 0.29 | 1.38 | |
| $\alpha$-亚麻酸/mg | 12 | N. S.[③] | 50 | N. S.[③] | GB 5413.27 |
| 亚油酸与 $\alpha$-亚麻酸比值 | 5:1 | 15:1 | 5:1 | 15:1 | — |
| 碳水化合物[④][⑤]/g | 2.2 | 3.3 | 9.2 | 13.8 | — |

　　①　乳基婴儿配方食品中乳清蛋白含量应≥60%；婴儿配方食品中蛋白质含量的计算，应以氮（N）×6.25 计算。
　　②　终产品脂肪中月桂酸和肉豆蔻酸总量<总脂肪酸的 20%；反式脂肪酸最高含量<总脂肪酸的 3%；芥酸含量<总脂肪酸的 1%；总脂肪酸指 $C_4 \sim C_{24}$ 脂肪酸的总和。
　　③　没有特别说明。
　　④　乳糖占量小于总脂肪酸的碳水化合物总量应≥90%；对于乳基产品，计算乳糖占碳水化合物总量时，不包括添加的低聚糖和多聚糖类物质；乳糖百分比含量的要求不适用于豆基配方食品。
　　⑤　碳水化合物的含量 $A_1$ 按下式计算：

$$A_1 = 100 - (A_2 + A_3 + A_4 + A_5 + A_6)$$

式中　$A_1$——碳水化合物的含量，g/100g；
　　　　$A_2$——蛋白质的含量，g/100g；
　　　　$A_3$——脂肪的含量，g/100g；
　　　　$A_4$——水分的含量，g/100g；
　　　　$A_5$——灰分的含量，g/100g；
　　　　$A_6$——膳食纤维的含量，g/100g。
　　⑥　1cal=4.18J。

## 三、维生素的标准

维生素的指标应符合表 3-16。

表 3-16　维生素指标

| 营 养 素 | 指 标 | | | | 检验方法 |
| --- | --- | --- | --- | --- | --- |
| | 每 100kJ | | 每 100kcal[⑤] | | |
| | 最小值 | 最大值 | 最小值 | 最大值 | |
| 维生素 A/$\mu$g RE[①] | 14 | 43 | 59 | 180 | GB 5413.9 |
| 维生素 D/$\mu$g[②] | 0.25 | 0.60 | 1.05 | 2.51 | |
| 维生素 E/mg $\alpha$-TE[③] | 0.12 | 1.20 | 0.50 | 5.02 | |
| 维生素 $K_1$/$\mu$g | 1.0 | 6.5 | 4.2 | 27.2 | GB 5413.10 |
| 维生素 $B_1$/$\mu$g | 14 | 72 | 59 | 301 | GB 5413.11 |
| 维生素 $B_2$/$\mu$g | 19 | 119 | 80 | 498 | GB 5413.12 |
| 维生素 $B_6$/$\mu$g | 8.5 | 45.0 | 35.6 | 188.3 | GB 5413.13 |
| 维生素 $B_{12}$/$\mu$g | 0.025 | 0.360 | 0.105 | 1.506 | GB 5413.14 |
| 烟酸(烟酰胺)/$\mu$g[④] | 70 | 360 | 293 | 1506 | GB 5413.15 |
| 叶酸/$\mu$g | 2.5 | 12.0 | 10.5 | 50.2 | GB 5413.16 |
| 泛酸/$\mu$g | 96 | 478 | 402 | 2000 | GB 5413.17 |
| 维生素 C/mg | 2.5 | 17.0 | 10.5 | 71.1 | GB 5413.18 |
| 生物素/$\mu$g | 0.4 | 2.4 | 1.5 | 10.0 | GB 5413.19 |

　　①　RE 为视黄醇当量。1$\mu$g RE=1$\mu$g 全反式视黄醇（维生素 A）=3.33IU 维生素 A。维生素 A 只包括预先形成的视黄醇，在计算和声称维生素 A 活性时不包括任何的类胡萝卜素组分。
　　②　钙化醇，1$\mu$g 维生素 D=40IU 维生素 D。
　　③　1mg $\alpha$-TE（$\alpha$-生育酚当量）=1mg $d$-$\alpha$-生育酚。每克多不饱和脂肪酸中至少应含有 0.5mg $\alpha$-TE，维生素 E 含量的最小值应根据配方食品中多不饱和脂肪酸的双键数量进行调整：0.5mg $\alpha$-TE/g 亚油酸（18:2 $n$-6）；0.75mg $\alpha$-TE/g $\alpha$-亚麻酸（18:3 $n$-3）；1.0mg $\alpha$-TE/g 花生四烯酸（20:4 $n$-6）；1.25mg $\alpha$-TE/g 二十碳五烯酸（20:5 $n$-3）；1.5mg $\alpha$-TE/g 二十二碳六烯酸（22:6 $n$-3）。
　　④　烟酸不包括前体形式。
　　⑤　1cal=4.18J。

## 四、矿物质

矿物质指标应符合表 3-17 的规定。

表 3-17　矿物质指标

| 营　养　素 | 指　标 | | | | 检验方法 |
|---|---|---|---|---|---|
| | 每 100kJ | | 每 100kcal[②] | | |
| | 最小值 | 最大值 | 最小值 | 最大值 | |
| 钠/mg | 5 | 14 | 21 | 59 | |
| 钾/mg | 14 | 43 | 59 | 180 | |
| 铜/μg | 8.5 | 29.0 | 35.6 | 121.3 | |
| 镁/mg | 1.2 | 3.6[①] | 5.0 | 15.1[①] | GB 5413.21 |
| 铁/mg | 0.10 | 0.36 | 0.42 | 1.51 | |
| 锌/mg | 0.12 | 0.36 | 0.50 | 1.51 | |
| 锰/μg | 1.2 | 24.0 | 5.0 | 100.4 | |
| 钙/mg | 12 | 35 | 50 | 146 | |
| 磷/mg | 6 | 24[①] | 25 | 100[①] | GB 5413.22 |
| 钙磷比值 | 1∶1 | 2∶1 | 1∶1 | 2∶1 | — |
| 碘/μg | 2.5 | 14.0 | 10.5 | 58.6 | GB 5413.23 |
| 氯/mg | 12 | 38 | 50 | 159 | GB 5413.24 |
| 硒/μg | 0.48 | 1.90 | 2.01 | 7.95 | GB 5009.93 |

① 仅适用于乳基婴儿配方食品。

② 1cal＝4.18J。

## 五、可选择性成分

如果添加了可选择的成分应符合表 3-18。

表 3-18　可选择性成分指标

| 营　养　素 | 指　标 | | | | 检验方法 |
|---|---|---|---|---|---|
| | 每 100kJ | | 每 100kcal[④] | | |
| | 最小值 | 最大值 | 最小值 | 最大值 | |
| 胆碱/mg | 1.7 | 12.0 | 7.1 | 50.2 | GB/T 5413.20 |
| 肌醇/mg | 1.0 | 9.5 | 4.2 | 39.7 | GB 5413.25 |
| 牛磺酸/mg | N.S.a | 3 | N.S.[①] | 13 | GB 5413.26 |
| 左旋肉碱/mg | 0.3 | N.S.[①] | 1.3 | N.S.[①] | — |
| 二十二碳六烯酸/%总脂肪酸[②③] | N.S.[①] | 0.5 | N.S.[①] | 0.5 | GB 5413.27 |
| 二十碳四烯酸/%总脂肪酸[②③] | N.S.[①] | 1 | N.S.[①] | 1 | GB 5413.27 |

① N.S. 为没有特别说明。

② 如果婴儿配方食品中添加了二十二碳六烯酸（22∶6 n-3），至少要添加相同量的二十碳四烯酸（20∶4 n-6）。长链不饱和脂肪酸中二十碳五烯酸（20∶5 n-3）的量不应超过二十二碳六烯酸的量。

③ 总脂肪酸指 $C_4 \sim C_{24}$ 脂肪酸的总和。

④ 1cal＝4.18J。

## 六、其他指标

应符合表 3-19 规定。

表 3-19 其他指标

| 项 目 | | 指 标 | 检验方法 |
|---|---|---|---|
| 水分 | | 5.0 | GB 5009.3 |
| 灰分 | | | |
| 乳基粉状产品/% | ≤ | 4.0 | |
| 乳基液态产品(按总干物质计)/% | ≤ | 4.2 | GB 5009.4 |
| 豆基粉状产品/% | ≤ | 5.0 | |
| 豆基液态产品(按总干物质计)/% | ≤ | 5.3 | |
| 杂质度(限乳基婴儿配方食品) | | | |
| 粉状产品/(mg/kg) | ≤ | 12 | GB 5413.30 |
| 液态产品/(mg/kg) | ≤ | 2 | |

注：仅限于粉状婴儿配方食品。

## 婴儿配方乳粉中灰分的测定

1. 原理

一定质量的食品在高温下灼烧，去除了有机质后所残留的无机物质成为灰分，根据样品减失的重量，即可计算出总灰分的含量。

2. 仪器

常用实验室仪器及设备：分析天平；瓷坩埚 (40~60mL)；电炉；高温炉 (保持温度 550℃左右)；干燥器 (装有有效干燥剂)；坩埚钳。

3. 操作步骤

(1) 瓷坩埚的准备 将瓷坩埚用 1:4 的盐酸煮 1~2h；洗净晾干后，用三氯化铁与蓝墨水的等体积混合液在坩埚外壁及盖上编号，置于 500~550℃ 的高温炉中灼烧 0.5~1h，移至炉口，冷却至200℃以下，取出坩埚，置于干燥器中冷却至室温 (约30min)，称重，再放入高温炉内灼烧 0.5h，取出冷却称量，直至恒重 (2 次称量之差不超过 0.2mg)。

(2) 称取约 2~3g 样品 (准确到 0.2mg) 于已准备好并已称量的坩埚中，置于电炉上初步灼烧，使之炭化至无烟。

(3) 移入高温炉维持温度在 550℃ 左右，灼烧，使之成白灰 (约2h) 后，冷却至200℃以下后取出，放入干燥器中冷却至室温 (约30min)，称量。再灼烧、冷却、称量，直至达到恒重 (直至前后两次质量差不超过 0.5mg)。

4. 结果表示

$$W = \frac{m_3 - m_1}{m_2 - m_1} \times 100$$

式中 W——总灰分含量，g/100g；

　　$m_1$——空坩埚质量，g；

　　$m_2$——样品加空坩埚质量，g；

　　$m_3$——残灰加空坩埚质量，g。

5. 说明及注意事项

① 样品炭化时要注意热源强度，防止产生大量泡沫溢出坩埚。

② 把坩埚放入高温炉或从炉中取出时，要放在炉口停留片刻，使坩埚预热或冷却，防

止因温度剧变而使坩埚破裂。

③ 从干燥器中取出冷却的坩埚时，因内部成真空，开盖恢复常压时应让空气缓缓进入，以防残灰飞散。

④ 灰化后的残渣可留作钙、磷、铁等成分的分析。

⑤ 用过的坩埚，应把残灰及时倒掉，初步洗刷后，用粗盐酸（废）浸泡 10～20min，再用水冲刷洗净。

⑥ 同一样品两次测定值之差不得超过两次测定平均值的 0.05%。

### 七、污染物限量

应符合表 3-20 的规定。

**表 3-20  污染物限量**（以粉状产品计）

| 项　目 | | 限　量 | 检验方法 |
|---|---|---|---|
| 铅/(mg/kg) | ≤ | 0.15 | GB 5009.12 |
| 硝酸盐(以 $NaNO_2$ 计)/(mg/kg) | ≤ | 100 | GB 5009.33 |
| 亚硝酸盐(以 $NaNO_2$ 计)/(mg/kg) | | 2.0 | |

注：仅适用于婴儿配方食品。

### 八、真菌毒素限量

应符合表 3-21 的规定。

**表 3-21  真菌毒素限量**（以粉状产品计）

| 项　目 | | 限　量 | 检验方法 |
|---|---|---|---|
| 黄曲霉毒素 $M_1$ 或黄曲霉毒素 $B_1$[①]/($\mu$g/kg) | ≤ | 0.5 | GB 5009.24 |

① 黄曲霉毒素 $M_1$ 限量适用于乳基婴儿配方食品；黄曲霉毒素 $B_1$ 限量适用于豆基婴儿配方食品。

### 九、微生物限量

应符合表 3-22 规定。

**表 3-22  微生物限量**

| 项　目 | 采样方案[①]及限量(若非指定,均以 CFU/g 表示) | | | | 检验方法 |
|---|---|---|---|---|---|
| | n | c | m | M | |
| 菌落总数[②] | 5 | 2 | 1000 | 10000 | GB 4789.2 |
| 大肠菌群 | 5 | 2 | 10 | 100 | GB 4789.3 平板计数法 |
| 金黄色葡萄球菌 | 5 | 2 | 10 | 100 | GB 4789.10 平板计数法 |
| 阪崎肠杆菌[③] | 3 | 0 | 0/100g | — | GB 4789.40 计数法 |
| 沙门菌 | 5 | 0 | 0/25g | — | GB 4789.4 |

① 样品的分析及处理按 GB 4789.1 和 GB 4789.18 执行。
② 不适用于添加活性菌种（好氧和兼性厌氧益生菌）的产品［产品中活性益生菌的活菌数应≥$10^6$CFU/g（mL）］。
③ 仅适用于供 0～6 月龄婴儿食用的配方食品。

### 十、脲酶活性

含有大豆成分的产品中脲酶活性应符合表 3-23 的规定。

**表 3-23  脲酶活性指标**

| 项　目 | 限　量 | 检验方法 |
|---|---|---|
| 脲酶活性定性测定 | 阴性 | GB/T 5413.31[①] |

① 液态婴儿配方食品的取样量应根据干物质含量进行折算。

## 任务总结

本任务是以婴儿配方乳粉加工方法和实用操作技术为主要内容，对婴儿配方乳粉加工的机理与操作步骤以及其检测技术进行了介绍。期望通过本任务的学习和实践，学生能够根据实际情况选用恰当的加工婴儿配方乳粉的方法，达到能够独立对其进行加工与检验的目的。

## 知识考核

**一、填空题**

1. 牛乳中乳糖含量比人乳少得多，牛乳中主要是_____型，人乳中主要是_____型。

2. 牛乳中的无机盐含量较人乳高_____倍多。摄入过多的微量元素会加重婴儿肾脏的负担。调制乳粉中采用脱盐办法除掉一部分无机盐。

3. 一般婴儿乳粉含有_____％的碳水化合物，主要是乳糖和麦芽糊精。

**二、选择题**

1. 婴儿配方乳粉在调整时可采用植物油脂替换牛乳脂肪的方法，以增加亚油酸的含量。亚油酸的量不宜过多，规定的上限用量为：$n$-6 亚油酸不应超过总脂肪量的（　　　　）。

　　A. 1％　　　　　　　　B. 2％　　　　　　　　C. 3％

2. 婴儿配方乳粉在调整时可采用植物油脂替换牛乳脂肪的方法，以增加亚油酸的含量。亚油酸的量不宜过多，规定的上限用量为：$n$-3 长链脂肪酸不得超过总脂肪的（　　　　）。

　　A. 0.3％　　　　　　　B. 0.8％　　　　　　　C. 1％

# 任务三　速溶乳粉的加工及检测

## 能力目标

1. 熟练掌握速溶乳粉的生产加工工艺过程和工艺参数的控制情况。

2. 掌握速溶乳粉成品检验的具体操作过程，能够独立完成各项指标的检验。

## 知识目标

1. 掌握速溶乳粉的概念和特性等基本知识。

2. 掌握速溶乳粉与其他乳粉生产的不同之处。

3. 掌握速溶乳粉质量标准，学会速溶乳粉成品的检验方法。

## 知识准备

乳粉的速溶是指在温水或冷水中都具有很快的溶解速度，将乳粉放到水中，轻轻搅拌即可完全、快速地溶解。速溶乳粉是将全脂乳、脱脂乳经特殊的工艺操作而制得的乳粉，其复原性即润湿性（也称为可湿性）、沉降性、分散性和溶解度等都获得了改善。

**一、速溶乳粉的主要特性**

速溶乳粉可从如下四个方面来描述。

（1）润湿性　即反映乳粉分散与水面接触后被润湿情况的指标。

（2）沉降性　即反映润湿后的乳粉在一定量水中的沉降能力的指标。

（3）分散性　即反映乳粉完全分散于一定量水中的能力指标。

（4）溶解度　即反映乳粉复原成牛乳后溶解情况的指标。

由于水温会影响乳粉复原速度，因此 IDF 标准中测定润湿性和分散性的温度为 25℃，采用这一温度的目的是与日常生活用水的温度基本保持一致。

### 二、速溶乳粉的特点

① 速溶乳粉的颗粒直径大，一般为 $100\sim800\mu m$。

② 速溶乳粉的润湿性、沉降性和分散性得到极大的改善，当用不同温度的水冲调复原时，只需搅拌一下，即迅速溶解，不结块；即使用冷水直接冲调也能迅速溶解，无需先调浆再冲调。

③ 速溶乳粉的乳糖是呈结晶状的含水乳糖，在包装和保存过程中不易吸潮结块。

④ 速溶乳粉的直径大而均匀，减少了制造、包装及使用过程中粉尘飞扬的程度，改善了工作环境，避免了不应有的损失。

⑤ 速溶乳粉的比容大，表观密度低，则包装容器的容积相应增大，一定程度上增加了包装费用。

⑥ 速溶乳粉的水分含量较高，不利于保藏；对脱脂速溶乳粉而言，易于褐变，并具有一种粮谷的气味。

### 三、影响乳粉速溶的因素及改善方法

① 乳粉应该能够被水润湿。因为水分可以通过虹吸作用被吸在乳粉颗粒之间的空隙中。乳粉的润湿性可以通过乳粉、水、空气三相体系的接触角测定出来。全脂乳粉的接触角比脱脂乳粉大，这时水分不能够渗入到乳粉块的内部或者仅仅能够局部地渗入，因此可以将全脂乳粉喷涂卵磷脂以减小接触角。

② 水分子与乳粉的渗透率和乳粉颗粒之间的空隙大小有关。乳粉颗粒越小，孔隙就越小，渗透就越慢。如果乳粉颗粒的直径大小并不均一，小的颗粒可以填在大的颗粒的空隙之间，也会产生小的孔隙，影响溶解性。

③ 渗透到乳粉内部的水分也可以因为毛细管作用将乳粉颗粒黏在一起，导致乳粉颗粒之间的空隙变小。毛细管的收缩作用可以将乳粉的体积减少 $30\%\sim50\%$，蛋白质的吸水膨胀也会导致空隙的变小，特别是在蛋白粉中。

④ 乳粉中的一些成分，例如乳糖溶解后会产生很高的黏度，从而阻碍了水分的渗透。正是由于乳粉中的乳糖是无定形状态，可以很快溶解，所以也可以说乳糖是被稀释的而不是被溶解的。

 **生产实例及规程**

现以脱脂速溶乳粉和全脂速溶乳粉为例来说明生产过程和操作规程。

### 一、脱脂速溶乳粉

脱脂速溶乳粉之所以能达到速溶的目的，主要是因为乳粉经过二次附聚后乳糖由非结晶状态变成了结晶状态，同时产生了疏松的毛细管样的结构。该结构十分有利于水分的渗入，从而加快了乳粉的溶解速度。目前脱脂速溶乳粉的生产主要有两种方法：二段法（再润湿法）和一段法（直通法）。

（一）二段法

以喷雾干燥的脱脂乳粉为基粉，通过喷入湿空气或雾滴使其吸湿附聚成较大团粒，同时将吸湿性很强的非结晶乳糖转变为不吸湿的结晶乳糖，再进行干燥、冷却、包装。

① 生产基粉时脱脂乳的杀菌温度宜采用 80℃，保温时间为 15s，浓缩蒸发温度采用 45～50℃。

② 将基粉由螺旋输送器注入到加料斗，经振动筛板均匀地洒布于干燥室第一段内，与潮湿空气或低压蒸汽接触，使乳粉的水分含量增高至 10%～12%，乳粉颗粒表面快速溶胀，相互附聚而使直径增大，乳糖结晶。

③ 已结晶及附聚的乳粉在干燥室第二段与温度为 100～120℃的热空气相接触，再进行干燥，使乳粉的水分含量达到要求。

④ 从干燥室出来的乳粉，在一个长的输送带上与冷风直接接触，冷却至一定的温度。

⑤ 过筛使颗粒大小均匀一致。

⑥ 包装。

二段法生产速溶乳粉流程见图 3-4。

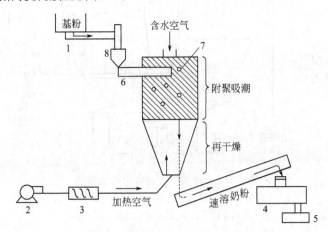

图 3-4 二段法生产速溶奶粉流程图
1—螺旋输送器；2—鼓风机；3—加热器；4—粉碎和筛选机；
5—包装机；6—振动筛板；7—干燥室；8—加料斗

（二）一段法

无需基粉，用浓缩乳直接一次生产而成。目前一段法又可分为干燥室内直接附聚法和流化床附聚法两种。

1. 直接附聚法

整个操作过程一次完成，即在同一干燥室内完成雾化、干燥、附聚、再干燥等操作，使产品达到标准要求。

浓缩乳通过上层雾化器分散成微细的液滴，与高温干燥介质接触，瞬间进行强烈的热交换和质交换，雾化的液滴形成比较干燥的乳粉颗粒流，然后另一部分浓缩乳通过下层雾化器形成相当湿的乳粉颗粒流，使湿的乳粉颗粒与上述比较干燥的乳粉颗粒流保持良好的接触，并使湿颗粒包裹在干颗粒上，这样湿颗粒失去水分，干颗粒获得水分而吸潮，于是附聚及乳糖的结晶过程就此产生和形成，然后附聚颗粒在热介质的推动及本身的重力作用下，在干燥室内继续干燥并持续地沉降于底部卸出，最终将得到水分含量为 2%～5% 的产品。

这种生产方法简单、经济，但干燥设备必须保证产品有足够的干燥时间，而且两层雾化器的相对位置要求很严，干乳粉颗粒流与湿乳粉颗粒流两者的水分含量应有一定的要求，否则有碍于附聚及乳糖结晶，直接影响产品的质量。

2. 流化床附聚法

浓缩乳经雾化器分散成微细的液滴，在干燥室内与热空气进行热交换和质交换，最终获得水分含量高达10％～12％的乳粉。乳粉在沉降过程中产生附聚，沉降于干燥室底部时仍在继续附聚，然后潮湿且已部分附聚的乳粉自干燥室卸出，进入第一级振动流化床继续附聚成为稳定的团粒，接着进入二级流化床，分别完成干燥和冷却，最后过筛成为均匀的附聚颗粒。

一段法生产速溶乳粉流程见图3-5。

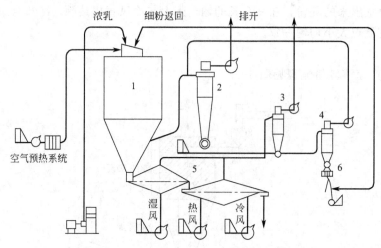

图 3-5　一段法生产速溶奶粉流程图

1—干燥室；2—主旋风分离器；3—流化床旋风分离器；

4—旋风分离器；5—振动流化床；6—集粉器

## 二、全脂速溶乳粉

全脂速溶乳粉含26％以上的脂肪，乳粉颗粒或附聚团粒的外表面都有许多脂肪球存在，使颗粒表面游离脂肪增多，乳粉在水中不易润湿下降，不易达到速溶的要求。因此，全脂速溶乳粉的生产除使乳粉颗粒附聚外，还需要改善乳脂肪的润湿性问题。近年来，采用附聚—喷涂卵磷脂的工艺，使产品达到速溶的要求。

全脂速溶乳粉的生产也可采用一段法或二段法，主要包括以下两个关键环节。

1. 附聚

采用高浓度、低压力、大孔径喷头、低转盘转速可以使生产的乳粉颗粒直径大、分布频率在一定范围内，从而改善了下沉性。

2. 喷涂卵磷脂

卵磷脂是一种既亲水又亲油的表面活性物质，喷涂于乳粉颗粒的表面可以增强乳粉颗粒的亲水性，提高乳粉的润湿性、分散性，使乳粉的速溶性大大提高。卵磷脂喷涂厚度一般为0.1～0.15μm，喷涂量以控制在乳粉量的0.2％～0.3％为宜，不得超过0.5％，否则有卵磷脂的味道。喷涂时将卵磷脂配成无水脂肪溶液，即60％卵磷脂和40％无水乳脂肪。喷涂卵磷脂流程见图3-6。

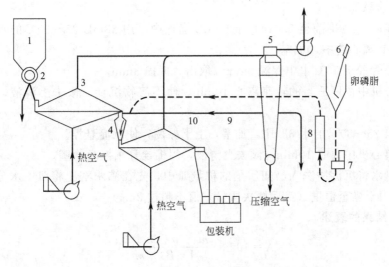

图 3-6　喷涂卵磷脂流程图

1—储仓；2—鼓形阀；3—第一流化床；4—喷涂装置；5—旋风分离器；

6—槽；7—泵；8—流量计；9—管道；10—第二流化床

附聚好的全脂乳粉由储仓经鼓形阀进入第一流化床，然后进入喷涂装置，卵磷脂由槽经泵通过流量计以气流喷雾方式喷入喷涂装置内，完成卵磷脂的涂布过程。然后进入第二流化床进行干燥、冷却、过筛后即得到全脂速溶乳粉产品。

生产全脂速溶乳粉时，基粉对最终产品会产生很大的影响。一般对基粉生产的基本要求如下。

① 基粉中自由脂肪的含量越低越好。将雾化前的浓缩乳进行均质可以达到这一目的。与一段法相比二段法干燥室内的温度要低一些，所以自由脂肪的含量也就会低一些。

② 基粉颗粒的密度尽可能高，以改善乳粉的下沉性。在允许的范围内，尽可能提高浓缩乳的乳固体含量，尽可能减少乳粉颗粒中包埋的空气量以及适当降低进风温度至 170～180℃，将有助于提高乳粉颗粒的密度。

③ 基粉应该全部由大的疏松颗粒组成，不得含有细粉。大部分粉粒直径应在 100～250$\mu$m，直径在 90$\mu$m 以下的粉粒不得超过 15%～20%，基粉的容积密度应该在 0.45～0.50g/cm$^3$ 之间。

 **质量标准及检验**

全脂速溶乳粉和脱脂速溶乳粉成品的质量标准与全脂乳粉成品的质量标准一样，都应符合 GB 5410/T—2008 的要求，详见本项目任务一。

## 乳粉溶解度的测定

### 一、仪器和设备

（1）离心管　50mL，厚壁、硬质。

（2）烧杯　50mL。

（3）离心机

（4）称量皿　直径 50～70mm 的铝皿或玻璃皿。

## 二、分析步骤

① 称取样品 5g（准确至 0.01g）于 50mL 烧杯中，用 38mL 25～30℃的水分数次将乳粉溶解于 50mL 离心管中，加塞。

② 将离心管置于 30℃水中保温 5min，取出，振摇 3min。

③ 置离心机中，以适当的转速离心 10min，使不溶物沉淀。倾去上清液，并用棉栓擦净管壁。

④ 再加入 25～30℃的水 38mL，加塞，上下振荡，使沉淀悬浮。

⑤ 再置离心机中离心 10min，倾去上清液，用棉栓仔细擦净管壁。

⑥ 用少量水将沉淀冲洗入已知质量的称量皿中，先在沸水浴上将皿中水分蒸干，再移入 100℃烘箱中干燥至恒重（最后两次质量差值不超过 2mg）。

## 三、分析结果的表述

$$X = 100 - \frac{(m_2 - m_1) \times 100}{(1-B) \times m}$$

式中　$X$——样品的溶解度，g/100g；

　　　$m$——样品的质量，g；

　　　$m_1$——称量皿质量，g；

　　　$m_2$——称量皿和不溶物干燥后质量，g；

　　　$B$——样品水分含量，g/100g。

## 四、注意事项与说明

① 加糖乳计算时要扣除加糖量。

② 在重复性条件下获得的两次独立测定结果的绝对差值不得超过算术平均值的 2%。

 **任务总结**

通过该任务的实施，学生能够掌握速溶乳粉的生产加工工艺流程和操作过程。依据国家标准完成对速溶乳粉的感官检验、理化检验和微生物检验。

 **知识考核**

### 一、填空题

1. _____是一种既亲水又亲油的表面活性物质，喷涂于乳粉颗粒的表面可以增强乳粉颗粒的亲水性，提高乳粉的润湿性、分散性，使乳粉的速溶性大大提高。

2. 目前脱脂速溶乳粉的生产主要有两种方法：_____和_____。

### 二、简答题

1. 简述生产全脂速溶乳粉时，对基粉生产的基本要求？

2. 简述速溶乳粉的特点？

# 项目四　酸奶的加工及检测

　　酸奶，是普通牛乳经过巴氏杀菌，冷却到一定温度后，接种乳酸菌，再经过发酵而赋予特殊风味的一种乳制品，是众多的发酵乳制品中最原始、产量最大的品种。根据联合国粮农组织（FAO）、世界卫生组织（WHO）与国际乳品联合会（IDF）1977 年的定义，酸奶是指在添加（或不添加）乳粉（或脱脂乳粉）的乳中（杀菌乳、浓缩乳），由于保加利亚乳杆菌和嗜热链球菌的作用进行乳酸发酵制成的凝乳状产品，成品中必须含有大量的、相应的活性微生物。

　　通常根据酸乳成品的组织状态、口味、原料中乳脂肪含量、生产工艺和菌种的组成可以将酸奶分成不同类别。如按成品的组织状态分类，可分为：

　　（1）凝固型酸奶　　其发酵过程在包装容器中进行，从而使成品因发酵而保留其凝乳状态；

　　（2）搅拌型酸奶　　发酵后的凝乳在灌装前搅拌成黏稠状组织状态。

## 任务一　搅拌型酸奶的加工及检测

### 能力目标

1. 学会进行搅拌型酸奶加工工艺流程与原辅料的选择。
2. 掌握搅拌型酸奶质量检测的技术、方法。
3. 能处理搅拌型酸奶加工中出现的问题并提出解决方案。

### 知识目标

1. 理解搅拌型酸奶加工的基础理论知识。
2. 学会搅拌型酸奶发酵的机制与工艺参数。
3. 掌握搅拌型酸奶加工各步骤的操作要点。
4. 掌握搅拌型酸奶质量检测的理论知识。

### 知识准备

**一、发酵剂的种类、作用及选择制备**

　　发酵剂是一种能够促进乳的酸化过程，含有高浓度乳酸菌的特定微生物培养物。发酵剂添加到产品中，在一定控制条件下繁殖；发酵的结果，细菌产生一些能赋予产品特性如酸度、滋味、香味和黏稠度等的物质。当乳酸菌发酵乳糖成乳酸时，引起 pH 值下降，延长了产品的保存时间，同时改善了产品的营养价值和可消化性。

　　（一）发酵剂的种类

1. 按发酵剂制备过程分类

（1）乳酸菌纯培养物　即一级菌种的培养，一般多接种在脱脂乳、乳清、肉汁或其他培养基中，或者用冷冻升华法制成一种冻干菌苗。

（2）母发酵剂　即一级菌种的扩大再培养，它是生产发酵剂的基础。

（3）生产发酵剂　即母发酵剂的扩大培养，是用于实际生产的发酵剂。

2. 按使用发酵剂的目的分类

（1）混合发酵剂　这一类型的发酵剂含有两种或两种以上的菌，如保加利亚乳杆菌和嗜热链球菌按 1∶1 或 1∶2 比例混合的酸乳发酵剂，且两种菌比例的改变越小越好。

（2）单一发酵剂　这一类型发酵剂只含有一种菌。

（二）发酵剂的主要作用

① 分解乳糖产生乳酸。

② 产生挥发性的物质，如丁二酮、乙醛等，从而使酸乳具有典型的风味。

③ 具有一定的降解脂肪、蛋白质的作用，从而使酸乳更利于消化吸收。

④ 酸化过程抑制了致病菌的生长。

（三）发酵剂的选择

菌种的选择对发酵剂的质量起着重要作用，应根据生产目的不同选择适当的菌种。选择发酵剂应从以下几方面考虑：

① 产酸能力和后酸化作用；

② 滋味、气味和芳香味的产生；

③ 黏性物质的产生；

④ 蛋白质的水解性。

（四）发酵剂的制备

① 菌种的复活及保存。

② 母发酵剂的调制。

③ 生产发酵剂的制备。

（五）发酵剂的质量要求

① 凝块应有适当的硬度，均匀而细滑，富有弹性，组织状态均匀一致，表面光滑，无龟裂，无皱纹，未产生气泡及乳清分离等现象。

② 具有优良的风味，不得有腐败味、苦味、饲料味和酵母味等异味。

③ 若将凝块完全粉碎后，质地均匀，细腻滑润，略带黏性，不含块状物。

④ 按规定方法接种后，在规定时间内产生凝固，无延长凝固的现象。测定活力（酸度）时符合规定指标要求。

为了不影响生产发酵剂要提前制备，可在低温条件下短时间贮藏。

**二、酸奶的分类**

（一）按成品的组织状态分类

（1）凝固型酸奶（set yoghurt）　其发酵过程在包装容器中进行，从而使成品因发酵而保留其凝乳状态。

（2）搅拌型酸奶（stirred yoghurt）　发酵后的凝乳在灌装前搅拌成黏稠状组织状态。

（二）按成品的口味分类

（1）天然纯酸奶（natural yoghurt）　产品只由原料乳和菌种发酵而成，不含任何辅料和添加剂。

（2）加糖酸奶（sweeten yoghurt）　产品由原料乳和糖加入菌种发酵而成。在我国市场上常见，糖的添加量较低，一般为 6%～7%。

（3）调味酸奶（flavored yoghurt）　在天然酸乳或加糖酸乳中加入香料而成。酸奶容器的底部加有果酱的酸乳称为圣代酸奶（sandae yoghurt）。

（4）果料酸奶（yoghurt with fruit）　成品是由天然酸乳与糖、果料混合而成。成品是由天然酸乳与糖、果料混合而成。

（5）复合型或营养健康型酸奶　通常在酸奶中强化不同的营养素（维生素、食用纤维素等）或在酸乳中混入不同的辅料（如谷物、干果、菇类、蔬菜汁等）而成。这种酸奶在西方国家非常流行，人们常在早餐中食用。

（6）疗效酸奶（curative effect yoghurt）　包括低乳糖酸奶、低热量酸奶、维生素酸奶或蛋白质强化酸奶。

（三）按发酵的加工工艺分类

（1）浓缩酸奶（concentrated 或 condensed yoghurt）　将正常酸乳中的部分乳清除去而得到的浓缩产品。其除去乳清的方式与加工干酪方式类似，有人也称其为酸乳干酪。

（2）冷冻酸奶（frozen yoghurt）　在酸乳中加入果料、增稠剂或乳化剂，然后将其进行冷冻处理而得到的产品。

（3）充气酸奶（carbonated yoghurt）　发酵后在酸乳中加入稳定剂和起泡剂（通常是碳酸盐），经过均质处理即得这类产品。这类产品通常是以充 $CO_2$ 气的酸乳饮料形式存在。

（4）酸乳粉（dried yoghurt）　通常使用冷冻干燥法或喷雾干燥法将酸乳中约 95% 的水分除去而制成酸乳粉。制造酸乳粉时，在酸乳中加入淀粉或其他水解胶体后再进行干燥处理而成。

（四）按菌种组成和特点分类

1. 嗜热菌发酵乳

（1）单菌发酵乳　如嗜酸乳杆菌发酵乳、保加利亚乳杆菌发酵乳。

（2）复合菌发酵乳　如酸乳及由酸乳的两种特征菌和双歧杆菌混合发酵而成发酵乳。

2. 嗜温菌发酵乳

（1）经乳酸发酵而成的产品　这种发酵乳中常用的菌有：乳酸链球菌属及其亚属、肠膜状明串珠菌和干酪乳杆菌。

（2）经乳酸发酵和酒精发酵而成的产品　如酸牛乳酒、酸马奶酒。

 **生产实例及规程**

**一、搅拌型酸奶工艺流程**

稳定剂、糖等　　　　　　　　　　　　　　生产发酵剂
　　　　　　　　↓　　　　　　　　　　　　　　↓
原料乳→净化→标准化→配料→浓缩→预热、均质→杀菌→冷却→接种┐
冷藏后熟←调香与灌装←冷却←破碎凝乳←发酵←┘

**二、生产工艺要求**

1. 原料乳的质量要求

原料乳质量比一般乳制品原料乳要求高，要选用符合质量要求的新鲜乳、脱脂乳或再制乳为原料，牛乳不得含有抗生素、噬菌体、CIP清洗剂残留物或杀菌剂。因此乳品厂用于制作酸乳的原料乳要经过选择，并对原料乳进行认真的检验。

2. 标准化

根据 FAO/WHO 准则，牛乳的脂肪和干物质含量通常都要标准化。基本原则如下。

（1）脂肪　酸乳的含脂率范围可以在 $0 \sim 10\%$ 的范围内，而 $0.5\% \sim 3.5\%$ 的含脂率是最常见的，根据 FAO/WHO 的要求：全脂酸乳最小含脂率 $3\%$；部分脱脂酸乳最大含脂率 $< 3\%$，最小含脂率 $> 0.5\%$；脱脂酸乳最大含脂率 $0.5\%$。

（2）干物质　根据 FAO/WHO 标准，要求最小非脂乳固体含量为 $8.2\%$。总干物质的增加，尤其是蛋白质和乳清蛋白比例的增加，将使酸乳凝固得更结实，乳清也不容易析出。对干物质的标准化最常用的方法有蒸发（经常蒸发掉占牛乳体积 $10\% \sim 20\%$ 的水分）、添加脱脂乳粉（通常为 $3\%$ 以上）、添加炼乳、添加脱脂乳的超滤剩余物。

3. 配料

（1）蔗糖　在酸乳中加入蔗糖的主要目的是为了减少酸乳特有的酸味感觉，使其口味更柔和；另外，可提高酸乳黏度，有利于其凝固。蔗糖应符合 GB 5413.5—2010 标准，添加量一般为 $4\% \sim 8\%$，不能超过 $12\%$。假设使用水果或果酱类，要考虑其中的糖量，蔗糖浓度过高会提高乳渗透压而对乳酸菌产生抑制作用。添加蔗糖最好在原料乳杀菌前进行，这样制作的酸乳硬度较好，方法是先将原料乳加热到 $50℃$ 左右，加入蔗糖并伴随搅拌，再加热到 $65℃$，用泵循环通过纱布滤除杂质，送到标准化乳中。

在低热量酸乳的生产中，一般多选用不产热量的甜味剂，例如天门冬酰苯丙氨酸甲酯、环磺酸盐、糖精。环己基氨基磺酸钠的甜度是蔗糖的 $30 \sim 80$ 倍，糖精的甜度是蔗糖的 $240 \sim 350$ 倍。一般应在发酵后加入这些甜味剂，有研究表明，添加 $0.1\%$ 的糖精可能会对发酵剂微生物存在潜在的抑制作用。

近年来在运动员营养酸乳中常加入果糖，还有一些天然甜味剂也应用得越来越多，如果葡萄糖浆、甜味菊苷、葡萄糖和阿斯巴甜等。

（2）稳定剂　在酸乳中使用稳定剂的主要目的是提高酸乳的黏稠度并改善其质地、状态与口感。一般在凝固型酸乳中不加，但如果原料乳质量不好，可考虑适当添加。FAO/WHO 允许在酸乳中应用多种稳定剂，常用的有阿拉伯胶、瓜尔豆胶、琼脂、角叉胶、CMC、PGA、黄原胶、改性淀粉、果胶、明胶等，添加量为 $0.1\% \sim 0.5\%$。乳中添加稳定剂时一般与蔗糖、乳粉等预先混合均匀，边搅拌边添加或将稳定剂先溶于少量水或溶于少量牛乳中，再于适当搅拌情况下加入。

4. 浓缩

浓缩就是进行固形物的强化，一般在配料后，送入真空浓缩罐中进行减压浓缩，一般有 $10\% \sim 20\%$ 的水分被蒸发。也可以不采用浓缩工艺而采用添加乳粉的方法，一般乳粉添加量为 $2\%$。

5. 均质

均质的目的主要是为了阻止奶油上浮，并保证乳脂肪均匀分布。即使脂肪含量低，均质也能改善酸乳的稳定性和稠度。一般均质压力和温度应分别为 $20 \sim 25MPa$ 和 $65 \sim 75℃$。

6. 杀菌及冷却

杀菌的目的有以下几点：①杀灭原料乳中的微生物，特别是致病菌；②形成乳酸菌生长促进物质，破坏乳中存在的阻碍乳酸菌生长的物质；③除去原料乳中的氧及由于乳清蛋白的变性而增加的—SH，从而使氧化还原电位下降，助长乳酸菌的生长；④使乳清蛋白变性膨润，从而改善酸乳的硬度和黏度，并阻止水分从变性酪蛋白凝聚成的网状结构中分离出来；⑤杀菌后，使乳中原本存在的酶失活，使发酵过程成为单一乳酸菌的作用过程，易于控制生产。

采用 90～95℃、5min 的杀菌条件效果最好，因为在这样的条件下乳清蛋白变性 70％～80％，尤其是主要的乳清蛋白——β-乳球蛋白会与 κ-酪蛋白相互作用，使酸乳成为一个稳定的凝固体。

杀菌结束后，按接种的要求温度进行冷却并加入发酵剂。例如，采用保加利亚乳杆菌和嗜热链球菌的混合发酵剂时，可冷却到 43～45℃；如用乳酸链球菌作发酵剂时，可冷却到 30℃。此时可加入适量的香料。

### 7. 接种

酸乳中所用的特征菌为嗜热链球菌与保加利亚乳杆菌，也可采用乳酸链球菌与保加利亚乳杆菌混合发酵。但目前在生产中常加入其他一些乳酸菌，如双歧杆菌、嗜酸乳杆菌和瑞士乳杆菌等。常用混合发酵剂的配合方法有两种：①保加利亚乳杆菌：嗜热链球菌＝1：1；②保加利亚乳杆菌：乳酸链球菌＝1：4。

接种前应将发酵剂充分搅拌，使凝乳完全破坏。接种是造成酸乳受微生物污染的主要环节之一，因此应严格注意操作卫生，防止霉菌、酵母菌、细菌噬菌体和其他有害微生物的污染，特别是在不采用发酵剂自动接种设备的情况下更应如此；发酵剂加入后，要充分搅拌 10min，使菌体能与杀菌冷却后的牛乳完全混匀。还要注意保持乳温，特别是对非连续灌装工艺或采用效率较低的灌装手段时。因灌装时间较长，保温就更为重要。发酵剂的用量主要根据发酵剂的活力而定。一般生产发酵剂其产酸活力在 0.7％～1.0％，接种量应为 2％～4％。

### 8. 发酵

搅拌型酸乳生产中发酵通常是在专门的发酵罐中进行的。发酵罐带保温装置，并设有温度计和 pH 计。pH 计可控制罐中的酸度，当酸度达到一定值后，pH 就传出信号。这种发酵罐是利用罐体四周夹层里的热媒体来维持一定的温度。生产中应注意，假设由于某种原因，热媒的温度过高或过低，则接近罐壁面部分的物料温度就会上升或下降，罐内产生温度梯度，不利于酸乳的正常培养。

典型的搅拌型酸乳生产的培养时间及温度分别为 2.5～3h、42～43℃，使用的是普通型生产发酵剂（接种量 2.5％～3％）。当 pH 值达到理想的值时，必须终止细菌发酵；使用直投式菌种时，培养温度及时间在 43℃、4～6h（考虑到其迟滞期较长）。

### 9. 破碎凝乳

搅拌法是破碎凝乳最常用的方法，其中包括机械搅拌和手工搅拌。手工搅拌适用于小批量和小规模制作；机械搅拌适用于大规模生产，它采用宽叶轮搅拌机或涡轮搅拌机。其方式分低速短时间缓慢搅拌和不定时间间隔的温和搅拌方法，最终获得均匀一致的流态产品，其大量凝胶粒子肉眼不可见，同时存在少量肉眼可见的凝乳片。

破碎凝乳即是对凝乳施加剪切力，如果过于激烈，不仅会降低酸乳的黏度，而且可能导致搅拌型酸乳分层现象。分层是由于混入空气引起的，当出现分层时，上层是凝乳颗粒、脂肪和空气，下层是分离出的乳清和气泡。如果凝乳搅拌得当，会增加凝乳的持水性，提高其稳定性，不易出现乳清分离和分层现象。另外酸乳受剪切力的影响，还出现在经过管道和泵进行酸乳的输送过程中。因此在机械化和自动化程度高的大规模生产中，对酸乳施加的剪切力过大往往成为搅拌型酸乳出现缺陷的原因，为克服这个缺点，可以添加稳定剂。

10. 冷却

经破乳后的酸乳需迅速冷却，以控制乳酸菌和酶的新陈代谢，从而控制产品的最终酸度。冷却一般分为两种方式：一段冷却法和二段冷却法。

一段冷却法指将酸乳从培养温度直接冷却到<10℃，因为在此温度下酸乳的稳定性高于20℃，从而减少了灌装对酸乳的破坏程度。

二段冷却法指先将酸乳从培养温度30～45℃冷却到15～20℃，然后灌装，随后在产品冷藏时再冷却到<10℃。酸乳经1～2d的冷藏，其黏度会有所提高。

这两种方法在酸乳的生产中均有广泛应用，需灵活处理。冷却速率对搅拌型酸乳的物理性质有以下影响：

① 在24℃时灌装酸乳，随后冷却，可提高产品的质量；

② 为达到产品质量的最好效果，第二阶段的冷却速度应尽量慢至12h。

11. 调香与包装

在包装过程中，用计量泵将果料或香精添加在内部流动线中与酸乳混合均匀后灌装，封口、冷藏后熟。

酸乳与果料的混合方式有两种：一种是间隙生产法，在罐中将酸乳与杀菌的果料（或果酱）混匀，此法用于生产规模较小的企业。另一种是连续混料法，用计量泵将杀菌的果料泵入在线混合器连续地添加到酸乳中去，混合非常均匀。

果料应尽可能均匀一致，并可以加果胶作为增稠剂，果胶的添加量不能超过0.15%，相当于在成品中含0.005%～0.05%的果胶。果料在加入前应进行良好的热处理。带有固体颗粒的果料或整个浆果可以使用刮板式热交换器进行充分的巴氏杀菌，钝化所有有活性的微生物，而不影响水果的味道和结构。热处理后的果料在无菌条件下灌入灭菌的容器中。

混合均匀的酸乳和果料，直接流入到灌装机进行灌装。搅拌型酸乳通常采用塑杯包装或屋顶形纸盒包装。

### 三、搅拌型酸奶常见的质量缺陷及控制措施

1. 砂化

从酸奶的外观看，出现粒状组织。产生砂化的原因有：

① 发酵温度过高；

② 发酵剂（工作发酵剂）的接种量过大，常大于3%；

③ 杀菌升温的时间过长。

2. 凝固性差

酸乳有时会出现凝固性差或不凝固现象，黏性很差，出现乳清分离。

（1）原料乳质量　当乳中含有抗生素、防腐剂时，会抑制乳酸菌的生长。试验证明原料乳中含微量青霉素（0.01IU/mL）时，对乳酸菌便有明显抑制作用。使用乳房炎乳时由于其白细胞含量较高，对乳酸菌也有不同的噬菌作用。

原料乳掺假，特别是掺碱，使发酵所产的酸消耗于中和，而不能积累达到凝乳要求的pH值，从而使乳不凝或凝固不好。原料乳消毒前，污染有能产生抗生素的细菌，杀菌处理虽除去了细菌，但产生的抗生素不受热处理影响，会在发酵培养中起抑制作用，这一点引起的发酵异常往往会被忽视。原料乳的酸度越高，含这类抗生素就越多。

　　牛乳中掺水，会使乳的总干物质降低，也会影响酸乳的凝固性。因此，要排除上述诸因素的影响，必须把好原料验收关，杜绝使用含有抗生素、农药以及防腐剂或掺碱牛乳生产酸乳。对由于掺水而使干物质降低的牛乳，可适当添加脱脂乳粉，使干物质达 11% 以上，以保证质量。

　　（2）发酵温度和时间　　发酵温度依所采用乳酸菌种类的不同而异。若发酵温度低于最适温度，乳酸菌活力则下降，凝乳能力降低，使酸乳凝固性降低。发酵时间短，也会造成酸乳凝固性降低。此外，发酵室温度不均匀也是造成酸乳凝固性降低的原因之一。因此，在实际生产中，应尽可能保持发酵室的温度恒定，并控制发酵温度和时间。

　　（3）噬菌体污染　　是造成发酵缓慢、凝固不完全的原因之一。可通过发酵活力降低，产酸缓慢来判断。国外采用经常更换发酵剂的方法加以控制。此外，由于噬菌体对菌的选择作用，两种以上菌种混合使用也可降低噬菌体危害。

　　（4）发酵剂活力　　发酵剂活力弱或接种量太少会造成酸乳的凝固性下降。对一些灌装容器上残留的洗涤剂（如氢氧化钠）和消毒剂（如氯化物）也要清洗干净，以免影响菌种活力，确保酸乳的正常发酵和凝固。

　　（5）加糖量　　生产酸乳时，加入适当的蔗糖可使产品产生良好的风味，凝块细腻光滑，提高黏度，并有利于乳酸菌产酸量的提高。试验证明，6.5% 的加糖量使产品的口味最佳，也不影响乳酸菌的生长。若加量过大，会产生高渗透压，抑制了乳酸菌的生长繁殖，造成乳酸菌脱水死亡，相应活力下降，使牛乳不能很好凝固。

　　**3. 乳清析出**

　　乳清析出是生产酸乳时常见的质量问题，其主要原因有以下几种。

　　（1）原料乳热处理不当　　热处理温度偏低或时间不够，就不能使大量乳清蛋白变性，而变性乳清蛋白可与酪蛋白形成复合物，能容纳更多的水分，并且具有最小的脱水收缩作用（syneresis）。

　　据研究，要保证酸乳吸收大量水分和不发生脱水收缩作用，至少使 75% 的乳清蛋白变性，这就要求 85℃、20～30min 或 90℃、5～10min 的热处理；UHT 加热（135～150℃、2～4s）处理虽能达到灭菌效果，但不能使 75% 的乳清蛋白变性，所以酸乳生产不宜用 UHT 加热处理。根据研究，原料乳的最佳热处理条件是 90～95℃、5min。

　　（2）发酵时间　　若发酵时间过长，乳酸菌继续生长繁殖，产酸量将不断增加。酸性的增强破坏了原来已形成的胶体结构，使其容纳的水分游离出来形成乳清上浮。发酵时间过短，乳蛋白质的胶体结构还未充分形成，不能包裹乳中原有的水分，也会形成乳清析出。因此，酸乳发酵时，应抽样检查，发现牛乳已完全凝固，就应立即停止发酵；若凝固不充分，应继续发酵，待完全凝固后取出。

　　（3）其他因素　　原料乳中总干物质含量低、酸乳凝胶机械振动、乳中钙盐不足、发酵剂加量过大等也会造成乳清析出，在生产时应加以注意，乳中添加适量的 $CaCl_2$ 既可减少乳清析出，又可赋予酸乳一定的硬度。

　　**4. 风味**

　　（1）无芳香味　　主要由于菌种选择及操作工艺不当所引起。正常的酸乳生产应保证两种以上的菌混合使用并选择适宜的比例，任何一方占优势均会导致产香不足，风味变劣。

　　高温短时发酵和固体含量不足也是造成芳香味不足的因素。芳香味主要来自发酵剂酶分解柠檬酸产生的丁二酮物质。所以原料乳中应保证足够的柠檬酸含量。

（2）酸乳的不洁味　主要由发酵剂或发酵过程中污染杂菌引起。污染丁酸菌可使产品带刺鼻怪味，污染酵母菌不仅产生不良风味，还会影响酸乳的组织状态，使酸乳产生气泡。

（3）酸乳的酸甜度　酸乳过酸、过甜均会影响质量。发酵过度、冷藏时温度偏高和加糖量较低等会使酸乳偏酸，而发酵不足或加糖过高又会导致酸乳偏甜。因此，应尽量避免发酵过度现象，并应在 0～4℃条件下冷藏，防止温度过高，严格控制加糖量。

（4）原料乳的异臭　牛体臭、氧化臭味及由于过度热处理或添加了风味不良的炼乳或乳粉等制造的酸乳也是造成其风味不良的原因之一。

**5. 表面有霉菌生长**

酸乳贮藏时间过长或温度过高时，往往在表面出现霉菌。黑斑点易被察觉，而白色霉菌则不易被注意。这种酸乳被人误食后，轻者有腹胀感觉，重者引起腹痛下泻。因此要严格保证卫生条件并根据市场情况控制好贮藏时间和贮藏温度。

**6. 口感差**

优质酸乳柔嫩、细滑，清香可口。但有些酸乳口感粗糙，有砂状感。这主要是由于生产酸乳时，采用了高酸度的乳或劣质的乳粉。因此，生产酸乳时，应采用新鲜牛乳或优质乳粉，并采取均质处理，使乳中蛋白质颗粒细微化，达到改善口感的目的。

**7. 发酵不良**

原料乳中含有抗生素和磺胺类药物，以及病毒感染。控制措施：用于生产发酵乳制品的原料乳，必须作抗生素和磺胺等抑制微生物生长繁殖药物的检验。

 **质量标准及检验**

搅拌型酸奶成品检验的项目、检验方法和质量标准应符合 GB 19302—2010。

**一、感官检验**

感官检验的方法和要求应符合表 4-1 的规定。

表 4-1　感官要求

| 项目 | 要求 | | 检验方法 |
|---|---|---|---|
| | 发酵乳 | 风味发酵乳 | |
| 色泽 | 色泽均匀一致，呈乳白色或微黄色 | 具有与添加成分相符的色泽 | 取适量试样置于 50mL 烧杯中，在自然光下观察色泽和组织状态。闻其气味，用温开水漱口，品尝滋味 |
| 滋味、气味 | 具有发酵乳特有的滋味、气味 | 具有与添加成分相符的滋味和气味 | |
| 组织状态 | 组织细腻、均匀，允许有少量乳清析出；风味发酵乳具有添加成分特有的组织状态 | | |

**二、理化指标**

理化指标检验的项目、方法和指标应符合表 4-2 要求。

表 4-2　理化指标

| 项目 | 指标 | | 检验方法 |
|---|---|---|---|
| | 发酵乳 | 风味发酵乳 | |
| 脂肪[①]/(g/100g) ≥ | 3.1 | 2.5 | GB 5413.3 |
| 非脂乳固体/(g/100g) ≥ | 8.1 | — | GB 5413.39 |
| 蛋白质/(g/100g) ≥ | 2.9 | 2.3 | GB 5009.5 |
| 酸度/°T ≥ | 70.0 | | GB 5413.34 |

① 仅适用于全脂产品。

### 三、微生物限量

微生物指标的检验方法和指标要求应符合表 4-3 的规定。

表 4-3　微生物限量

| 项　目 | 采样方案① 及限量（若非指定，均以 CFU/g 或 CFU/mL 表示） | | | | 检验方法 |
| --- | --- | --- | --- | --- | --- |
| | n | c | m | M | |
| 大肠菌群 | 5 | 2 | 1 | 5 | GB 4789.3 平板计数法 |
| 金黄色葡萄球菌 | 5 | 0 | 0/25g(mL) | — | GB 4789.10 定性检验 |
| 沙门菌 | 5 | 0 | 0/25g(mL) | — | GB 4789.4 |
| 酵母　≤ | 100 | | | | GB 4789.15 |
| 霉菌　≤ | 30 | | | | |

① 样品的分析及处理按 GB 4789.1 和 GB 4789.18 执行。

## 酵母菌的测定

（一）仪器、材料、培养基和试剂

冰箱：2～5℃；恒温培养箱：28℃±1℃；均质器，恒温振荡器，显微镜：10×～100×；电子天平：感量 0.1g；无菌锥形瓶：容量 500mL、250mL；无菌广口瓶：500mL；无菌吸管：1mL（具 0.01mL 刻度）和 10mL（具 0.1mL 刻度）；无菌平皿：直径 90mm；无菌试管：10mm×75mm；无菌牛皮纸袋，塑料袋；马铃薯-葡萄糖-琼脂培养基，孟加拉红培养基。

（二）操作步骤

1. 样品的稀释

① 以无菌吸管吸取 25mL 样品至盛有 225mL 无菌蒸馏水的锥形瓶（可在瓶内预置适当数量的无菌玻璃珠）中，充分混匀，制成 1∶10 的样品匀液。

② 取 1mL 1∶10 稀释液注入含有 9mL 无菌水的试管中，另换一支 1mL 无菌吸管反复吹吸，此液为 1∶100 稀释液。

③ 制备 10 倍系列稀释样品匀液。每递增稀释一次，换用 1 次 1mL 无菌吸管。

④ 根据对样品污染状况的估计，选择 2～3 个适宜稀释度的样品匀液（液体样品可包括原液），在进行 10 倍递增稀释的同时，每个稀释度分别吸取 1mL 样品匀液于 2 个无菌平皿内。同时分别取 1mL 样品稀释液加入 2 个无菌平皿作空白对照。

⑤ 及时将 15～20mL 冷却至 46℃的马铃薯-葡萄糖-琼脂或孟加拉红培养基（可放置于 46℃±1℃恒温水浴箱中保温）倾注平皿，并转动平皿使其混合均匀。

2. 培养

待琼脂凝固后，将平板倒置，28℃±1℃培养 5d，观察并记录。

3. 菌落计数

肉眼观察，必要时可用放大镜，记录各稀释倍数和相应的霉菌和酵母数。以菌落形成单位（CFU）表示。

选取菌落数在 10～150 CFU 的平板，根据菌落形态分别计数霉菌和酵母数。霉菌蔓延生长覆盖整个平板的可记录为多不可计。菌落数应采用两个平板的平均数。

4. 结果与报告

计算两个平板的菌落数的平均值，在将平均值乘以相应稀释倍数计算。

## 乳酸菌数的测定

乳酸菌数的检验方法和限量要求应符合表 4-4 的要求。

**表 4-4 乳酸菌数**

| 项　目 | | 限量/[CFU/g(mL)] | 检验方法 |
|---|---|---|---|
| 乳酸菌数[①] | ≥ | $1 \times 10^6$ | GB 4789.35 |

① 发酵后经热处理的产品对乳酸菌数不作要求。

（一）仪器、试剂及培养基

冰箱：0～4℃；恒温培养箱：36℃±1℃；恒温水浴锅：46℃±1℃；显微镜：10×～100×；均质器或灭菌乳钵；架盘药物天平：感量 0.1～500g，精确至 0.5g；无菌锥形瓶：容量 500mL；无菌广口瓶：500mL；无菌吸管：1mL（具 0.01mL 刻度）和 10mL（具 0.1mL 刻度）；无菌平皿：直径 90mm；灭菌刀，剪，镊子；改良 TJA 培养基（改良番茄汁琼脂培养基）；改良 MC 培养基；0.1％美蓝牛乳培养基；6.5％氯化钠肉汤；pH9.6 葡萄糖肉汤；40％胆汁肉汤；淀粉水解培养基；精氨酸水解培养基；七叶苷培养基；革兰染色液；3％过氧化氢溶液；蛋白胨水；靛基质试剂；明胶培养基；硝酸盐培养基；硝酸盐试剂；0.85％灭菌生理盐水。

（二）样品制备

① 样品的全部制备过程均应遵循无菌操作程序。

② 应先将样品充分摇匀后以无菌吸管吸取样品 25mL 放入装有 225mL 生理盐水的无菌锥形瓶（瓶内预置适当数量的无菌玻璃珠）中，充分振摇，制成 1∶10 的样品匀液。

（三）步骤

① 用 1mL 无菌吸管或微量移液器吸取 1∶10 样品匀液 1mL，沿管壁缓慢注于装有 9mL 生理盐水的无菌试管中（注意吸管尖端不要触及稀释液），振摇试管或换用 1 支无菌吸管反复吹打使其混合均匀，制成 1∶100 的样品匀液。

② 另取 1mL 无菌吸管或微量移液器吸头，按上述操作顺序，做 10 倍递增样品匀液，每递增稀释一次，即换用 1 次 1mL 灭菌吸管或吸头。

③ 乳酸菌计数

根据待检样品活菌总数的估计，选择 2～3 个连续的适宜稀释度，每个稀释度吸取 0.1mL 样品匀液分别置于 2 个 MRS 琼脂平板，使用 L 形棒进行表面涂布。36℃±1℃，厌氧培养 48h±2h 后计数平板上的所有菌落数。从样品稀释到平板涂布要求在 15min 内完成。

（四）菌落计数

可用肉眼观察，必要时用放大镜或菌落计数器，记录稀释倍数和相应的菌落数量。菌落计数以菌落形成单位（CFU）表示。

① 选取菌落数在 30～300CFU 之间、无蔓延菌落生长的平板计数菌落总数。低于 30CFU 的平板记录具体菌落数，大于 300CFU 的可记录为多不可计。每个稀释度的菌落数应采用两个平板的平均数。

② 其中一个平板有较大片状菌落生长时，则不宜采用，而应以无片状菌落生长的平板作为该稀释度的菌落数；若片状菌落不到平板的一半，而其余一半中菌落分布又很均匀，即

可计算半个平板后乘以 2，代表一个平板菌落数。

③ 当平板上出现菌落间无明显界线的链状生长时，则将每条单链作为一个菌落计数。

（五）结果的表述

① 若只有一个稀释度平板上的菌落数在适宜计数范围内，则计算两个平板菌落数的平均值，再将平均值乘以相应稀释倍数，作为每克（毫升）中菌落总数结果。

② 若有两个连续稀释度的平板菌落数在适宜计数范围内时，按下式计算：

$$N = \frac{\sum C}{(n_1 + 0.1 n_2)d}$$

式中　$N$——样品中菌落数；

$\sum C$——平板（含适宜范围菌落数的平板）菌落数之和；

$n_1$——第一稀释度（低稀释倍数）平板个数；

$n_2$——第二稀释度（高稀释倍数）平板个数；

$d$——稀释因子（第一稀释度）。

③ 若所有稀释度的平板上菌落数均大于 300CFU，则对稀释度最高的平板进行计数，其他平板可记录为多不可计，结果按平均菌落数乘以最高稀释倍数计算。

④ 若所有稀释度的平板菌落数均小于 30CFU，则应按稀释度最低的平均菌落数乘以稀释倍数计算。

⑤ 若所有稀释度（包括液体样品原液）平板均无菌落生长，则以小于 1 乘以最低稀释倍数计算。

⑥ 若所有稀释度的平板菌落数均不在 30～300CFU 之间，其中一部分小于 30CFU 或大于 300CFU 时，则以最接近 30CFU 或 300CFU 的平均菌落数乘以稀释倍数计算。

（六）菌落数的报告

① 菌落数小于 100CFU 时，按"四舍五入"原则修约，以整数报告。

② 菌落数大于或等于 100CFU 时，第 3 位数字采用"四舍五入"原则修约后，取前 2 位数字，后面用 0 代替位数；也可用 10 的指数形式来表示，按"四舍五入"原则修约后，采用两位有效数字。

③ 称重取样以 CFU/g 为单位报告，体积取样以 CFU/mL 为单位报告。

 **任务总结**

随着社会发展，人们对酸奶营养保健功能的认识逐步提高，酸奶的消费量逐年增加。如何生产高质量的搅拌型酸奶产品，如何对搅拌型酸奶产品进行科学合理的检测成为一个重要问题。本任务以搅拌型酸奶的加工工艺为主要内容，并着重对搅拌型酸奶常见的质量缺陷及控制措施进行详细的介绍。对于检测技术的介绍则以通俗易懂为目标，没有进行过于繁杂的叙述。以期通过本任务的学习和实践，学生能够掌握搅拌型酸奶的生产加工工艺以及检测技术。

 **知识考核**

**一、名词解释**

1. 酸奶；2. 搅拌型酸奶

**二、填空**

1. 按成品的组织状态分类，酸奶可分为_____和_____。

2. 按菌种组成和特点分类，酸奶可分为_____和_____。

3. 按发酵剂制备过程分类，酸奶可分为_____、_____和_____。

**三、选择题**

1. 在酸奶加工过程中，果胶的添加量不能超过（　　　　），相当于在成品中含 0.05%～0.005% 的果胶。

    A. 0.10%　　　　　　B. 0.15%　　　　　　C. 0.20%

2. 一般酸乳发酵终点酸度为（　　　　）以上。

    A. 50　　　　　　　　B. 60　　　　　　　　C. 80

3. 一般酸乳发酵终点 pH 值低于（　　　　）。

    A. 4.6　　　　　　　B. 8.6　　　　　　　C. 10.0

**四、判断题**

1. 试验证明，6.5% 的加糖量可使口味最佳，也不影响乳酸菌的生长。　　　　　　　　（　　　）

2. 典型的搅拌型酸奶生产的培养时间为 2.5～3h，42～43℃。　　　　　　　　　　　（　　　）

3. 用作发酵乳的脱脂乳质量必须高，无抗生素、防腐剂。脱脂奶粉可提高干物质含量，改善产品组织状态，促进乳酸菌产酸，一般添加量为 8%～10%。　　　　　　　　　　　　　　　　（　　　）

**五、简答题**

1. 用于加工酸奶的原料乳有哪些质量要求？

2. 加工酸奶的原料乳进行热处理的目的是什么？

3. 酸奶发酵终点如何进行判断？

4. 酸奶发生砂化的原因是什么？

# 任务二　凝固型酸奶的加工及检测

## 能力目标

1. 学会进行凝固型酸奶加工工艺流程与原辅料的选择。

2. 掌握凝固型酸奶质量检测的技术、方法。

3. 能处理凝固型酸奶加工中出现的问题并提出解决方案。

## 知识目标

1. 理解凝固型酸奶加工的基础理论知识。

2. 学会凝固型酸奶发酵的机制与工艺参数。

3. 掌握凝固型酸奶加工各步骤的操作要点。

4. 掌握凝固型酸奶质量检测的理论知识。

## 知识准备

凝固型酸奶的生产工艺中，从原料乳验收一直到接种，基本与搅拌型酸奶相同。两者最大的区别在于在接种发酵剂后，凝固型酸奶是先灌装于小型包装容器中然后发酵，而搅拌型酸奶是先在大罐中发酵然后再灌装。

**生产实例及规程**

## 一、凝固型酸奶工艺流程

稳定剂、糖等　　　　　　　　　　生产发酵剂

原料乳→净化→标准化→配料→浓缩→预热、均质→杀菌→冷却→接种→灌装→发酵→冷却→冷藏后熟

## 二、操作规程和工艺要求

### 1. 灌装

接种后经充分搅拌的牛乳应立即连续地灌装到零售容器中。零售容器主要有玻璃瓶、塑杯和纸盒。玻璃瓶的主要特点是能很好地保持酸乳的组织状态，容器没有有害的浸出物质，但运输比较沉重，回收、清洗、消毒麻烦。而塑杯和纸盒虽然不存在上述缺点，但在凝固型酸乳"保形"方面却不如玻璃瓶。

### 2. 发酵

灌装结束后，运到发酵室进行发酵。采用保加利亚乳杆菌与嗜热链球菌混合发酵，一般在 42～43℃发酵 2.5～4h 左右；采用保加利亚乳杆菌与乳酸链球菌温度混合发酵，一般在 33℃发酵 10h 左右。发酵终点的判断非常重要，是制作凝固型酸乳的关键技术之一，一般发酵终点应依据如下条件来判断。

① 滴定酸度达到 80°T 以上，但酸度的高低还要取决于当地消费者的喜好，在实际生产中，发酵时间的确定还应考虑一个冷却的过程，在此过程中，酸乳的酸度还会继续上升。

② pH 低于 4.6。

③ 表面有少量水痕。

发酵过程中应注意避免振动，否则会影响其组织状态；发酵温度应恒定，避免忽高忽低；掌握好发酵时间，防止酸度不够或过度以及乳清析出。

### 3. 冷却

冷却的目的是为了终止发酵过程，迅速而有效地抑制酸乳中乳酸菌的生长，使酸乳的特征（质地、口味、酸度等）达到所设定的要求。冷却过程可分成 4 个阶段。

① 第一阶段是称作休克冷却导入期，温度从 42～45℃下降到 35～38℃。这个时期的冷却是为了有效而迅速地降低乳酸菌的增殖速度，所以可采用迅速高强度的降温方法，这样的休克冷却适合于冷却销售用小容器中的酸乳。

② 第二阶段是从 35～38℃降低到 19～20℃的冷却阶段。这一阶段的主要目的完全是阻止乳酸菌的生长，乳酸杆菌比乳酸球菌对冷却敏感，所以前者首先受到抑制。

③ 第三阶段是从 19～20℃降低到 10～12℃的过程。这阶段的冷却目的是有效地降低乳酸发酵的速度，抑制酶的作用。乳糖的转化在 15℃就发生本质性的改变，10～12℃可完全停止转化。

④ 第四阶段是指从 10～12℃降低到 5℃，甚至降低到 0℃的阶段，这实际是指在冷藏阶段的冷却，5℃是霉菌和酵母菌能生长的温度下限。

### 4. 冷藏及后熟

冷藏温度一般在 2～7℃。酸乳固形物高，蛋白质发生了一定程度的分解，所以冰点的平均温度更低，天然酸乳的冰点是−1℃，风味酸乳的冰点更低一些。为了把酶的变化和其他生物化学变化抑制到最小限度，最好在 0℃或再低一点的温度下进行冷藏，特别是长时间

贮藏可控制在-1.2~-0.8℃。

冷却还有促进香味物质产生、改善酸乳硬度的作用。香味物质的高峰期一般是在酸乳制做完成之后的第4h，但有人研究的结果显示这个时间还要长，特别是要形成酸乳的良好风味是多种风味物质相互平衡的结果，一般是12~24h完成，这段时间称作后熟期，影响后熟的主要因素有开始冷却时的pH值、进行冷却的技术手段和发酵剂的活性。酸乳发酵凝固后，必须冷藏24h再出售，一般最长冷藏期为1个星期。

### 三、凝固型酸奶的实验室加工实例

**（一）材料、仪器及设备**

500~1000mL三角瓶或小乳桶1支、50~100mL灭菌量筒2个、灭菌的特制酸凝乳瓶2个、灭菌勺1个、温度计1支、玻璃棒1个、酸凝乳发酵剂1瓶、原料乳500mL。

**（二）工艺流程**

原料乳→均质→杀菌→冷却→加发酵剂→装瓶→发酵→冷藏→成品

**（三）操作要点**

① 将原料乳均质后滤入（大）三角瓶或小乳桶中，置于水浴上加热杀菌（90℃、30min）。

② 放入冷水中冷却至45℃。

③ 先用洁净的灭菌勺，将发酵剂表层2~3cm去掉，再用灭菌玻璃棒搅匀。

④ 用洁净灭菌量筒取乳量3%的生产发酵剂，先用等量灭菌乳混匀后倒入冷却乳中，充分混匀。

⑤ 加发酵剂混匀后尽快分装于灭菌的酸乳瓶中，再用纸包好瓶口。

⑥ 置于42℃恒温箱中培养发酵3~4h，发酵结束后在5℃下贮存。

**（四）注意事项**

① 本法采用先加发酵剂后分装的发酵方法，故加发酵剂后应尽快分装完毕。

② 做到无菌操作，防止二次污染。

 **质量标准及检验**

凝固型酸奶成品检验标准与搅拌型酸奶的成品质量标准一致，都应符合GB 19302—2010。详见本项目任务一。

 **任务总结**

酸奶按成品的组织状态分类，可分为：凝固型酸乳和搅拌型酸乳两种。如何生产高质量的凝固型酸奶产品，如何对凝固型酸奶产品进行科学合理的检测非常重要。由于凝固型酸奶和搅拌型酸奶在前期原料处理、杀菌、冷却直至接种工艺均相同，只是在后期灌装及发酵等工艺有所区别，因此两种酸奶的生产质量控制，工艺操作也基本相似。通过本任务的学习和实践，学生能够掌握凝固型酸奶与搅拌型酸奶的工艺区别，以及凝固型酸奶的生产加工工艺以及检测技术。

 **知识考核**

**一、名词解释**

1. 凝固型酸奶；2. 发酵剂

**二、填空**

1. 按使用发酵剂的目的分类，酸奶可分为_____和_____。

2. 酸奶生产均质所采用的压力以_____MPa 为好。

**三、选择题**

1. 生产酸乳的原料乳必须是高质量的，要求酸度在（　　　　）°T 以下。

　　A. 18　　　　　　B. 20　　　　　　C. 22

2. 生产酸乳的原料乳必须是高质量的，要求杂菌数不高于（　　　　）×10⁴ CFU/mL，总干物质含量不得低于 11.5%。

　　A. 50　　　　　　B. 60　　　　　　C. 70

**四、判断题**

1. 根据研究，加工酸奶的原料乳最佳热处理条件是 70～75℃ 30min。　　　　　　　　　　（　　　）

2. 发酵好的凝固酸乳，应立即移入 0～4℃的冷库中，迅速抑制乳酸菌的生长，以免继续发酵造成酸度升高。　　　　　　　　　　　　　　　　　　　　　　　　　　　　　　　　　　　　　　　　　　（　　　）

**五、简答题**

1. 酸奶出现凝固性差的原因是什么？

2. 酸奶出现乳清析出是由哪些原因造成的？

3. 酸奶出现风味不佳的原因有哪些？

# 项目五　冷饮的加工及检测

冷冻饮品是以饮用水、甜味料、乳品、果品、豆品、食用油脂等为主要原料，加入适量的香料、着色剂、稳定剂、乳化剂等食品添加剂，经配料、灭菌凝冻而制成的冷冻固态饮品。按照 SB/T 10007—2008《冷冻饮品分类标准》规定，冷冻饮品可分为：冰淇淋、雪糕、冰棒、雪泥、甜味冰和食用冰。

## 任务一　奶油冰淇淋的加工及检测

### 能力目标

1. 学会进行奶油冰淇淋加工工艺流程与原辅料的选择。
2. 掌握奶油冰淇淋质量检测的技术、方法。
3. 能处理奶油冰淇淋加工中出现的问题并提出解决方案。

### 知识目标

1. 学会奶油冰淇淋加工的基础理论知识。
2. 熟悉奶油冰淇淋制作与工艺参数。
3. 掌握奶油冰淇淋加工各步骤的操作要点。
4. 掌握奶油冰淇淋质量检测的理论知识及技术。

### 知识准备

**一、基本概念**

1. 冰淇淋（ice cream）

是以饮用水、牛奶、奶粉、奶油（或植物油脂）、食糖等为主要原料，加入适量食品添加剂，经混合、灭菌、均质、老化、凝冻、硬化等工艺制成的体积膨胀的冷冻产品。

2. 非脂乳固体（nonfat milk solids）

是牛乳总固形物除去脂肪后所剩余的蛋白质、乳糖及矿物质的总称。

3. 乳化剂（emulsifiers）

是一种分子中具有亲水基和亲油基，并易在水与油的界面形成吸附层的表面活性剂，可使一相很好地分散于另一相中而形成稳定的乳化液。

4. 混合料

将冰淇淋的各种原料以适当的比例加以混合，即称为冰淇淋混合料，简称为混合料。

5. 老化（aging）

是将经均质、冷却后的混合料置于老化缸中，在 2～4℃ 的低温下使混合料在物理上成熟的过程，亦称为"成熟"或"熟化"。

6. 冷却（cooling）

是使物料降低温度的过程。

7. 冰淇淋的膨胀率（overrun）

指冰淇淋混合原料在凝冻时，由于均匀混入许多细小的气泡，使制品体积增加的百分率。

8. 雪糕（ice cream bar）

是以饮用水、乳品、食糖、食用油脂等为主要原料，添加适量增稠剂、香料，经混合、灭菌、均质或轻度凝冻、注模、冻结等工艺制成的冷冻产品。

9. 雪泥（ice frost）

又称冰霜，是以饮用水、食糖等为主要原料，添加增稠剂、香料，经混合、灭菌、凝冻和低温炒制等工艺制成的松软冰雪状的冷冻饮品。

## 二、冰淇淋的种类

### 1. 按脂肪含量分类

分为甲、乙、丙、丁四种，其中甲种冰淇淋含脂率在 $14\%\sim16\%$，总固形物在 $37\%\sim41\%$；乙种冰淇淋含脂率在 $10\%\sim12\%$，总固形物在 $35\%\sim39\%$；丙种冰淇淋含脂率在 $8\%$ 左右，总固形物在 $34\%\sim37\%$；丁种冰淇淋含脂率在 $3\%$ 左右，总固形物在 $32\%\sim33\%$。

### 2. 按原料和辅料分类

香料冰淇淋、水果冰淇淋、果仁冰淇淋、布丁冰淇淋、紫雪糕。

又可分为完全用乳与乳制品制作的冰淇淋（牛奶冰淇淋）、含有植物油的冰淇淋及冰棍（含脂率及干物质较低）等。

## 三、乳品冷饮原辅料及作用

### 1. 水（water）

水是乳品冷饮生产中不可缺少的一种重要原料。对于冰淇淋来说，其水分主要来源于各种原料，如鲜牛奶、植物油脂、炼乳、稀奶油、果汁、鸡蛋等，还需要添加大量的饮用水。

### 2. 脂肪（fat）

脂肪对冰淇淋、雪糕有很重要的作用。

① 为乳品冷饮提供丰富的营养及热能。

② 影响冰淇淋、雪糕的组织结构。

由于脂肪在凝冻时形成网状结构，赋予冰淇淋、雪糕特有的细腻润滑的组织和良好的质构。

③ 乳品冷饮风味的主要来源。由于油脂中含有许多风味物质，通过与乳品冷饮中蛋白质及其他原辅料作用，赋予乳品冷饮独特的芳香风味。

④ 增加冰淇淋、雪糕的抗融性。在冰淇淋、雪糕成分中，水所占比例相当大，它的许多物理性质对冰淇淋、雪糕质量影响也大，一般油脂熔点在 $24\sim50$℃，而冰的熔点为 $0$℃，因此适当添加油脂，可以增加冰淇淋、雪糕的抗融性，延长冰淇淋、雪糕的货架寿命。冰淇淋中油脂含量在 $8\%\sim12\%$ 最为适宜，雪糕中含量在 $2\%$ 以上。如使用量低于此范围，不仅影响冰淇淋的风味，而且使冰淇淋的发泡性降低。如高于此范围，就会使冰淇淋、雪糕成品形体变得过软。乳脂肪的来源有稀奶油、奶油、鲜奶、炼乳、全脂奶粉等，但由于乳脂肪价格昂贵，目前普遍使用相当量的植物脂肪来取代乳脂肪，主要有起酥油、人造奶油、棕榈

油、椰子油等，其熔点性质应类似于乳脂肪，在 28～32℃之间。

3. 非脂乳固体 （solids-not-fat）

其中蛋白质具有水合作用，在均质过程中它与乳化剂一同在生成的小脂肪球表面形成稳定的薄膜，确保油脂在水中的乳化稳定性，同时在凝冻过程中促使空气很好地混入，并能防止乳品冷饮制品中冰结晶的扩大使质地润滑。乳糖的柔和甜味及矿物质的隐约盐味，将赋予制品显著风味特征。

限制非脂乳固体使用量的主要原因在于防止其中的乳糖呈过饱和而渐渐结晶析出砂状沉淀，一般推荐其最大用量不超过制品中水分含量的 16.7％。非脂乳固体可以由鲜牛乳、脱脂乳、乳酪、炼乳、乳粉、酸乳、乳清粉等提供。冷饮食品中的非脂乳固体，以鲜牛乳及炼乳为最佳。若全部采用乳粉或其他乳制品配制，由于其蛋白质的稳定性较差，会影响组织的细腻与冰淇淋、雪糕的膨胀率，易导致产品收缩，特别是溶解度不良的乳粉，则更易降低产品质量。

4. 甜味料 （sweetener）

甜味料具有提高甜味、充当固形物、降低冰点、防止冰的再结晶等作用，对产品的色泽、香气、滋味、形态、质构和保藏起着极其重要的影响。蔗糖为最常用的甜味剂，一般用量为 15％左右，过少会使制品甜味不足，过多则缺乏清凉爽口的感觉，并使料液冰点降低（一般增加 2％的蔗糖则其冰点相对降低 0.22℃），凝冻时膨胀率不易提高，易收缩，成品容易融化。蔗糖还能影响料液的黏度，控制冰晶的增大。较低 DE 值的淀粉糖浆能使乳品冷饮玻璃化转变温度提高，降低制品中冰晶的生长速率。鉴于淀粉糖浆的抗结晶作用，乳品冷饮生产厂家常以淀粉糖浆部分代替蔗糖，一般以代替蔗糖的 1/4 为好，蔗糖与淀粉糖两者并用时，则制品的组织、贮运性能将更佳。

随着现代人们对低糖、无糖乳品冷饮的需求以及改进风味、增加品种或降低成本的需要，除常用的甜味料白砂糖、淀粉糖浆外，很多甜味料如蜂蜜、转化糖浆、阿斯巴甜、阿力甜、安赛蜜、甜蜜素、甜叶菊糖、罗汉果甜苷、山梨糖醇、麦芽糖醇、葡聚糖 （PD） 等普遍被配合使用。

5. 乳化剂 （emulsifier）

乳品冷饮混合料中加入乳化剂除了有乳化作用外，还有其他作用。

① 使脂肪呈微细乳浊状态，并使之稳定化。

② 分散脂肪球以外的粒子并使之稳定化。

③ 增加室温下产品的耐热性，也就是增强了其抗融性和抗收缩性。

④ 防止或控制粗大冰晶形成，使产品组织细腻。

乳品冷饮中常用的乳化剂有甘油-脂肪酸酯 （单甘酯）、蔗糖脂肪酸酯 （蔗糖酯）、聚山梨酸酯 （Tween）、山梨醇酐脂肪酸酯 （Span）、丙二醇脂肪酸酯 （PG 酯）、卵磷脂、大豆磷脂、三聚甘油硬脂酸单甘酯等。乳化剂的添加量与混合料中脂肪含量有关，一般随脂肪量增加而增加，其范围在 0.1％～0.5％之间，复合乳化剂的性能优于单一乳化剂。鲜鸡蛋与蛋制品，由于其含有大量的卵磷脂，具有永久性乳化能力，因而也能起到乳化剂的作用。

6. 稳定剂 （stabilizers）

稳定剂又称安定剂，具有亲水性，因此能提高料液的黏度及乳品冷饮的膨胀率，防止大冰结晶的产生，减少粗糙的感觉，对乳品冷饮产品融化作用的抵抗力亦强，使制品不易融化和再结晶，在生产中能起到改善组织状态的作用。

稳定剂的种类很多，较为常用的有明胶、琼脂、果胶、CMC、瓜尔豆胶、黄原胶、卡拉胶、海藻胶、藻酸丙二醇酯、魔芋胶、变性淀粉等。稳定剂的添加量是依原料的成分组成而变化，尤其是依总固形物含量而异，一般在 0.1%～0.5% 左右。

7. 香味剂（flavouring additites）

香味剂能赋予乳品冷饮产品以醇和的香味，增进其食用价值。按其风味种类分为：果蔬类、干果类、奶香类；按其溶解性分为：水溶性和脂溶性。

香精可以单独或搭配使用。香气类型接近的较易搭配，反之较难，如水果与奶类、干果与奶类易搭配；而干果类与水果类之间则较难搭配。一般在冷饮中用量为 0.075%～0.1%。除了用上述香精调香外，亦可直接加入果仁、鲜水果、鲜果汁、果冻等，进行调香调味。

8. 着色剂（colouring agents）

有协调色泽，改善乳品冷饮的感官品质，大大增进人们食欲的作用。乳品冷饮调色时，应选择与产品名称相适应的着色剂，在选择使用色素时，应首先考虑符合添加剂卫生标准。调色时以淡薄为佳，常用的着色剂有红曲色素、姜黄色素、叶绿素铜钠盐、焦糖色素、红花黄、$\beta$-胡萝卜素、辣椒红、胭脂红、柠檬黄、日落黄、亮蓝等。

 **生产实例及规程**

### 一、冰淇淋生产工艺流程

原辅料混合→杀菌→均质→冷却→成熟（老化）→凝冻→（硬化）包装→冷藏

### 二、生产过程和工艺要求

（一）原辅料混合

混合料的配制包括标准化和混合两个步骤。

1. 混合料的标准

冰淇淋原辅料虽然有不同的原辅料选择，但标准的冰淇淋组成大致在下列范围：脂肪8%～14%，全脂乳干物质 8%～12%，蔗糖 13%～15%，稳定剂 0.3%～0.5%。

2. 混合料配合比例计算

按照冰淇淋标准和质量的要求，选择冰淇淋原料，而后依据原料成分计算各种原料的需要量。

例：今有无盐奶油（脂肪 83%）、脱脂奶粉（干物质 95%）、蔗糖、明胶及水为原料，配合含脂肪 8%、无脂干物质 11.0%、蔗糖 15.0%、明胶 0.5% 的冰淇淋混合料 100kg，计算其配合比例。经计算得到组成混合料的原料为：

蔗糖 15kg，明胶 0.5kg，奶油 100×0.08÷0.83＝9.6kg，脱脂奶粉 100×0.01÷0.95＝11.6kg，水 100－（15＋0.5＋9.6＋11.6）＝63.3kg。

3. 原辅料的混合

原辅料质量好坏直接影响冰淇淋质量，所以各种原辅料必须严格按照质量要求进行检验，不合格者不许使用。按照规定的产品配方，核对各种原材料的数量后，即可进行配料。配制时要求如下。

① 原料混合的顺序宜从浓度低的液体原料如牛乳等开始，其次为炼乳、稀奶油等液体原料，再次为砂糖、乳粉、乳化剂、稳定剂等固体原料，最后以水做容量调整。

② 混合溶解时的温度通常为 40～50℃。

③ 鲜乳要经 100 目筛进行过滤、除去杂质后再泵入缸内。

④ 乳粉在配制前应先加温水溶解，并经过过滤和均质再与其他原料混合。

⑤ 砂糖应先加入适量的水，加热溶解成糖浆，经 160 目筛过滤后泵入缸内。

⑥ 人造黄油、硬化油等使用前应加热融化或切成小块后加入。

⑦ 冰淇淋复合乳化、稳定剂可与其 5 倍以上的砂糖拌匀后，在不断搅拌的情况下加入到混合缸中，使其充分溶解和分散。

⑧ 鸡蛋应与水或牛乳以 1∶4 的比例混合后加入，以免蛋白质变性凝固。

⑨ 明胶、琼脂等先用水泡软，加热使其溶解后加入。

⑩ 淀粉原料使用前要加入其量的 8～10 倍的水并不断搅拌制成淀粉浆，通过 100 目筛过滤，在搅拌的前提下徐徐加入配料缸内，加热糊化后使用。

（二）混合料的杀菌

通过杀菌可以杀灭料液中的一切病原菌和绝大部分的非病原菌，以保证产品的安全性、卫生指标，延长冰淇淋的保质期。杀菌温度和时间的确定，主要看杀菌的效果，过高的温度与过长的时间不但浪费能源，而且还会使料液中的蛋白质凝固、产生蒸煮味和焦味、维生素受到破坏而影响产品的风味及营养价值。通常间歇式杀菌的杀菌温度和时间为 75～77℃、20～30min，连续式杀菌的杀菌温度和时间为 83～85℃、15s。

（三）混合料的均质

1. 均质的目的

① 冰淇淋的混合料本质上是一种乳浊液，里面含有大量粒径为 4～8μm 的脂肪球，这些脂肪粒与其他成分的密度相差较大，易于上浮，对冰淇淋的质量十分不利，故必须加以均质使混合原料中的乳脂肪球变小。由于细小的脂肪球互相吸引使混合料的黏度增加，均质能防止凝冻时乳脂肪被搅成奶油粒，以保证冰淇淋产品组织细腻。

② 通过均质作用，强化酪蛋白胶粒与钙及磷的结合，使混合料的水合作用增强。

③ 适宜的均质条件是改善混合料起泡性，获得良好组织状态及理想膨胀率冰淇淋的重要因素。

④ 均质后制得的冰淇淋，组织细腻，形体润滑松软，具有良好的稳定性和持久性。

2. 均质的条件

（1）均质压力的选择　压力的选择应适当。压力过低时，脂肪粒没有被充分粉碎，乳化不良，影响冰淇淋的形体；而压力过高时，脂肪粒过于微小，使混合料黏度过高，凝冻时空气难以混入，给膨胀率带来影响。合适的压力，可以使冰淇淋组织细腻、形体松软润滑，一般说来选择压力为 14.7～17.6MPa。

（2）均质温度的选择　均质温度对冰淇淋的质量也有较大的影响。当均质温度低于 52℃时，均质后混合料黏度高，对凝冻不利，形体不良；而均质温度高于 70℃时，凝冻时膨胀率过大，亦有损于形体。一般较合适的均质温度是 65～70℃。

（四）混合料的冷却与老化

1. 冷却

均质后的混合料温度在 60℃以上。在这么高的温度下，混合料中的脂肪粒容易分离，需要将其迅速冷却至 0～5℃后输入到老化缸（冷热缸）进行老化。

2. 老化

其实质在于脂肪、蛋白质和稳定剂的水合作用，稳定剂充分吸收水分使料液黏度增加。

老化期间的物理变化导致以后的凝冻操作使搅打出的液体脂肪增加，随着脂肪的附聚和凝聚促进了空气的混入，并使搅入的空气泡稳定，从而使冰淇淋具有细致、均匀的空气泡分散，赋予了冰淇淋细腻的质构，增加了冰淇淋的融化阻力，提高了冰淇淋贮藏的稳定性。老化操作的参数主要为温度和时间。随着温度的降低，老化的时间也将缩短。如在 $2\sim4℃$ 时，老化时间需 4h；而在 $0\sim1℃$ 时，只需 2h。若温度过高，如高于 6℃，则时间再长也难有良好的效果。混合料的组成成分与老化时间有一定关系，干物质越多，黏度越高，老化时间越短。一般说来，老化温度控制在 $2\sim4℃$，时间为 $6\sim12h$ 为佳。

为提高老化效率，也可将老化分两步进行。首先，将混合料冷却至 $15\sim18℃$，保温 $2\sim3h$，此时混合料中的稳定剂得以充分与水化合，提高水化程度；然后，将其冷却到 $2\sim4℃$，保温 $3\sim4h$，这可大大提高老化速度，缩短老化时间。

（五）冰淇淋的凝冻

冰淇淋的组织状态是固相、气相、液相的复杂结构，在液相中有直径 $150\mu m$ 左右的气泡和大约 $50\mu m$ 大小的冰晶，此外还分散有 $2\mu m$ 以下的脂肪球、乳糖结晶、蛋白颗粒和不溶性的盐类等。由于稳定剂和乳化剂的存在，使分散状态均匀细腻，并具有一定形状。在冰淇淋生产中，凝冻过程是将混合料置于低温下，在强制搅拌下进行冰冻，使空气以极微小的气泡状态均匀分布于混合料中，使物料形成细微气泡密布、体积膨胀、凝结体组织疏松的过程。

1. 凝冻的目的

（1）使混合料更加均匀　由于经均质后的混合料，还需添加香精、色素等，在凝冻时由于搅拌器的不断搅拌，使混合料中各组分进一步混合均匀。

（2）使冰淇淋组织更加细腻　凝冻是在 $-2\sim-6℃$ 的低温下进行的，此时料液中的水分会结冰，但由于搅拌作用，水分只能形成 $4\sim10\mu m$ 的均匀小结晶，而使冰淇淋的组织细腻、形体优良、口感滑润。

（3）使冰淇淋得到合适的膨胀率　在凝冻时，由于不断搅拌及空气的逐渐混入，使冰淇淋体积膨胀而获得优良的组织和形体，使产品更加适口、柔润和松软。

（4）使冰淇淋稳定性提高　由于凝冻后，空气气泡均匀地分布于冰淇淋组织之中，能阻止热传导的作用，可使产品抗融化作用增强。

（5）可加速硬化成型进程　由于搅拌凝冻是在低温下操作，因而能使冰淇淋料液冻结成为具有一定硬度的凝结体，即凝冻状态，经包装后可较快硬化成型。

2. 凝冻的过程

冰淇淋料液的凝冻过程大体分为以下三个阶段。

（1）液态阶段　料液经过凝冻机凝冻搅拌一段时间（$2\sim3min$）后，料液的温度从进料温度（4℃）降低到 2℃。由于此时料液温度尚高，未达到使空气混入的条件，故称这个阶段为液态阶段。

（2）半固态阶段　继续将料液凝冻搅拌 $2\sim3min$，此时料液的温度降至 $-1\sim-2℃$，料液的黏度也显著提高。由于料液的黏度提高了，空气得以大量混入，料液开始变得浓厚而体积膨胀，这个阶段为半固态阶段。

（3）固态阶段　此阶段为料液即将形成软冰淇淋的最后阶段。经过半固态阶段以后，继续凝冻搅拌料液 $3\sim4min$，此时料液的温度已降低到 $-4\sim-6℃$，在温度降低的同时，空气继续混入，并不断地被料液层层包围，这时冰淇淋料液内的空气含量已接近饱和。整个料液体积的不断膨胀，料液最终成为浓厚、体积膨大的固态物质，此阶段即是固态阶段。

**3. 凝冻设备与操作**

凝冻机是混合料制成冰淇淋成品的关键设备，凝冻机按生产方式分为间歇式和连续式两种。冰淇淋凝冻机工作原理及操作如下。

（1）间歇式凝冻机　间歇式氨液凝冻机的基本组成部分有机座、带夹套的外包隔热层的圆形凝冻筒、装有刮刀的搅拌器、传动装置以及混合原料的贮槽等。

其工作原理为：开启凝冻机的氨阀（盐水阀）后，氨不断进入凝冻桶的夹套中进行循环，凝冻筒夹套内氨液的蒸发使凝冻圆筒内壁起霜，筒内混合原料由于搅拌器外轴支架上的两把刮刀与搅拌器中轴 Y 形搅拌器的相向反复搅刮作用，在被冻结时不断混入大量均匀分布的空气泡，同时料液从 2～4℃冷冻至－3～－6℃，进而形成体积膨松的冰淇淋。

（2）连续式凝冻机　连续式凝冻机的结构主要由立式搅刮器、空气混合泵、料箱、制冷系统、电器控制系统等部分组成。其工作原理为：制冷系统将液体制冷剂输入凝冻筒的夹套内，冰淇淋料浆经由空气混合泵混入空气后进入凝冻筒。

动力则由电动机经皮带降速后，通过联轴器带动刮刀轴套旋转，刮刀轴上的刮刀在离心力的作用下，紧贴凝冻筒的内壁做回转运动，由进料口输入的料浆经冷冻冻结在筒体内壁上就连续被刮削下来。同时新的料液又附在内壁上被凝结，随即又被刮削下来，周而复始、循环工作，刮削下来的冰淇淋半成品，经刮刀轴套上的许多圆孔进入轴套内，在偏心轴的作用下，使冰淇淋搅拌混合，质地均匀细洁。经搅拌混合的冰淇淋便在压力差的作用下，不断挤向上端。并克服膨胀阀弹簧的压力，打开膨胀阀阀门，送出冰淇淋成品（进入灌装头）。冰淇淋经膨胀阀后减压，其体积膨胀、质地疏松。

**4. 冰淇淋的膨胀率**

冰淇淋的膨胀率可用浮力法测定，即用冰淇淋膨胀率测定仪测量冰淇淋试样的体积，同时称取该冰淇淋试样的质量并用密度计测定冰淇淋混合原料（融化后冰淇淋）的密度，以体积百分率计算膨胀率。

$$X(\%) = \frac{V - V_1}{V_1} \times 100\% = \left(\frac{V}{m/\rho} - 1\right) \times 100\%$$

式中　$V$——冰淇淋试样的体积，$cm^3$；

　　　　$m$——冰淇淋试样的混合原料质量，g；

　　　　$\rho$——冰淇淋试样的混合原料密度，$g/cm^3$；

　　　　$V_1$——冰淇淋试样的混合原料体积（$m/\rho$），$cm^3$。

冰淇淋膨胀率并非是越大越好，膨胀率过高，组织松软，缺乏持久性；过低则组织坚实，口感不良。各种冰淇淋都有相应的膨胀率要求，控制不当会降低冰淇淋的品质。影响冰淇淋膨胀率的因素主要有以下两个方面。

（1）原料方面

① 乳脂肪含量越高，混合料的黏度越大，有利于膨胀，但乳脂肪含量过高时，则效果反之。一般乳脂肪含量以 6%～12%为好，此时膨胀率最好。

② 非脂乳固体。非脂乳固体含量高，能提高膨胀率，一般为 10%。

③ 含糖量高，冰点降低，会降低膨胀率，一般以 13%～15%为宜。

④ 适量的稳定剂，能提高膨胀率；但用量过多则黏度过高，空气不易进入而降低膨胀

率，一般不宜超过 0.5%。

⑤ 无机盐对膨胀率有影响。如钠盐能增加膨胀率，而钙盐则会降低膨胀率。

（2）操作方面

① 均质适度，能提高混合料黏度，空气易于进入，使膨胀率提高；但均质过度则黏度高、空气难以进入，膨胀率反而下降。

② 在混合料不冻结的情况下，老化温度越低，膨胀率越高。

③ 采用瞬间高温杀菌比低温巴氏杀菌法混合料变性少，膨胀率高。

④ 空气吸入量合适能得到较佳的膨胀率，应注意控制。

⑤ 若凝冻压力过高则空气难以混入，膨胀率则下降。

（六）成型灌装、硬化、贮藏

1. 成型灌装

凝冻后的冰淇淋必须立即成型灌装（和硬化），以满足贮藏和销售的需要。冰淇淋的成型有冰砖、纸杯、蛋筒、浇模成型、巧克力涂层冰淇淋、异形冰淇淋切割线等多种成型灌装机。

2. 硬化（hardening）

将经成型灌装机灌装和包装后的冰淇淋迅速置于 -25℃ 以下的温度，经过一定时间的速冻，品温保持在 -18℃ 以下，使其组织状态固定、硬度增加的过程称为硬化。

3. 贮藏

硬化后的冰淇淋产品，在销售前应将制品保存在低温冷藏库中。冷藏库的温度为 -20℃，相对湿度为 85%~90%，贮藏库温度不可忽高忽低，贮存温度及贮存中温度变化往往导致冰淇淋中冰的再结晶。使冰淇淋质地粗糙，影响冰淇淋品质。

### 三、冰淇淋的主要缺陷及产生的原因

由于原料配合不当，均质、冻结、贮藏等处理不合理，使得冰淇淋质量低劣，其缺陷及原因见表 5-1。

表 5-1　冰淇淋质量缺陷及原因

| 种　类 | 缺　陷 | 原　因 |
| --- | --- | --- |
| 风味 | 脂肪分解味、饲料味、加热味、牛舍味、金属味、苦味、酸味、甜味与香料味缺陷 | 使用的原料乳、乳制品质量差，杀菌不完全、吸收异味，添加的甜味与香料不适当 |
| 组织状态 | 砂状组织<br>轻或膨松的组织<br>粗或冰状组织<br>奶油状组织 | 无脂乳干物质过高，贮藏温度高，乳糖结晶大<br>膨胀率过大<br>缓慢冻结，贮藏温度波动大，气泡大，固形物低<br>生成脂肪块，乳化剂不适合，均质不良 |
| 质地 | 脆弱<br>水样<br>软弱 | 稳定剂、乳化剂不足，气泡粗大，膨胀率高<br>膨胀率低，砂糖高，稳定剂、乳化剂不适合，固形物不足<br>稳定剂过量 |
| 融化状态 | 起泡，乳清分离，凝固，黏质状 | 原料配合不当，蛋白质与矿物质不均衡，酸度高，均质不完全，膨胀率调整不当 |

 **质量标准及检验**

冰淇淋成品检验包括感官检验、理化指标的检验和微生物指标的检验三方面，具体的检验项目、检验方法和质量标准应符合 SB/T 10013—2008，具体如下。

## 一、感官检验

感官要求符合表 5-2。

表 5-2 感官要求

| 项 目 | 要 求 | | 检验方法 |
|---|---|---|---|
| | 清 型 | 组合型 | |
| 色泽 | 具有品种应有的色泽 | | 在冻结状态下,取单只包装样品,置于清洁、干燥的白瓷盘中,先检查包装质量,然后剥开包装物,用目测检查色泽、形态、杂质等,用口尝、鼻嗅检查其他感官要求 |
| 形态 | 形态完整,大小一致,不变形,不软塌,不收缩 | 具有品种应有的组织特征 | |
| 组织 | 细腻滑润,无明显粗糙的冰晶,无气孔 | | |
| 滋味气味 | 滋味协调,有乳脂或植脂香味,香味纯正 | 具有品种应有的滋味和气味,无异味 | |
| 杂质 | 无肉眼可见外来杂质 | | |

## 二、净含量

应符合《定量包装商品计量监督管理办法》的规定。用感量为 0.1g 的天平,先称量单件包装样品的总量,再称量其包装物(包括插杆),计算两次称量之差。

## 三、理化指标的检验

理化指标的具体检验项目、检验方法和指标要求见表 5-3。

表 5-3 理化指标

| 项 目 | 指 标 | | | | | | 检测方法 |
|---|---|---|---|---|---|---|---|
| | 全乳脂 | | 半乳脂 | | 植脂 | | |
| | 清型 | 组合型① | 清型 | 组合型① | 清型 | 组合型① | |
| 非脂乳固体②/% ≥ | 6.0 | | | | | | SB/T 10009 |
| 总固形物/% ≥ | 30.0 | | | | | | SB/T 10009 |
| 脂肪/% ≥ | 8.0 | | 6.0 | 5.0 | 6.0 | 5.0 | SB/T 10009 |
| 蛋白质/% ≥ | 2.5 | 2.2 | 2.5 | 2.2 | 2.5 | 2.2 | GB/T 5009.5 |
| 膨胀率/% | 10～140 | | | | | | SB/T 10009 |

① 组合型产品的各项指标均指冰淇淋主体部分。
② 非脂乳固体含量按原始配料计算。

## 四、卫生指标、微生物指标及检验

具体检验项目、检验方法分别按表 5-4 和表 5-5 进行。

表 5-4 卫生指标

| 项 目 | | 指标 | 检测方法 |
|---|---|---|---|
| 总砷(以 As 计)/(mg/L) | ≤ | 0.2 | GB/T 5009.11 |
| 铅(Pb)/(mg/L) | ≤ | 0.3 | GB/T 5009.12 |
| 铜(Cu)/(mg/L) | ≤ | 5.0 | GB/T 5009.13 |

表 5-5 微生物指标

| 项 目 | 指 标 | | | 检验方法 |
|---|---|---|---|---|
| | 菌落总数/(cfu/mL) | 大肠杆菌/(MPN/100mL) | 致病菌① | |
| 含乳蛋白冷冻冰淇淋 ≤ | 25000 | 450 | 不得检出 | GB/T 4789.21 |
| 含豆类冷冻冰淇淋 ≤ | 20000 | 450 | 不得检出 | GB/T 4789.21 |
| 含淀粉或果类冰淇淋 ≤ | 3000 | 100 | 不得检出 | GB/T 4789.21 |

① 致病菌是指沙门菌、志贺菌和金黄色葡萄球菌。

## 总固形物的测定

（一）原理

将试样在（102±2）℃的鼓风干燥箱内加热至恒重。加热前后的质量差即为总固形物的含量。

（二）试剂和仪器

分析天平：感量为 0.1mg；干燥器：内盛有效干燥剂；鼓风干燥箱：温控（102±2）℃；称量皿：具盖，内径 70～75mm，皿高 25～30mm；电热恒温水浴器；平头玻璃棒：棒长不超过称量皿的直径。

（三）试样的制备

（1）清型　取有代表性的样品至少 200g，置于 300mL 烧杯中，在室温下融化，搅拌均匀。

（2）组合型　取有代表性样品的主体部分至少 200g，置于 300mL 烧杯中，在室温下融化，搅拌均匀。

（3）将以上制备的试样立即倒入广口瓶内，盖上瓶盖备用。

（4）如样品黏度大，可先将盛有样品的烧杯置于 30～40℃ 的电热恒温水浴器内进行搅拌。

（5）海砂的处理　取直径 0.3～0.5mm 的海砂放入大烧杯内，用 6mol/L 盐酸溶液煮沸 30min。冷却后倒出盐酸溶液，用蒸馏水冲洗至中性。置于（102±2）℃ 鼓风干燥箱内烘干 2h，备用。

（四）分析步骤

（1）称量皿和海砂的干燥　用称量皿称取海砂约 10g。将玻璃棒放在称量皿内，连同皿盖置于（102±2）℃ 鼓风干燥箱内，加热 1h，加盖取出，置于干燥器内冷却至室温，称量，精确至 0.001g，重复干燥直至恒重。

（2）试样的称取　用称量皿称取试样 5～10g，精确至 0.001g。用玻璃棒将海砂和试样混匀，并将玻璃棒放入称量皿内。

（3）试样的烘干　将盛有试样、玻璃棒的称量皿置于（102±2）℃ 鼓风干燥箱内（皿盖斜放在皿边），加热约 2.5h，加盖取出。置于干燥器内冷却 0.5h，称量。重复加热 0.5h，直至连续两次称量差不超过 0.002g，即为恒重，以最小称量为准。

（五）分析结果的表述

总固形物含量以质量百分率表示，按下式计算：

$$X = \frac{m_2 - m_1}{m_1 - m} \times 100\%$$

式中　$X$——试样中总固形物的含量，%；

　　　$m$——海砂、称量皿、皿盖和玻璃棒的质量，g；

　　　$m_1$——海砂、试样、称量皿、皿盖和玻璃棒的质量，g；

　　　$m_2$——烘干后称量皿、海砂、残留物、皿盖和玻璃棒的质量，g。

计算结果精确至小数点后第一位。

（六）允许差

同一样品两次测定结果之差，不得超过平均值的 5%。

## 总糖的测定

（一）原理

试样经沉淀剂除去蛋白质后，加酸转化。在加热条件下，以次甲基蓝为指示剂，直接滴定标定过的碱性酒石酸铜溶液。根据消耗试样转化液的体积，计算冷冻饮品中总糖的含量。

（二）试剂

所有试剂均为分析纯；实验室用水应符合 GB/T 6682 中三级水规格。

（1）6mol/L盐酸溶液　量取 54mL 盐酸，注入少量水中，用水稀释至 100mL。

（2）乙酸锌溶液　称取 219g 乙酸锌加 30mL 冰醋酸，加水溶解并稀释至 1000mL。

（3）106g/L亚铁氰化钾溶液　称取 106g 亚铁氰化钾加水溶解并稀释至 1000mL。

（4）1g/L甲基红指示液　称取 0.1g 甲基红，用乙醇溶解并稀释至 100mL。

（5）200g/L氢氧化钠溶液　称取 100g 氢氧化钠，加水溶解并稀释至 500mL。

（6）碱性酒石酸铜溶液

① 甲液。称取 15g 硫酸铜和 0.05g 次甲基蓝，加水溶解并稀释至 1000mL。

② 乙液。称取 50g 酒石酸钾钠和 75g 氢氧化钠溶于水中，再加入 4g 亚铁氰化钾，加水溶解并稀释至 1000mL，贮存于橡胶塞玻璃瓶内。

（7）葡萄糖标准溶液

① 配制。称取 1g（准确至 0.0001g）经过 98～100℃ 干燥至恒重的纯葡萄糖，加水溶解后，再加入 5mL 盐酸，并以水稀释至 1000mL，注入滴定管中备用。

② 标定碱性酒石酸铜溶液

a. 预测。精确吸取 5mL 碱性酒石酸铜甲液及 5mL 乙液，置于 150mL 锥形瓶中，加水 10mL，加入玻璃珠 2 粒，置于电炉上，控制在 2min 内加热至沸。趁沸以先快后慢的速度从滴定管中滴加葡萄糖标准溶液①，并保持溶液沸腾状态。待溶液颜色变浅时，以每两秒 1 滴的速度滴定，直至溶液蓝色刚好褪去为终点。记录消耗葡萄糖标准溶液的体积数。

b. 标定。精确吸取 5mL 碱性酒石酸铜甲液及 5mL 乙液，置于 150mL 锥形瓶中，加水 10mL，加入玻璃珠 2 粒，从滴定管中滴加比预测体积少 1mL 的葡萄糖标准溶液①。将此锥形瓶置于电炉上，控制在 2min 内加热至沸。趁沸以每两秒 1 滴的速度继续滴加葡萄糖标准溶液，直至溶液蓝色刚好褪去为终点。记录消耗葡萄糖标准溶液的总体积。同法平行操作三份，取其平均值。按下式计算 $A$ 值。

$$A = \frac{m_1 \times V_1}{1000} \times 100\%$$

式中　$A$——10mL 碱性酒石酸铜溶液（甲、乙液各 5mL）相当于葡萄糖的质量，g；

$m_1$——葡萄糖的质量，g；

$V_1$——消耗葡萄糖标准溶液体积的平均值，mL；

1000——稀释标准溶液的体积，mL。

（三）仪器

分析天平：感量为 0.1mg；滴定管：0～25mL，最小刻度 0.1mL；电热恒温水浴器。可调式电炉。

（四）试样的制备

按总固形物的测定中（三）制备。

（五）分析步骤

（1）沉淀　称取 2.5～5g 制备的试样，精确至 0.001g，置于 250mL 容量瓶中，加入 150mL 水稀释，混匀。慢慢加入 5mL 乙酸锌溶液及 5mL 亚铁氰化钾溶液，加水至刻度，混匀。静置 30min，用干燥滤纸过滤。弃去初滤液，滤液备用。

（2）转化　吸取 50mL 滤液置于 100mL 容量瓶中，加 5mL 盐酸在 68～70℃恒温水浴中加热 15min。立刻取出，冷却至室温。加 2 滴甲基红指示液，用氢氧化钠溶液中和至中性，加水至刻度，即为试样转化液。

（3）滴定　将试样转化液置于滴定管中，以下按本标准（二）中（7）中②操作，仅以试样转化液代替葡萄糖标准溶液。记录消耗试样转化液的体积。

（六）分析结果的表述

总糖含量以质量百分率表示，按下式计算：

$$X = \frac{A}{m \times \frac{50 \times V}{250 \times 100}} \times 0.95 \times 100\%$$

式中　$X$——试样中总糖（以蔗糖计）含量，%；

　　　$A$——10mL 碱性酒石酸铜溶液相当于葡萄糖的质量，g；

　　　$m$——试样的质量，g；

　　　$V$——消耗试样转化液的体积，mL；

　0.95——还原糖（以葡萄糖计）换算为蔗糖的系数。

计算结果精确至小数点后第一位。

（七）允许差

同一样品两次测定结果之差，不得超过平均值的 5%。

## 脂肪的测定

（一）原理

用乙醚和石油醚从冷冻饮品试样的氨水乙醇溶液中抽取脂肪，蒸发溶剂，然后称量脂肪，计算冷冻饮品中脂肪的含量。

（二）试剂

所有试剂均为分析纯；实验室用水应符合 GB/T 6682 中三级水规格。

氨水。乙醇。乙醚，去除过氧化物：量取 150mL 乙醚，加 5mL 无水亚硫酸钠溶液（100g/L），振摇 2min，静置，备用。石油醚（GB/T 15894，沸程 30～60℃）。乙醚-石油醚混合液：临用前将等体积乙醚与石油醚混合。2%氯化钠溶液：称取 2g 氯化钠，溶于 98mL 水中，混匀。10%碘化钾溶液：称取 10g 碘化钾，溶于 90mL 水中，混匀。

（三）仪器和设备

分析天平：感量为 0.1mg；脂肪抽出器：平底烧瓶 150～250mL；具塞锥形瓶：150mL；分液漏斗：125～250mL；鼓风干燥箱：温控（102±2）℃；电热恒温水浴器；干燥器：内盛有效干燥剂。

（四）试样的制备

按总固形物的测定中（三）制备。

（五）分析步骤

（1）空白试验　测定试样脂肪含量的同时，用相同并等量的试剂按本标准（3）所述的相同操作方法，以 10mL 蒸馏水代替样品进行空白试验。空白试验的最后称量结果超过 0.0005g 时则应检验试剂是否纯净，并进行纯化或改为纯净的试剂。

（2）平底烧瓶的处理　将平底烧瓶放在鼓风干燥箱中，（102±2）℃干燥 30～60min，取出置于干燥器内，冷却至室温，称量，重复干燥，直至恒重。

（3）测定

① 称取制备的试样（数量是抽提的脂肪为 0.3～0.6g）于具塞锥形瓶中，精确至 0.001g。

② 于装有试样的锥形瓶内加入氯化钠溶液 2mL，并小心混匀，然后加入 2mL 氨水混匀。将锥形瓶置于（65±5）℃水浴中，保温 15min，取出后，迅速冷却至室温。将溶液移至分液漏斗，加入 10mL 乙醇于分液漏斗中充分混合。如出现结块，必须重新测定。

③ 向分液漏斗中加入 25mL 乙醚，用水浸湿过的塞子塞好分液漏斗，振摇 1min，然后取下塞子，加入 25mL 石油醚，用最初几毫升石油醚冲洗塞子和分液漏斗颈部内壁，使其流入分液漏斗中。重新用水浸湿过的塞子塞好分液漏斗，再振摇 1min，使分液漏斗静置，至上层液体澄清并明显分层为止（约数分钟）。

④ 取下塞子，用少量乙醚-石油醚的混合液冲洗塞子和分液漏斗颈部内壁，使冲洗液流入分液漏斗中，开启分液漏斗下部活塞，将下层液流入锥形瓶中，然后用倾注法小心地将上层清液移入已经干燥恒重的平底烧瓶中。

⑤ 将锥形瓶中的溶液再移入分液漏斗，重复上述操作过程，再进行二次抽提，但只使用 10mL 乙醚和 10mL 石油醚，上层清液一并移入已经干燥恒重的平底烧瓶中。

⑥ 将平底烧瓶置于 45～50℃水浴中，用脂肪抽出器回收溶剂约 20min，然后将水浴温度逐步加至 80℃，尽可能地蒸发掉溶剂（包括乙醇）。当不再有溶剂气味时，将平底烧瓶置于（102±2）℃鼓风干燥箱中加热 1h，取出放入干燥器内，冷却至室温，然后称重，重复此加热操作，加热时间为 30min，冷却并称重，直至恒重。

（六）分析结果的表述

脂肪含量以质量百分率表示，按下式计算：

$$X = \frac{(m_1 - m_2) - (m_3 - m_4)}{m} \times 100\%$$

式中　$X$——试样中脂肪的含量，%；

　　$m$——试样的质量，g；

　　$m_1$——加热恒重后的烧瓶加脂肪的质量，g；

　　$m_2$——用于试验部分的加热恒重的烧瓶质量，g；

　　$m_3$——加热恒重后的烧瓶加空白试验的质量，g；

　　$m_4$——用于空白试验的加热恒重后的烧瓶质量，g。

计算结果精确至小数点后第一位。

（七）允许差

同一样品两次测定结果之差，不得超过平均值的 5%。

## 冰淇淋膨胀率的测定

（一）原理

取一定体积的冰淇淋融化，加乙醚消泡后测定产品体积对混合料体积增加的百分率。

（二）试剂和仪器

（1）试剂　乙醚。

（2）仪器　量器：容积为 50.0mL，中空薄壁，无底无盖，便于插入冰淇淋内取样；容量瓶：200mL、250mL；滴定管：0～50mL、最小刻度 0.1mL；单标移液管：2mL；长颈玻璃漏斗：直径 75mm；薄刀；电冰箱：温度达到－18℃以下；电热恒温水浴器。

（三）试样的制备

冰淇淋置于电冰箱中，温度降至－18℃以下。

（四）分析步骤

先将量器及薄刀放在电冰箱中预冷至－18℃，然后将预冷的量器迅速平稳地按入冰淇淋试样的中央部位，使冰淇淋充满量器，用薄刀切平两头，并除去取样器外黏附的冰淇淋。

将取试样放入插在 250mL 容量瓶中的玻璃漏斗中，另外用 200mL 容量瓶准确量取200mL 40～50℃蒸馏水，分数次缓慢地加入漏斗中，使试样全部移入容量瓶，然后将容量瓶放在（45±5）℃的电热恒温水浴器中保温，待泡沫基本消除后，冷却至与加入的蒸馏水相同的温度。

用单标移液管吸取 2mL 乙醚，迅速注入容量瓶内，去除溶液中剩余的泡沫，用滴定管滴加蒸馏水，至容量瓶刻度为止，记录滴加蒸馏水的体积。

（五）分析结果的表述

膨胀率以体积百分率表示，按下式计算：

$$X = \frac{V_1 + V_2}{50 - (V_1 + V_2)} \times 100\%$$

式中　$X$——试样的膨胀率，%；

　　　50——取样器的体积，mL；

　　　$V_1$——加入乙醚的体积，mL；

　　　$V_2$——加入蒸馏水的体积，mL。

平行测定的结果用算术平均值表示，所得结果应保持至一位小数。

## 总砷含量的测定

（一）原理

食品试样经湿消解或干灰化后，加入硫脲使五价砷还原为三价砷，再加入硼氢化钠或硼氢化钾使还原生成砷化氢，由氩气载入石英原子化器中分解为原子态砷，在特制砷空心阴极灯的发射光激发下产生原子荧光，其荧光强度在固定条件下与被测液中的砷浓度成正比，与标准系列比较定量。

（二）试剂

（1）氢氧化钠溶液（2g/L）

（2）硼氢化钠（$NaBH_4$）溶液（10g/L）　称取硼氢化钠 10.0g，溶于 2g/L 氢氧化钠液1000mL 中，混匀。此液于冰箱可保存 10d，取出后应当日使用（也可称取 14g 硼氢化钾代替 10g 硼氢化钠）。

（3）硫脲溶液（50g/L）。

（4）硫酸溶液（1+9）　量取硫酸 100mL，小心倒入 900mL 水中，混匀。

（5）氢氧化钠溶液（100g/L）（供配制砷标准溶液用，少量即够）。

（6）砷标准溶液

① 砷标准储备液：含砷 0.1mg/mL。粗确称取于 100℃ 干燥 2h 以上的三氧化二砷（$As_2O_3$）0.1320g，加 100g/L 氢氧化钠溶液 10mL 溶解，用适量水转入 1000mL 容量瓶中，加硫酸溶液（1+9）25mL，用水定容至刻度。

② 砷使用标准液：含砷 1μg/mL。吸取 1.00mL 砷标准储备液于 100mL 容量瓶中，用水稀释至刻度。此液应当日配制使用。

（7）湿消解试剂　硝酸、硫酸、高氯酸。

（8）干灰化试剂　六水硝酸镁（150g/L）、氯化镁、盐酸（1+1）。

（三）仪器

原子荧光光度计。

（四）分析步骤

1. 试样消解

（1）湿消解　试样称样 1~2g（精确至 0.01g），置入 50~100mL 锥形瓶中，同时做两份试剂空白。加硝酸 20~40mL，硫酸 1.25mL，摇匀后放置过夜，置于电热板上加热消解。若消解液处理至 10mL 左右时仍有未分解物质或色泽变深，取下放冷，补加硝酸 5~10mL，再消解至 10mL 左右观察，如此反复两三次，注意避免炭化。如仍不能消解完全，则加入高氯酸 1~2mL，继续加热至消解完全后，再持续蒸发至高氯酸的白烟散尽，硫酸的白烟开始冒出。冷却，加水 25mL，再蒸至冒硫酸白烟。冷却，用水将内容物转入 25mL 容量瓶或比色管中，加入 50g/L 硫脲 2.5mL，补水至刻度并混匀，备测。

（2）干灰化　称取试样 1~2.5g（精确至 0.01g）于 50~100mL 坩埚中，同时做两份试剂空白。加 150g/L 硝酸镁 10mL 混匀，低热蒸干，将氧化镁 1g 仔细覆盖在干渣上，于电炉上炭化至无黑烟，移入 550℃ 高温炉灰化 4h。取出放冷，小心加入盐酸（1+1）10mL 以中和氧化镁并溶解灰化，转入 25mL 容量瓶或比色管中，向容量瓶或比色管中加入 50g/L 硫脲 2.5mL，另用硫酸（1+9）分次洗涤坩埚后转出合并，直至 25mL 刻度，混匀备测。

2. 标准系列制备

取 25mL 容量瓶或比色管 6 支，依次准确加入 1μg/mL 砷使用标准液 0、0.05mL、0.2mL、0.5mL、2.0mL、5.0mL（各相当于砷浓度 0、2.0ng/mL、8.0ng/mL、20.0ng/mL、80.0ng/mL、200.0ng/mL），各加硫酸（1+9）12.5mL、50g/L 硫脲 2.5mL，补加水至刻度，混匀备测。

3. 测定

（1）仪器参考条件　光电倍增管电压：400V；砷空心阴极灯电流：35mA；原子化器：温度 820~850℃，高度 7mm；氩气流速：载气 600mL/min；测量方法：荧光强度或浓度直读，读数方式：峰面积；读数延迟时间：1s；读数时间 15s；硼氢化钠溶液加入时间：5s；标液或样液加入体积：2mL。

（2）浓度方式测量　如直接测荧光强度，则在开机并设定好仪器条件后，预热稳定约20min。按"B"键进入空白值测量状态，连续用标准系列的"0"管进样，待读数稳定后，空档键记录下空白值（即让仪器自动扣底）即可开始测量。先依次测标准系列（可不再测"0"管）。标准系列测完后应仔细清洗进样器（或更一支），并再用"0"管测试使读数基本回零后，才能测试剂空白和试样，每次测不同的试样前都应清洗进样器，记录（或打印）测量数据。

（3）仪器自动方式　利用仪器提供的软件功能可进行浓度直读测定，为此在开机、设定条件和预热后，还需输入必要的参数，即：试样量（g 或 mL）；稀释体积（mL）；进样体积（mL）；结果的浓度单位；标准系列各点的重复测量次数；标准系列的点数（不计零点），及各点的浓度值。首先进入空白值测量状态，连续用标准系列的"0"管进样以获得稳定的空白值并执行自动扣底后，再依次测标准系列（此时"0"管需再测一次）。在测样液前，需再进入空白值测量状态，先用标准系列"0"管测试使读数复原并稳定后，再用两个试剂空白各进一次样，让仪器取其均值作为扣底的空白值，随后即可依次测试样。测定完毕后退回主菜单，选择"打印报告"即可将测定结果打出。

（五）结果计算

如果采用荧光强度测量方式，则需先对标准系列的结果进行回归运算（由于测量时"0"管强制为 0，故零点值应该输入以占据一个点位），然后根据回归方程求出试剂空白液和试样被测液的砷浓度，再按下式计算试样的砷含量：

$$X = \frac{c_1 - c_0}{m} \times \frac{25}{1000}$$

式中　$X$——试样的砷含量，mg/kg 或 mg/L；

　　　$c_1$——试样被测液的浓度，ng/mL；

　　　$c_0$——试剂空白液的浓度，ng/mL；

　　　$m$——试样的质量或体积，g 或/mL。

计算结果保留两位有效数字。

（六）精密度

湿消解法在重复性条件下获得的两次独立测定结果的绝对差值不得超过算术平均值的 10%。

干灰化法在重复性条件下获得的两次独立测定结果的绝对差值不得超过算术平均值的 15%。

（七）准确度

湿消解法测定的回收率为 90%～105%；干灰化法测定的回收率为 85%～100%。

## 铅含量的测定——石墨炉原子吸收光谱法

（一）原理

试样经灰化或酸消解后，注入原子吸收分光光度计石墨炉中，电热原子化后吸收283.3nm 共振线，在一定浓度范围，其吸收值与铅含量成正比，与标准系列比较定量。

（二）试剂和材料

除非另有规定，本方法所使用试剂均为分析纯，水为 GB/T 6682 规定的一级水。

（1）硝酸　优级纯。

（2）过硫酸铵。

（3）过氧化氢（30%）。

（4）高氯酸　优级纯。

（5）硝酸（1+1）　取 50mL 硝酸慢慢加入 50mL 水中。

（6）硝酸（0.5mol/L）　取 3.2mL 硝酸加入 50mL 水中，稀释至 100mL。

（7）硝酸（1mol/L）　取 6.4mL 硝酸加入 50mL 水中，稀释至 100mL。

（8）磷酸二氢铵溶液（20g/L）　称取 2.0g 磷酸二氢铵，以水溶解稀释至 100mL。

（9）混合酸　硝酸＋高氯酸（9+1）。取 9 份硝酸与 1 份高氯酸混合。

（10）铅标准储备液　准确称取 1.000g 金属铅（99.99%），分次加少量硝酸，加热溶解，总量不超过 37mL，移入 1000mL 容量瓶，加水至刻度，混匀。此溶液每毫升含 1.0mg 铅。

（11）铅标准使用液　每次吸取铅标准储备液 1.0mL 于 100mL 容量瓶中，加硝酸至刻度。如此经多次稀释成每毫升含 10.0ng、20.0ng、40.0ng、60.0ng、80.0ng 铅的标准使用液。

（三）仪器和设备

① 原子吸收光谱仪，附石墨炉及铅空心阴极灯。

② 马弗炉。

③ 天平：感量为 1mg。

④ 干燥恒温箱。

⑤ 瓷坩埚。

⑥ 压力消解器、压力消解罐或压力溶弹。

⑦ 可调式电热板、可调式电炉。

（四）分析步骤

1. 试样预处理

在采样和制备过程中，应注意不使试样污染。将乳粉过 20 目筛，储于塑料瓶中，保存备用。

2. 试样消解（可根据实验室条件选用以下任何一种方法消解）

（1）压力消解罐消解法　称取 1～2g 试样（精确到 0.001g，干样、含脂肪高的试样<1g，鲜样<2g 或按压力消解罐使用说明书称取试样）于聚四氟乙烯罐内，加硝酸 2～4mL 浸泡过夜。再加过氧化氢 2～3mL（总量不能超过罐容积的 1/3）。盖好内盖，旋紧不锈钢外套，放入恒温干燥箱，120～140℃保持 3～4h，在箱内自然冷却至室温，用滴管将消化液洗入或过滤入（视消化后试样的盐分而定）10～25mL 容量瓶中，用水少量多次洗涤罐，洗液合并于容量瓶中并定容至刻度，混匀备用；同时做试剂空白。

（2）干法灰化　称取 1～5g 试样（精确到 0.001g，根据铅含量而定）于瓷坩埚中，先小火在可调式电热板上炭化至无烟，移入马弗炉 500℃±25℃灰化 6～8h，冷却。若个别试样灰化不彻底，则加 1mL 混合酸在可调式电炉上小火加热，反复多次直到消化完全，放冷，用硝酸将灰分溶解，用滴管将试样消化液洗入或过滤入（视消化后试样的盐分而定）10～25mL 容量瓶中，用水少量多次洗涤瓷坩埚，洗液合并于容量瓶中并定容至刻度，混匀备用；同时做试剂空白。

（3）过硫酸铵灰化法　称取 1～5g 试样（精确到 0.001g）于瓷坩埚中，加 2～4mL 硝酸浸泡 1h 以上，先小火炭化，冷却后加 2.00～3.00g 过硫酸铵盖于上面，继续炭化至不冒烟，转入马弗炉，500℃±25℃恒温 2h，再升至 800℃，保持 20min，冷却，加 2～3mL 硝酸，用滴管将试样消化液洗入或过滤入（视消化后试样的盐分而定）10～25mL 容量瓶中，用水少量多次洗涤瓷坩埚，洗液合并于容量瓶中并定容至刻度，混匀备用；同时做试剂空白。

（4）湿式消解法 称取试样 1～5g（精确到 0.001g）于锥形瓶或高脚烧杯中，放数粒玻璃珠，加 10mL 混合酸，加盖浸泡过夜，加一小漏斗于电炉上消解，若变棕黑色，再加混合酸，直至冒白烟，消化液呈无色透明或略带黄色，放冷，用滴管将试样消化液洗入或过滤入（视消化后试样的盐分而定）10～25mL 容量瓶中，用水少量多次洗涤锥形瓶或高脚烧杯，洗液合并于容量瓶中并定容至刻度，混匀备用；同时做试剂空白。

3. 测定

（1）仪器条件 根据各自仪器性能调至最佳状态。参考条件为波长 283.3nm，狭缝 0.2～1.0nm，灯电流 5～7mA，干燥温度 120℃，20s；灰化温度 450℃，持续 15～20s，原子化温度 1700～2300℃，持续 4～5s，背景校正为氘灯或塞曼效应。

（2）标准曲线绘制 吸取上面配制的铅标准使用液 10.0ng/mL、20.0ng/mL、40.0ng/mL、60.0ng/mL、80.0ng/mL 各 10μL，注入石墨炉，测得其吸光值并求得吸光值与浓度关系的一元线性回归方程。

（3）试样测定 分别吸取样液和试剂空白液各 10μL，注入石墨炉，测得其吸光值，代入标准系列的一元线性回归方程中求得样液中铅含量。

（4）基体改进剂的使用 对有干扰试样，则注入适量的基体改进剂磷酸二氢铵溶液（一般为 5μL 或与试样同量）消除干扰。绘制铅标准曲线时也要加入与试样测定时等量的基体改进剂磷酸二氢铵溶液。

（五）分析结果的表述

$$X = \frac{(c_1 - c_0) \times V \times 1000}{m \times 1000 \times 1000}$$

式中 $X$——试样中铅含量，mg/kg 或 mg/L；

$c_1$——测定样液中铅含量，ng/mL；

$c_0$——空白液中铅含量，ng/mL；

$V$——试样消化液定量总体积，mL；

$m$——试样质量或体积，g。

以重复性条件下获得的两次独立测定结果的算术平均值表示，结果保留两位有效数字。

（六）精密度

在重复性条件下获得的两次独立测定结果的绝对差值不得超过算术平均值的 20%。

菌落总数：按照 GB/T 4789.2 规定的方法检验。

大肠菌群：按照 GB/T 4789.3 规定的方法检验。

致病菌：按照 GB/T 4789.4、GB/T 4789.5 和 GB/T 4789.10 规定的方法检验。

 **任务总结**

冰淇淋是一种含有优质蛋白质及高糖高脂的食品，有调节生理机能、保持渗透压和酸碱度的功能。随着社会发展，冰淇淋的消费量逐年增加。如何生产高质量的冰淇淋产品，并对冰淇淋产品进行科学合理的检测成为一个重要问题。本任务以冰淇淋的加工为主要内容，并对检测技术进行详细的介绍。通过本任务的学习和实践，学生能够掌握冰淇淋的生产加工工艺以及检测技术。

**知识考核**

**一、基本概念**

1. 冰淇淋；2. 非脂乳固体；3. 乳化剂；4. 老化；5. 冷却；6. 冰淇淋的膨胀率

**二、填空**

1. 冰淇淋中油脂含量在_____最为适宜、雪糕中含量在_____以上。

2. 冰淇淋中乳化剂的添加量与混合料中脂肪含量有关，一般随脂肪量增加而增加，其范围在_____之间，复合乳化剂的性能优于单一乳化剂。

**三、选择题**

1. 按脂肪含量分类，冰淇淋可分为甲、乙、丙、丁四种，其中甲种冰淇淋含脂率为（　　　）%。
　　A. 8～10　　　　　　　B. 14～16　　　　　　　C. 24～28

2. 按脂肪含量分类，冰淇淋可分为甲、乙、丙、丁四种，其中甲种冰淇淋总固形物为（　　　）%。
　　A. 8～10　　　　　　　B. 24～26　　　　　　　C. 37～41

3. 按脂肪含量分类，冰淇淋可分为甲、乙、丙、丁四种，其中乙种冰淇淋含脂率为（　　　）%。
　　A. 10～12　　　　　　　B. 24～26　　　　　　　C. 37～41

4. 按脂肪含量分类，冰淇淋可分为甲、乙、丙、丁四种，其中乙种冰淇淋总固形物为（　　　）%。
　　A. 16～18　　　　　　　B. 21～25　　　　　　　C. 35～39

**四、判断题**

1. 乳品冷饮中常用的乳化剂有甘油酸酯（单甘酯）、蔗糖脂肪酸酯（蔗糖酯）、聚山梨酸酯（Tween）、山梨醇酐脂肪酸酯（Span）、丙二醇脂肪酸酯（PG酯）、卵磷脂、大豆磷脂、三聚甘油硬脂酸单甘酯等。
（　　　）

2. 冰淇淋加工过程中，稳定剂的添加量是依原料的成分组成而变化，尤其是依总固形物含量而异，一般在 1.0%～1.5%左右。
（　　　）

**五、简答题**

1. 影响冰淇淋膨胀率的因素主要有哪些？

2. 冰淇淋均质的目的是什么？

3. 乳品冷饮混合料中加入乳化剂有哪些作用？

4. 冰淇淋加工过程中，老化的目的是什么？

5. 冰淇淋凝冻的目的是什么？

# 任务二　雪糕的加工及检测

 **能力目标**

1. 学会进行雪糕加工工艺流程与原辅料的选择。

2. 掌握雪糕质量检测的技术方法。

3. 能处理雪糕加工中出现的问题并提出解决方案。

 **知识目标**

1. 理解雪糕加工的基础理论知识。

2. 熟悉雪糕制作与工艺参数。

3. 掌握雪糕加工各步骤的操作要点。

4. 掌握雪糕质量检测的理论知识。

 **知识准备**

雪糕是以饮用水、乳品、食糖、食用油脂等为主要原料，添加适量增稠剂、香料，经混合、灭菌、均质或轻度凝冻、注模、冻结等工艺制成的冷冻产品。雪糕与冰淇淋的不同在于，雪糕的总固形物、脂肪含量较冰淇淋低。

（一）雪糕的种类

根据产品的组织状态分为清型雪糕、混合型雪糕和组合型雪糕。

（1）清型雪糕　不含颗粒或块状辅料的制品，如橘味雪糕。

（2）混合型雪糕　含有颗粒或块状辅料的制品，如葡萄干雪糕、菠萝雪糕等。

（3）组合型雪糕　与其他冷冻饮品或巧克力等组合而成的制品，如白巧克力雪糕、果汁冰雪糕等。

（二）雪糕的生产工艺及配方

工艺流程同冰淇淋，配方见表 5-6 所示。

表 5-6　雪糕配方（1000kg）/kg

| 原料名称 | 雪糕类型 | | | | 原料名称 | 雪糕类型 | | | |
| --- | --- | --- | --- | --- | --- | --- | --- | --- | --- |
| | 菠萝雪糕 | 咖啡雪糕 | 草莓雪糕 | 可可雪糕 | | 菠萝雪糕 | 咖啡雪糕 | 草莓雪糕 | 可可雪糕 |
| 砂糖 | 145 | 150 | 100 | 100 | 复合乳化稳定剂 | — | — | 3.5 | 3 |
| 葡萄糖浆 | — | — | 50 | 60 | 明胶 | 2 | 2 | — | — |
| 蛋白糖 | 0.4 | 0.6 | — | — | CMC | 2 | 2 | — | — |
| 甜蜜素 | — | — | 0.5 | 0.5 | 可可香精 | — | — | — | 0.8 |
| 鲜牛乳 | — | 320 | — | — | 草莓香精 | — | — | 0.8 | — |
| 全脂奶粉 | 30 | — | 30 | 20 | 菠萝香精 | 1 | — | — | — |
| 乳清粉 | 40 | 38 | — | — | 水 | 699 | 405 | 785 | 790 |
| 人造奶油 | 35 | — | — | — | 红色素 | — | — | 0.02 | — |
| 棕榈油 | — | 30 | 15 | 20 | 栀子黄 | 0.3 | — | — | — |
| 可可粉 | — | — | — | 5 | 焦糖色素 | — | 0.4 | — | — |
| 鸡蛋 | 20 | 20 | — | — | 棕色素 | — | — | — | 0.02 |
| 淀粉 | 25 | 22 | — | — | 速溶咖啡 | — | 2 | — | — |
| 麦精 | — | 8 | — | — | 草莓汁 | — | — | 15 | — |

 **生产实例及规程**

**一、雪糕生产工艺流程**

原料→配料→杀菌保温→均质→冷却→加香精→膨化→浇模（模具消毒）→插杆（竹棒消毒）→冻结→脱模→包纸→成品

**二、工艺操作要求**

（一）材料及配方

（1）牛乳雪糕　牛乳粉 3kg、白糖 10kg、蛋白糖（30 倍）0.5kg、甜蜜素 65g、糊精 2kg、淀粉 2kg、鲜奶素 0.10kg、柠檬黄适量、棕榈油 1.5kg、稳定剂 0.45kg，加水至 100kg。

（2）山楂雪糕　山楂浆 50kg、白糖 140kg、蛋白糖（30 倍）1.4kg、甜蜜素 65g、糊精

10kg、淀粉20kg、山楂香精1kg、胭脂红适量、棕榈油1.5kg、稳定剂4kg、水800kg。

（3）红豆雪糕　蔗糖80kg、蛋白糖0.5kg、甜蜜素0.5kg、红豆（熟）50kg、饴糖150kg、糊精50kg、炼乳0.3kg、红豆香精0.4kg、色素适量、棕榈油15kg、稳定剂5kg，加水至1000kg。

（二）仪器与设备

小型整体式膨化雪糕机、不锈钢配料桶、冰柜、保温销售箱、电炉、小型均质机、铝锅、台秤、80目筛、包装纸、包装箱、小竹棒、搅拌棒。

（三）操作方法

1. 预备

预先将膨化雪糕机按要求开启，使盐水温度降至-25～-20℃，备用，按配方称量好各种原料。

2. 配料、杀菌和膨化

将称量好的原料用适量的水溶化后，用80目筛（或双层消过毒的纱布）过滤，将过滤好的混合料加入需要量的处理水。放在铝锅内加热到80～85℃杀菌，保温10～15min。将杀菌后的料液均质（也可不均质），冷却后加入香精，搅拌均匀，倒入膨化雪糕机，进行凝冻。

3. 冻结、脱模

竹棒和模具须在100℃下消毒20min。浇模时注意液面应摇平，然后插杆，放入盐水池中冻结。将冻结好的模具，放入50℃左右的温水中，烫盘数秒钟后，使冰棒脱出，检查、包纸、装盒、装箱，放入冷库或冰柜。用完后的设备须用0.03％～0.04％漂白液进行消毒处理。

 **质量标准及检验**

雪糕成品质量标准符合SB/T 10015，具体如下。

**一、感官检验及要求**（见表5-7）

表5-7　感官要求

| 项　目 | 要　求 | | 检验方法 |
| --- | --- | --- | --- |
| | 清型 | 组合型 | |
| 色泽 | 具有品种应有的色泽 | | 在冻结状态下，取单只包装样品，置于清洁、干燥的白瓷盘中，先检查包装质量，然后剥开包装物，用目测检查色泽、形态、杂质等，用口尝、鼻嗅检查其他感官要求 |
| 形态 | 形态完整，大小一致，不变形，插杆产品的插杆应整齐，无断杆，无多杆，无空头 | | |
| 组织 | 冻结坚实，细腻滑润 | 具有品种应有的组织特征 | |
| 滋味气味 | 滋味协调，香味纯正，具有品种应有的滋味和气味，无异味 | | |
| 杂质 | 无肉眼可见外来杂质 | | |

**二、理化检验及指标**（见表5-8）

表5-8　雪糕的理化指标

| 项　目 | | 指　标 | | 检验方法 |
| --- | --- | --- | --- | --- |
| | | 清型 | 组合型 | |
| 总固形物/% | ≥ | 20.0 | | SB/T 10009 |
| 总糖（以蔗糖计）/% | ≥ | 10.0 | | SB/T 10009 |
| 蛋白质 | ≥ | 0.8 | 0.4 | GB/T 5009.5 |
| 脂肪/% | ≥ | 2.0 | 1.0 | SB/T 10009 |

检验方法详见本任务一奶油冰淇淋的成品检验。

**三、卫生指标及检验方法**（详见本项目任务一表 5-4、表 5-5）

**四、微生物指标及检验方法**（见表 5-9）

表 5-9　微生物指标

| 项　　目 | | 指　标 | | | 检验方法 |
|---|---|---|---|---|---|
| | | 菌落总数/(cfu/mL) | 大肠杆菌/(MPN/100mL) | 致病菌① | |
| 含乳蛋白冷冻雪糕 | ≤ | 25000 | 450 | 不得检出 | GB/T 4789.21 |
| 含豆类冷冻雪糕 | ≤ | 20000 | 450 | 不得检出 | GB/T 4789.21 |
| 含淀粉或果类雪糕 | ≤ | 3000 | 100 | 不得检出 | GB/T 4789.21 |
| 食用冰块 | ≤ | 100 | 6 | 不得检出 | GB/T 4789.21 |

① 致病菌是指沙门菌、志贺菌和金黄葡萄球菌。

 **任务总结**

　　雪糕和冰淇淋的制作原理和工艺设备基本上相同，但是它们的基本组分不同。随着冷饮食品的发展，雪糕的消费量也逐年增加。如何生产高质量的雪糕产品，并对雪糕产品进行科学合理的检测成为一个重要问题。本任务以雪糕的加工为主要内容，对于检测技术没有进行过多的详细介绍。以期通过本任务的学习和实践，学生能够掌握雪糕的生产加工工艺以及检测技术。

 **知识考核**

**一、基本概念**

雪糕

**二、填空**

雪糕生产过程中，限制非脂乳固体使用量的主要原因在于防止其中的乳糖呈过饱和而渐渐结晶析出砂状沉淀，一般推荐其最大用量不超过制品中水分的_____%。

**三、选择题**

冰淇淋加工原料在混合溶解时的温度通常为（　　　　　　）℃。

A. 20～30　　　　　　　B. 40～50　　　　　　　C. 60～80

**四、判断题**

1. 雪糕的总固形物、脂肪含量较冰淇淋低。　　　　　　　　　　　　　　　（　　　）

2. 雪泥的凝冻多采用间歇式凝冻机。　　　　　　　　　　　　　　　　　　（　　　）

3. 雪糕的冻结只有直接冻结法。　　　　　　　　　　　　　　　　　　　　（　　　）

**五、简答题**

1. 脂肪对雪糕有哪些重要的作用？

2. 乳品冷饮混合料中加入乳化剂有哪些作用？

# 项目六　奶油的加工及检测

奶油是从牛奶、羊奶中提取的黄色或白色脂肪性半固体食品。早在公元前 3000 多年前，古代印度人就已掌握了原始的奶油制作方法。把牛奶静放一段时间，就会产生一层漂浮的奶皮，奶皮的主要成分是脂肪。印度人把奶皮捞出装入皮口袋，挂起来反复拍打、搓揉，奶皮便逐渐变成了奶油。公元前 2000 多年，古埃及人也学会了制作奶油。在中世纪时，欧洲出现了手摇搅拌器，提高了从牛奶中提取奶油的效率。1879年，瑞典的德·拉巴尔发明了奶油分离机，这是借助滚筒产生的离心力，利用奶油与脱脂奶的不同密度，使奶油得到分离。拉巴尔在 1882 年又发明了由内燃机带动奶油分离机，进一步提高了分离效率。奶油分离机的诞生，为奶油生产的机械化开辟了道路。

## 任务一　新鲜奶油的加工及检测

鲜奶油（cream）又称生奶油，是从新鲜牛奶中分离出脂肪的高浓度奶油，呈液状。鲜奶油同样分为动物性鲜奶油和植物性鲜奶油。动物性鲜奶油以乳脂或牛奶制成；而植物性鲜奶油的主要成分则是棕榈油和玉米糖浆，其色泽来自食用色素，其牛奶的风味来自人工香料。

 **能力目标**

1. 学会新鲜奶油的加工方法及原料乳的选择。
2. 掌握新鲜奶油加工相应设备的使用方法。
3. 掌握新鲜奶油质量检测技术。
4. 能发现新鲜奶油加工中出现的问题并提出解决方案。

 **知识目标**

1. 理解新鲜奶油加工的基础理论知识及其制作原理。
2. 掌握新鲜奶油加工各步骤的操作要点。
3. 掌握新鲜奶油质量检测技术的理论知识。

 **知识准备**

**一、奶油的种类和特性**

奶油根据制造方法、所用原料、生产地区不同，而分成不同种类。

按原料一般分为两类：①新鲜奶油即用甜性稀奶油（新鲜稀奶油）制成的奶油。②发酵奶油即用酸性稀奶油（发酵稀奶油）制成的奶油。

根据加盐与否奶油又可分为：无盐、加盐和特殊加盐的奶油；根据脂肪含量分为一般奶油和无水奶油（及黄油）；以植物油替代乳脂肪的人造奶油。一般加盐奶油的主要成分为脂肪（80%～82%）、水分（15.6%～17.6%）、盐（约1.2%）以及蛋白质、钙和磷（约1.2%）。奶油还含有脂溶性的维生素A、维生素D和维生素E。奶油应呈均匀一致的颜色、稠密而味纯。水分应分散成细滴，从而使奶油外观干燥。硬度应均匀，这样奶油就易于涂抹，并且到舌头上即时融化。酸性奶油应有丁二酮气味，而甜性奶油则应有稀奶油味，也可具有轻微的"蒸煮"味；用发酵稀奶油做的奶油比用新鲜稀奶油做的具有某些优点，如芳香味更浓，奶油得率较高，并且由于细菌发酵剂抑制了不需要的微生物的生长，因此，在热处理后，再次感染杂菌的危险性较小。

### 二、影响奶油性质的因素

1. 脂肪性质与乳牛品种、泌乳期季节的关系

有些乳牛（如荷兰牛、爱尔夏牛）的乳脂肪中，由于油酸含量高，因此制成的奶油比较软。娟姗牛的乳脂肪由于油酸含量比较低，而熔点高的脂肪酸含量高，因此制成的奶油比较硬。在泌乳初期，挥发性脂肪酸多，而油酸比较少，随着泌乳时间的延长，这种性质变得相反。季节的影响，春夏季由于青饲料多，因此油酸的含量高，奶油也比较软，熔点也比较低。由于这种关系，夏季的奶油很容易变软。为了要得到较硬的奶油，在稀奶油成熟、搅拌、水洗及压炼过程中，应尽可能降低温度。

2. 奶油的色泽

奶油的颜色从白色到淡黄色，深浅各有不同。颜色是由于胡萝卜素的关系。通常冬季的奶油为淡黄色或白色。为使奶油的颜色全年一致，秋冬之间往往加入色素以增加其颜色。奶油长期曝晒于日光下，自行褪色。

3. 奶油的芳香味

奶油有一种特殊的芳香味，这种芳香味主要由丁二酮、甘油及游离脂肪酸等综合而成。其中丁二酮主要来自发酵时细菌的作用。因此，酸性奶油比新鲜奶油芳香味更浓。

4. 奶油的物理结构

奶油的物理结构为水在油中的分散系（固体系）。即在脂肪中分散有游离脂肪球（脂肪球膜未破坏的一部分脂肪球）与细微水滴，此外还含有气泡。水滴中溶有乳中除脂肪以外的其他物质及食盐，因此也称为乳浆小滴。

### 三、按杀菌工艺的不同分类

1. 巴氏杀菌稀奶油（pasteurised cream）。

2. 超高温杀菌稀奶油（ultra high temperature）。

3. 灭菌稀奶油（sterilised cream）。

**生产实例及规程**

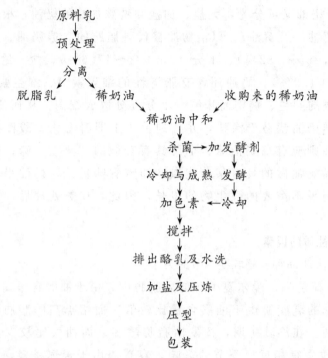

```
                    原料乳
                      ↓
                    预处理
                      ↓
                    分离
              ↙            ↘
        脱脂乳           稀奶油              收购来的稀奶油
                            ↘           ↙
                              稀奶油中和
                                  ↓
                              杀菌 → 加发酵剂
                                  ↓
                              冷却与成熟    发酵
                                  ↓
                              加色素 ← 冷却
                                  ↓
                                 搅拌
                                  ↓
                            排出酪乳及水洗
                                  ↓
                             加盐及压炼
                                  ↓
                                 压型
                                  ↓
                                 包装
```

**一、传统的奶油生产方式**

起初在农场生产的奶油是为了家庭使用，那时用手工操作的奶油搅拌器生产奶油，见图 6-1。随着搅拌和排除酪乳得到的奶油被收集在一个浅槽中，手工压炼直到达到所要求的干燥度和组织。

**二、奶油生产的工艺要点**

1. 原料乳及稀奶油的验收

我国制造奶油所用的原料乳，通常都是从牛乳开始。只有一小部分原料是在牧场或收奶站经分离后将稀奶油送到加工厂。

制造奶油用的原料乳必须来自健康牛，而且在滋气味、组织状态、脂肪含量及密度等各方面都是正常的。含抗生素或消毒剂的稀奶油不能用于生产酸性奶油。乳质量略差而不适于制造奶粉、炼乳时，可用作制造奶油的原料。但凡是要生产优质的产品必须要有优质原料，这是乳品加工的基本要求。如初乳含乳清蛋白较多、末乳脂肪球过小，故不宜采用。

图 6-1　曾用于家庭奶油生产的传统的手工搅拌桶

2. 原料乳的初步处理

首先生产奶油的原料奶要经过滤、净乳，其过程同消毒奶等乳制品，然后冷藏并进行标准化。

（1）冷藏　在冷藏初期占优势的乳酸菌将被耐冷性强的细菌——嗜冷菌取代。嗜冷菌可在巴氏杀菌中被杀死，因此对奶油的质量没有影响。但是一些嗜冷菌产生的脂肪分解酶，能耐受 100℃ 以上的温度处理，对奶油的质量有影响，因此抑制嗜冷菌的生长是极其重要的。原料运到乳品厂后，要立即冷却到 2～4℃，并在此温度下贮存到巴氏杀菌为止。另外为防止嗜冷菌繁殖，可将运到工厂的乳先预热杀菌，一般加热到 $63\sim65℃$ 保持 $15s$，然后再冷却到 $2\sim4℃$（这也是 UHT 乳常采用的方法）。到达乳品厂后巴氏杀菌应尽快进行，不应超过 $24h$。

（2）乳脂分离及标准化　生产奶油时必须将牛乳中的稀奶油分离出来，工业化生产采用离心法将牛乳中稀奶油分离。方法是：在离心机开动后，当达到稳定时（一般为 $4000\sim9000r/min$），将预热到 $35\sim40℃$ 的牛乳输入，控制稀奶油和脱脂乳的流量比为 $1:(6\sim12)$。稀奶油的含脂率一般为 $30\%\sim40\%$。稀奶油的含脂率直接影响奶油的质量及产量。例如，含脂率低时，可以获得香气较浓的奶油，因为这种稀奶油较适于乳酸菌的发酵；当稀奶油过浓时，则容易堵塞分离机，乳脂肪的损失量较多。另外，稀奶油的碘值是成品质量的决定性因素。如不校正，高碘值的乳脂肪（即含不饱和脂肪酸高）使生产出的奶油过软。可用皮尔逊法，根据标准对稀奶油含脂率进行标准化。

3. 稀奶油的中和

稀奶油的中和直接影响奶油的保存性，左右成品的质量。制造甜性奶油时，奶油的 pH 值应保持在中性附近（$6.4\sim6.8$）。

（1）中和目的

① 酸度高的稀奶油杀菌时，其中的酪蛋白凝固而结成凝块，使一些脂肪被包在凝块内，搅拌时流失在酪乳里，造成脂肪损失。

② 稀奶油中和后，可防止脂肪贮藏时尤其是加盐奶油水解和氧化。

③ 同时改善奶油的香味。

（2）中和程度

① 稀奶油的酸度在 $0.5\%$（$55℃T$）以下时，可中和至 $0.15\%$（$16℃T$）。

② 若稀奶油的酸度在 $0.5\%$ 以上时，中和的限度以 $0.15\%\sim0.25\%$。

若将高酸度的稀奶油急速使其变成低酸度，则容易产生特殊气味，而且稀奶油变成浓厚状态。

（3）中和的方法　中和剂为石灰或碳酸钠。石灰价格低廉，并且钙残留于奶油中可以提高营养价值。但石灰难溶于水，必须调成 $20\%$ 的乳剂加入，同时还需要均匀搅拌。碳酸钠易溶于水，中和可以很快进行，同时不易使酪蛋白凝固，但中和时产生二氧化碳。

4. 真空脱气

真空脱气可除掉具有挥发性的异常风味物质。首先将稀奶油加热到 $78℃$，然后输送至真空机，其真空室的真空度可以使稀奶油在 $62℃$ 时沸腾。脱气会引起挥发性成分和芳香物质逸出，稀奶油通过沸腾而冷却下来。然后回到热交换器进行巴氏杀菌、冷却，并打到成熟罐。在夏季，草原上各种葱类植物生长繁延，葱味是一种常见的缺陷。为避免强烈的气味，有必要对收购的原料进行某种形式的分类。

5. 稀奶油的杀菌

由于脂肪的导热性很低，会阻碍温度对微生物的作用；同时为了使脂肪酶完全破坏，有必要进行高温巴氏杀菌。稀奶油在高温，通常为 $95℃$ 或者更高一些的温度下进行巴氏杀菌。一般不需要保持过长时间，热处理的程度应达到使过氧化物酶试验结果呈阴性。热处理不应过分强烈，以免引起蒸煮味之类的缺陷。一般采用 $85\sim90℃$ 的巴氏杀菌。如果有特异气味时，应将温度提高到 $93\sim95℃$，以减轻其缺陷。经杀菌后冷却至发酵温度或成熟温度。

6. 稀奶油的细菌发酵

在生产酸性奶油时要进行细菌发酵。发酵剂菌种为丁二酮链球菌、乳脂链球菌、乳酸链球菌和柠檬明串珠菌。发酵剂的添加量为 1%～5%，一般随碘值的增加而增加。当稀奶油的非脂部分的酸度达到 90°T 时，发酵与物理成熟同时结束。细菌产生的芳香物质中，乳酸、二氧化碳、柠檬酸、丁二酮和醋酸是最重要的。发酵剂必须具有较强活力（每毫升成熟的发酵剂约有 10 亿个细菌）。在发酵剂接种量为 1% 时，20℃，在 7h 后产酸 12°SH，10h 应产酸 18～20°SH。另外发酵剂必须平衡，最重要的是产酸、产香和随后的丁二酮分解之间有适当的比例关系。

稀奶油发酵和稀奶油的物理成熟都是在成熟罐中自动进行。成熟罐通常是三层绝热的不锈钢罐，加热和冷却介质在罐壁之间循环，罐内装有可双向转动的刮板搅拌器，搅拌器在奶油已凝结时，也能进行有效地搅拌（类似酸奶发酵罐）。

**7. 稀奶油的物理成熟**

（1）稀奶油的物理成熟　制造新鲜奶油时，在稀奶油冷却后，立即进行成熟；制造酸性奶油时，则在发酵前或后，或与发酵同时进行。成熟通常需要 12～15h。脂肪变硬的程度决定于物理成熟的温度和时间，随着成熟温度的降低和保持时间的延长，大量脂肪变成结晶状态（固化）。成熟温度应与脂肪的最大可能变成固体状态的程度相适应。夏季 3℃ 时脂肪最大可能的硬化程度为 60%～70%；而 6℃ 时为 45%～55%。例如，在 3℃ 时经过 3～4h 即可达到平衡状态；6℃ 时要经过 6～8h；而在 8℃ 时要经过 8～12h。临界温度：13～16℃ 时，即使保持很长时间也不会使脂肪发生明显的变硬现象，这个温度称为临界温度。

稀奶油在过低温度下进行成熟会造成不良结果，会使稀奶油的搅拌时间延长，获得的奶油团粒过硬，有油污，而且保水性差，同时组织状态不良。

成熟条件对以后的全部工艺过程有很大影响，如果成熟的程度不足时，就会缩短稀奶油的搅拌时间，获得的奶油团粒松软，油脂损失于酪乳中的数量显著增加，并在奶油压炼时会使水的分散造成很大的困难。

（2）稀奶油物理成熟的热处理程序　在稀奶油搅拌之前，为了控制脂肪结晶，稀奶油必须经温度处理程序，使成品的奶油具有合适的硬度。奶油的硬度是最重要的特性之一，因为它直接和间接地影响着其他的特性——主要是滋味和香味。硬度是一个复杂的概念，包括诸如硬度、黏度、弹性和涂布性等特性。乳脂中不同熔点脂肪酸的相对含量，决定奶油硬或软。软脂肪将生产出软而滑腻的奶油，而用硬乳脂生产的奶油，则又硬又浓稠。但是如果采用适当热处理程序，使之与脂肪的碘值相适应，那么奶油的硬度可达到最佳状态。这是因为冷热处理调整了脂肪结晶的大小、固体和连续相脂肪的相对数量。

① 乳脂结晶化。巴氏杀菌引起脂肪球中的脂肪液化，当稀奶油被冷却到 40℃ 以下时，脂肪开始结晶。如果冷却迅速，晶体将多而小；如果是逐渐地冷却，晶体数量少，但颗粒大。另外冷却过程越剧烈，结晶成固体相的脂肪就越多，在搅拌和压炼过程中，能从脂肪球中挤出的液体脂肪就越少。通过脂肪结晶体的吸附，可将液体脂肪结合在它们的表面。如果结晶体多而小，总表面积就大得多，所以可吸附更多的液体脂肪。因此如果冷却迅速，晶体将多而小，通过搅拌和压炼后，从脂肪球中压出少量的液体脂肪，这样连续脂肪相就小，奶油就结实。

同时如果是逐渐地冷却，晶量数量少，但颗粒大，大量的液体脂肪将被压出，连续相就大，奶油就软。所以，通过调整该稀奶油的冷却程序，有可能使脂肪球中晶体的大小规格化，从而影响连续脂肪相的数量和性质。

② 冷热处理程序编制。如果要得到均匀一致的奶油硬度，必须调整物理成熟的条件，使之与乳脂的碘值相适应，见表 6-1。

**表 6-1　不同碘值的稀奶油物理成熟程序**

| 碘值 | 温度程序/℃ | 发酵剂添加量/% | 碘值 | 温度程序/℃ | 发酵剂添加量/% |
|---|---|---|---|---|---|
| <28 | 8—21—20① | 1 | 35～37 | 6—17—11 | 6 |
| 28～29 | 8—21—16 | 2～3 | 38～39 | 6—15—10 | 7 |
| 30～31 | 8—20—13 | 5 | >40 | 20—8—11 | 5 |
| 32～34 | 6—19—12 | 5 | | | |

① 三个数字依次表示稀奶油的冷却温度、加热酸化温度和成熟温度。

a. 含硬脂肪多的稀奶油（碘值在 29 以下）的处理。为得到理想的硬度，应将硬脂肪转化成尽可能小的结晶，所采用的处理程序是 8—21—16℃。迅速冷却到约 8℃，并在此温度下保持约 2h；用 27～29℃的水徐徐加热到 20～21℃，并在此温度下至少保持 2h；冷却到约 16℃。

b. 含中等硬度脂肪稀奶油的处理。随着碘值的增加，热处理温度从 20～21℃相应地降低。结果将形成大量的脂肪结晶，并吸附更多的液体脂肪。对于高达 39 的碘值，加热温度可降至 15℃。但是在较低的温度下，发酵时间也延长。

c. 含软肪脂很多的稀奶油的处理。当碘值大于 39～40 时，在巴氏杀菌后稀奶油冷却到 20℃，并在此温度下酸化约 5h。当酸度约为 33°T 时冷却到约 8℃；如果是 41°T 或者更高，则冷却到 6℃。一般认为，酸化温度低于 20℃，就生成软奶油。

8. 添加色素

为了使奶油颜色全年一致，当颜色太淡时，即需添加色素。最常用的一种色素叫安那妥（Annatto），它是天然的植物色素。3%的安那妥溶液（溶于食用植物油中）叫做奶油黄，通常用量为稀奶油的 0.01%～0.05%。添加色素通常在搅拌前直接加到搅拌器中的稀奶油中。夏季因原有的色泽比较浓，所以不需要再加色素；入冬以后，色素的添加量逐渐增加。为了使奶油的颜色全年一致，可以对照"标准奶油色"的标本，调整色素的加入量。奶油色素除了用安那妥外，还可用合成色素。但必须根据卫生标准规定，不得任意采用。添加色素通常在搅拌前直接加到搅拌器中的稀奶油中。

9. 奶油的搅拌

搅拌时分离出来的液体称为酪乳。稀奶油从成熟罐泵入奶油搅拌机或连续式奶油制造机。奶油搅拌器有圆柱形、锥形、方形或长方形，转速可调节，在搅拌器中有轴带和挡板，挡板的形状、安装位置和尺寸与搅拌器速度有关，挡板对最终产品有重要影响。近年来搅拌器的容积已大大增加。在大的集中化的奶油生产厂中，搅拌器的使用能力可达到 8000～12000L 或者更大。稀奶油一般在搅拌器中占 40%～50%的空间，以留出搅打起泡的空间，见图 6-2。

图 6-2　奶油形成的各个阶段（示意图）

注：黑色部分为水相，白色部分为脂肪相

（1）奶油颗粒的形成　成熟的稀奶油中脂肪球既含有结晶的脂肪，又含有液态的脂肪。脂肪结晶向外拓展并形成构架，最终形成一层软外壳，这层外壳离脂肪球膜很近。当稀奶油搅拌时，会形成蛋白质泡沫层。因为表面活性作用，脂肪球的膜被吸到气-水界面，脂肪球被集中到泡沫中。继续搅拌时，蛋白质脱水，泡沫变小，使得泡沫更为紧凑，因为对脂肪球施加了压力，这样引起一定比例的液态脂肪从脂肪球中被压出，并使一些膜破裂。液体脂肪也含有脂肪结晶，以一薄层分散在泡沫的表面和脂肪球上。当泡沫变得相当稠密时，更多的液体脂肪被压出，这种泡沫因不稳定而破裂。脂肪球凝结形成奶油团粒。开始时，这些是肉眼看不见的，但当压炼继续时，它们变得越来越大。

这样，稀奶油被分成奶油粒和酪乳两部分。在传统的搅拌中，当奶油粒达到一定大小时，搅拌机停止并排走酪乳。在连续式奶油制造机中，酪乳的排出也是连续的。间歇式生产中的奶油搅拌见图 6-3，一台连续奶油制造机见图 6-4。

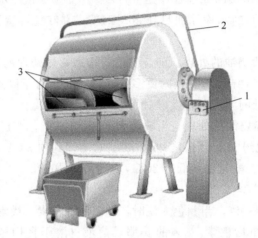

图 6-3　间歇式生产中的奶油搅拌
1—控制板；2—紧急停止；3—角开挡板

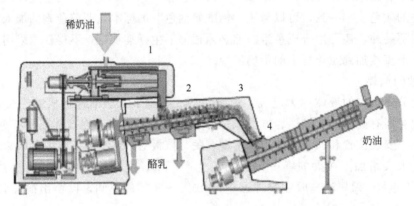

图 6-4　一台连续奶油制造机
1—搅拌筒；2—压炼区；3—榨干区；4—第二压炼区

（2）搅拌的回收率　搅拌回收率（产量）是测定稀奶油中有多少脂肪已转化成奶油的标志。它以酪乳中剩余的脂肪占稀奶油中总脂肪的百分数来表示。例如，0.5％的搅拌回收率表示稀奶油脂肪的 0.5％留在酪乳中，99.5％已变成了奶油。如果该值低于 0.70，则被认为搅拌回收率是合格的。图 6-5 表示一年中搅拌回收率的变化。

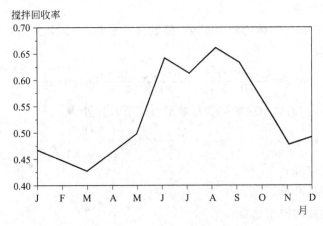

图 6-5　一年中搅拌回收率的变化（瑞典）

10. 奶油粒的洗涤

水洗的目的是为了除去奶油粒表面的酪乳和调整奶油的硬度。同时如用有异常气味的稀奶油制造奶油时，能使部分气味消失。但水洗会减少奶油粒的数量。

水洗用的水温在 3～10℃ 的范围，可按奶油粒的软硬、气候及室温等决定适当的温度。一般夏季水温宜低，冬季水温稍高。水洗次数为 2～3 次。

稀奶油风味不良或发酵过度时可洗 3 次，通常 2 次即可。如奶油太软需要增加硬度时，第一次的水温应较奶油粒的温度低 1～2℃，第二次、第三次各降低 2～3℃。水温降低过急时，容易产生奶油色泽不均匀，每次的水量以与酪乳等量为原则。

奶油洗涤后，有一部分水残留在奶油中，所以洗涤水应质量良好、符合饮用水的卫生要求。细菌污染的水应事先煮沸再冷却，含铁量高的水易促使奶油脂肪氧化，须加注意。如用活性氯处理洗涤水时，有效氯的含量不应高于 0.02%。

11. 奶油的加盐

（1）加盐目的　加盐的目的是为了增加风味，抑制微生物的繁殖，增加保存性。

（2）食盐质量　不纯的食盐，其中有很多夹杂物，如硫酸钾、氯化钾、氯化镁等，同时也存在微生物。因此，食盐的纯度必须符合国家标准特级品或一级品精盐标准。

（3）食盐用量及加盐方法　奶油成品中的食盐含量大致以 2% 为标准。由于在压炼时部分食盐流失，因此添加时，按 2.5%～3.0% 的数量加入。加入前需将食盐在 120～130℃ 的保温箱中焙烘 3～5min，然后过筛应用。

食盐可以加在奶油层上或奶油粒中。加于奶油层上时，需先除去奶油制造器中的洗涤水，然后旋转压榨器将奶油粒加工成一薄层，转动 2～3 次后，将桶门向下排出游离水，此时取出平均样品测定含量。按照奶油的理论产量，计算所需食盐的数量。

奶油的理论产量可按照下式进行计算：

$$x = \frac{C(FC - FS)}{FB - FS}$$

式中　$x$——奶油的理论产量，kg；

　　$C$——进行搅拌的稀奶油量，kg；

　　FC——稀奶油含脂率，%；

　　FB——奶油含脂率，%；

FS——酪乳含脂率，％。

例：今有含脂率33％的稀奶油400kg，酪乳含脂率为0.4％，奶油含脂率为81.8％，试计算奶油的理论产量。

解：

$$x=\frac{C(FC-FS)}{FB-FS}=\frac{400(33-0.4)}{81.8-0.4}=160(kg)$$

得出理论产量后，奶油中应加的食盐数量可按下式计算：

$$x=\frac{M\times c}{100}\times 1.03$$

式中　　$x$——食盐量，kg；

$M$——奶油理论产量，kg；

1.03——损失食盐的校正系数；

$c$——奶油中所要求的食盐百分率，％。

所需的食盐量确定后，如在奶油层上加盐时，将一半食盐用筛子均匀地撒布于奶油的整个表面，静置10～15min，再旋转奶油搅拌器3～5转；同样，再加第二次，将全部食盐分成2次或3次加完。

12. 奶油的压炼

奶油粒压成奶油层的过程称压炼。小规模加工奶油时，可在压炼台上用手工压炼。一般工厂均在奶油制造器中进行压炼。

（1）压炼的目的　奶油压炼的目的是为使奶油粒变为组织致密的奶油层，使水滴分布均匀，使食盐全部溶解，并均匀分布于奶油中。同时调节水分含量，即在水分过多时排除多余的水分，水分不足时加入适量的水分并使其均匀吸收。

（2）压炼程度及水分调节　新鲜奶油在洗涤后立即进行压炼，应尽可能完全除去洗涤水，然后关上旋塞和奶油制造器的孔盖，并在慢慢旋转搅拌桶的同时开动压榨轧辊。压炼初期，被压榨的颗粒形成奶油层，同时，表面水分被压榨出来。此时，奶油中水分显著降低。当水分含量达到最低限度时，水分又开始向奶油中渗透。奶油中水分容量最低的状态称为压炼的临界时期。压炼的第一阶段于此结束。

压炼的第二阶段，奶油水分逐渐增加。在此阶段水分的压出与进入是同时发生。第二阶段开始时，这两个过程进行速度大致相等。但是，末期从奶油中排出水的过程几乎停止，而向奶油中渗入水分的过程则加强。这样就引起奶油中水分的增加。

压炼的第三阶段，奶油中水分显著增高，而且水分的分散加剧。应根据奶油压炼时水分所发生的变化，使水分含量达到标准化。所以每个工厂应通过实验方法，来确定在正常压炼条件下调节奶油中水分的曲线图。为此，在压炼中，每通过压榨轧辊3～4次，必须测定一次含水量。

根据压炼条件，开始时压5～10次，以便将颗粒汇集成奶油层，并将表面水分压出。然后稍微打开旋塞和桶孔盖，再旋转2～3转，随后使桶口向下排出游离水，并从奶油层的不同地方取出平均样品，以测定含水量。在这种情况下，奶油中含水量如果低于许可标准，可按下式计算不足的水分。

$$x=\frac{M(A-B)}{100}$$

式中　　$x$——不足的水量，kg；

$M$——理论上奶油的重量，kg；

$A$——奶油中容许的标准水分，%；

$B$——奶油中含有的水分，%。

将不足的水量加到奶油制造器内，关闭旋塞而后继续压炼，不让水流出，直到全部水分被吸收为止。压炼结束之前，再检查一次奶油的水分。如果已达到了标准，再压榨几次使其分布均匀。

在制成的奶油中，水分应成为微细的小滴均匀分散。当用铲子挤压奶油块时，不允许有水珠从奶油块内流出。

在正常压炼的情况下，奶油中直径小于 $15\mu m$ 的水滴的含量要占全部水分的 50%。直径达 1mm 的水滴占 30%，直径大于 1mm 的大水滴占 5%。奶油压炼过度会使奶油中有大量空气，致使奶油中物理化学性质发生变化。正确压炼的新鲜奶油、加盐奶油和无盐奶油，水分都不应超过 16%。

13. 包装

奶油可以包装成 5kg 以上的大包，也可以包装成从 10g 到 5kg 的小包，取决于包装类型，可以使用不同类型的灌装机，机械通常是全自动的，分块和包装通常可以按不同尺寸要求进行重设调整，如 250g 和 500g 或 10g 和 15g。

包装材料必须是防油的并且不透光、不泄漏滋味和气味，同时也不允许水分渗透，否则奶油表面将会干燥并且外层会变得比其余部分更黄。奶油通常包装于铝箔中。包装后，小块包装的奶油继续在打箱机上包装于纸盒中，最后放在排架上运去冷藏。

14. 冷藏

为保持奶油的硬度和外观，奶油包装后应尽快进入冷库并冷却到 5℃，存放 24～48h。如果不这样做，脂肪结晶就非常缓慢，奶油能保持其新搅拌硬度和外观好几天。低温存放也能提高其保藏质量和减少销售中包装变形的危险。奶油可以在约 4℃ 温度下短期贮存，如果需要长期贮存，则必须在约 -25℃ 温度下深冻。

### 三、生产加工贮藏过程中的奶油缺陷和产生原因

由于原料、加工工艺和贮藏不当，奶油会出现一些缺陷。

（一）风味缺陷

正常奶油应该具有乳脂肪的特有香味或乳酸菌发酵的芳香味，但有时会出现下列异味。

1. 鱼腥味

这是奶油贮藏时很容易出现的异味，其原因是卵磷脂水解，生成三甲胺造成的。如果脂肪发生氧化，这种缺陷更易发生，这时应提前结束贮存。生产中应加强杀菌和卫生措施。

2. 脂肪氧化与酸败味

脂肪氧化味是空气中氧气和不饱和脂肪酸反应造成的。而酸败味是脂肪在解脂酶的作用下生成低分子游离脂肪酸造成的。奶油在贮藏中往往首先出现氧化味，接着便会产生脂肪水解味。这时应该提高杀菌温度，既杀死有害微生物，又要破坏解脂酶。在贮藏中应该防止奶油长霉，霉菌不仅能使奶油产生土腥味，也能产生酸败味。

3. 干酪味

奶油呈干酪味是生产卫生条件差、霉菌污染或原料稀奶油的细菌污染导致蛋白质分解造成的。生产时应加强稀奶油杀菌和设备及生产环境的消毒工作。

**4. 肥皂味**

稀奶油中和过度，或者是中和操作过快，局部皂化引起的。应减少碱的用量或改进操作。

**5. 金属味**

由于奶油接触铜、铁设备而产生的金属味。应防止奶油接触生锈的铁器或铜制阀门等。

**6. 苦味**

产生的原因是使用末乳或奶油被酵母污染。

**（二）组织状态缺陷**

**1. 软膏状或黏胶状**

压炼过度、洗涤水温度过高或稀奶油酸度过低和成熟不足等。总之，液态油较多，脂肪结晶少则形成黏性奶油。

**2. 奶油组织松散**

压炼不足、搅拌温度低等造成液态油过少，出现松散状奶油。

**3. 砂状奶油**

此缺陷出现于加盐奶油中，盐粒粗大未能溶解所致。有时出现粉状，并无盐粒存在，乃是中和时蛋白凝固混合于奶油中。

**（三）色泽缺陷**

**1. 条纹状**

此缺陷容易出现在干法加盐的奶油中，盐加得不均、压炼不足等。

**2. 色暗而无光泽**

压炼过度或稀奶油不新鲜。

**3. 色淡**

此缺陷经常出现在冬季生产的奶油中，由于奶油中胡萝卜素含量太少，致使奶油色淡，甚至白色。可以通过添加胡萝卜素加以调整。

**4. 表面褪色**

奶油暴露在阳光下，发生光氧化造成。

 **质量标准及检验**

奶油成品的质量标准应符合 GB 19646—2010。本标准适用于由全脂牛乳分离出来的含脂肪部分，经巴氏杀菌而制成的产品。

稀奶油感官、理化指标及微生物指标检验方法和指标要求见表 6-2、表 6-3 及表 6-4。

**一、感官指标**（见表 6-2）

表 6-2　感官指标

| 项　目 | 要　求 | 检 验 方 法 |
|---|---|---|
| 滋味及气味 | 具有稀奶油、奶油、无水奶油或相应辅料应有的滋味和气味，无异味 | 取适量试样置于 50mL 烧杯中，在自然光下观察色泽和组织状态。闻其气味，用温开水漱口，品尝滋味 |
| 组织状态 | 均匀一致，允许有相应辅料的沉淀物，无正常视力可见异物 | |
| 色泽 | 呈均匀一致的乳白色、乳黄色或相应辅料应有的色泽 | |

## 二、理化指标（见表 6-3）

表 6-3 理化指标

| 项 目 | | 指标稀奶油 | 检 验 方 法 |
|---|---|---|---|
| 水分/% | ≤ | — | 奶油按 GB 5009.3 的方法测定 |
| 脂肪/% | ≥ | 10.0 | GB 5413.3[①] |
| 酸度[②]/°T | | 30.0 | GB 5413.34 |
| 非脂乳固体[③]/% | | — | |

① 无水奶油的脂肪（%）=100%−水分（%）。

② 不适用于以发酵稀奶油为原料的产品。

③ 非脂乳固体（%）=100%−脂肪（%）−水分（%）（含盐奶油还应减去食盐含量）。

## 奶油中脂肪的测定

（一）原理

用乙醚和石油醚抽提样品的碱水解液，通过蒸馏或蒸发去除溶剂，测定溶于溶剂中的抽提物的质量。

（二）仪器、设备及试剂

除非另有规定，本方法所用试剂均为分析纯，水为 GB/T 6682 规定的三级水。

（1）试剂　淀粉酶，氨水（$NH_4OH$），乙醇（$C_2H_5OH$），乙醚（$C_4H_{10}O$），石油醚（$C_nH_{2n+2}$），等体积混合乙醚和石油醚，碘溶液（$I_2$），刚果红溶液（$C_{32}H_{22}N_6Na_2O_6S_2$），盐酸（6mol/L）。

（2）仪器与设备　分析天平，离心机，烘箱，水浴，抽脂瓶。

（三）操作步骤

1. 用于脂肪收集的容器（脂肪收集瓶）的准备

于干燥的脂肪收集瓶中加入几粒沸石，放入烘箱中干燥 1h。使脂肪收集瓶冷却至室温，称量，精确至 0.1mg。

2. 空白试验

空白试验与样品检验同时进行，使用相同步骤和相同试剂，但用 10mL 水代替试样。

3. 测定

① 先将奶油试样放入温水浴中溶解并混合均匀后，称取试样约 0.5g（精确至 0.0001g），稀奶油称取 1g 于抽脂瓶中，加入 8～10mL 45℃的蒸馏水。加 2mL 氨水充分混匀。

② 加入 2mL 氨水，充分混合后立即将抽脂瓶放入 65℃±5℃的水浴中，加热 15～20min，不时取出振荡。取出后，冷却至室温。静止 30s 后可进行下一步骤。

③ 加入 10mL 乙醇，缓和但彻底地进行混合，避免液体太接近瓶颈。如果需要，可加入两滴刚果红溶液。

④ 加入 25mL 乙醚，塞上瓶塞，将抽脂瓶保持在水平位置，小球的延伸部分朝上夹到摇混器上，按约 100 次/min 振荡 1min，也可采用手动振摇方式，但均应注意避免形成持久乳化液。抽脂瓶冷却后小心地打开塞子，用少量的混合溶剂冲洗塞子和瓶颈，使冲洗液流入抽脂瓶。

⑤ 加入 25mL 石油醚，塞上重新润湿的塞子，按④所述，轻轻振荡 30s。

⑥ 将加塞的抽脂瓶放入离心机中，在 500～600r/min 下离心 5min。否则将抽脂瓶静止

至少 30min，直到上层液澄清，并明显与水相分离。

⑦ 小心地打开瓶塞，用少量的混合溶剂冲洗塞子和瓶颈内壁，使冲洗液流入抽脂瓶。如果两相界面低于小球与瓶身相接处，则沿瓶壁边缘慢慢地加入水，使液面高于小球和瓶身相接处（见图 6-6），以便于倾倒。

图 6-6　倾倒醚层前　　　　　　　　　　　图 6-7　倾倒醚层后

⑧ 将上层液尽可能地倒入已准备好的加入沸石的脂肪收集瓶中，避免倒出水层（见图 6-7）。

⑨ 用少量混合溶剂冲洗瓶颈外部，冲洗液收集在脂肪收集瓶中。要防止溶剂溅到抽脂瓶的外面。

⑩ 向抽脂瓶中加入 5mL 乙醇，用乙醇冲洗瓶颈内壁，按③所述进行混合。重复④～⑤操作，再进行第二次抽提，但只用 15mL 乙醚和 15mL 石油醚。

⑪ 重复③～⑨操作，再进行第三次抽提，但只用 15mL 乙醚和 15mL 石油醚。

⑫ 合并所有提取液，既可采用蒸馏的方法除去脂肪收集瓶中的溶剂，也可于沸水浴上蒸发至干来除掉溶剂。蒸馏前用少量混合溶剂冲洗瓶颈内部。

⑬ 将脂肪收集瓶放入 102℃±2℃的烘箱中加热 1h，取出脂肪收集瓶，冷却至室温，称量，精确至 0.1mg。

⑭ 重复⑬操作，直到脂肪收集瓶两次连续称量差值不超过 0.5mg，记录脂肪收集瓶和抽提物的最低质量。

⑮ 为验证抽提物是否全部溶解，向脂肪收集瓶中加入 25mL 石油醚，微热，振摇，直到脂肪全部溶解。如果抽提物全部溶于石油醚中，则含抽提物的脂肪收集瓶的最终质量和最初质量之差，即为脂肪含量。

（四）分析结果

样品中脂肪含量按下式计算：

$$X=[(m_1-m_2)-(m_3-m_4)]/m$$

式中　$X$——样品中脂肪含量，g/100g；

　　　$m$——样品的质量，g；

　　　$m_1$——测得的脂肪收集瓶和抽提物的质量，g；

　　　$m_2$——脂肪收集瓶的质量，或在有不溶物存在下，测得的脂肪收集瓶和不溶物的质量，g；

　　　$m_3$——空白试验中，脂肪收集瓶和测得的抽提物的质量，g；

　　　$m_4$——空白试验中脂肪收集瓶的质量，或在有不溶物存在时，测得的脂肪收集瓶和不溶物的质量，g。

以重复性条件下获得的两次独立测定结果的算术平均值表示，结果保留三位有效数字。

### 三、微生物指标（见表6-4）

表 6-4　微生物指标

| 项　目 | 采样方案[①]及限量(若非指定,均以 CFU/g 或 CFU/mL 表示) | | | | 检验方法 |
| --- | --- | --- | --- | --- | --- |
| | n | c | m | M | |
| 菌落总数[②] | 5 | 2 | 10000 | 100000 | GB 4789.2 |
| 大肠菌群 | 5 | 2 | 10 | 100 | GB 4789.3 平板计数法 |
| 金黄色葡萄球菌 | 5 | 1 | 10 | 100 | GB 4789.10 平板计数法 |
| 沙门菌 | 5 | 0 | 0/25g(mL) | — | GB 4789.4 |
| 霉菌　　≤ | 90 | | | | GB 4789.15 |

① 样品的分析及处理按 GB 4789.1 和 GB 4789.18 执行。

② 不适用于以发酵稀奶油为原料的产品。

## 任务总结

　　奶油是一种主要由乳脂肪、水和非脂乳固体（蛋白质、乳糖、矿物质、维生素）构成的高能量天然浓缩乳制品。奶油具有独特的美妙风味，这种风味结合令人愉悦的口感是使奶油在市场上获得昂贵价格的一个重要原因。本任务以介绍奶油加工方法和实用操作技术为主要内容，并对奶油加工的机理与操作步骤以及奶油的检测技术进行了介绍。以期通过本任务的学习和实践，学生能够根据实际情况选用恰当的加工奶油方法，达到能够独立对奶油进行加工与检验的目的。

## 知识考核

**一、名词解释**

1. 奶油；2. 稀奶油物理成熟；3. 搅拌

**二、填空**

1. 奶油按原料一般分为两类，分别是_____和_____。

2. 稀奶油的细菌发酵菌种为丁二酮链球菌、乳脂链球菌、乳酸链球菌和柠檬明串珠菌，发酵剂的添加量为_____％。

3. 一般加盐奶油的主要成分为_____、水分、盐以及蛋白质、钙和磷。

4. 生产奶油时必须将牛乳中的稀奶油分离出来，工业化生产采用_____法将牛乳中稀奶油分离。

5. 稀奶油的物理成熟通常需要_____h。

**三、选择题**

1. 当稀奶油的酸度在 0.5％以下时，可中和至（　　　）％。

　　A. 0.05　　　　　　B. 0.10　　　　　　C. 0.15

2. 若稀奶油的酸度在 0.5％以上时，中和的限度为（　　　）％。

　　A. 0.05～0.15　　　B. 0.15～0.25　　　C. 0.35～0.40

3. 稀奶油的杀菌一般采用（　　　）℃的巴氏杀菌。

　　A. 85～90　　　　　B. 100～110　　　　C. 135～150

4.（　　　）％的安那妥溶液（溶于食用植物油中）叫做奶油黄。

　　A. 1　　　　　　　　B. 3　　　　　　　　C. 5

5. 当稀奶油的非脂部分的酸度达到（　　　）°T 时发酵结束。

　　A. 60　　　　　　　　B. 90　　　　　　　　C. 100

**四、判断题**

1. 奶油搅拌时分离出来的液体称为乳清。　　　　　　　　　　　　　　　　　　　（　　）

2. 稀奶油被分成奶油粒和酪乳两部分。　　　　　　　　　　　　　　　　　　　　（　　）

3. 布里高特也主要是一种涂抹食品，但不可用于烹调。　　　　　　　　　　　　　（　　）

4. 使用稀奶油作为原料来生产无水乳脂的工艺是以乳化分裂原理为基础的。　　　　（　　）

5. 涂抹奶油即黄油（butter oil），保存期长。　　　　　　　　　　　　　　　　　（　　）

**五、简答题**

1. 奶油加工贮藏过程中会出现哪些风味缺陷？其产生原因是什么？

2. 奶油加工贮藏过程中会出现哪些组织状态缺陷？其产生原因是什么？

3. 奶油加工贮藏过程中会出现哪些色泽缺陷？其产生原因是什么？

# 任务二　酸性奶油的加工及检测

　　酸性奶油又叫发酵奶油，是以杀菌的稀奶油，用纯乳酸菌发酵剂发酵后加工制成，有加盐和不加盐两种，具有微酸和较浓的乳香味，含乳脂肪 80%～85%。通过乳酸菌和风味产生菌发酵稀奶油制造出的是发酵奶油，由未发酵的稀奶油制成的奶油是甜奶油。甜奶油的风味是淡淡的、滑腻的；而发酵奶油的风味则更为强烈，像一种农舍奶油。

## 能力目标

1. 学会酸性奶油的加工方法。

2. 掌握酸性奶油加工相应设备的使用方法。

3. 掌握酸性奶油质量检测技术。

4. 能发现酸性奶油加工中出现的问题并提出解决方案。

## 知识目标

1. 理解酸性奶油的基础理论知识。

2. 熟悉酸性奶油的制作原理。

3. 掌握酸性奶油加工各步骤的操作要点。

## 知识准备

　　酸性奶油的风味来源于由乳酸乳球菌乳酸亚种与乳脂亚种、乳酸乳球菌丁二酮亚种和肠膜明串珠菌乳脂亚种所组成的微生物发酵剂。这些发酵剂被加入到经过巴氏消毒的稀奶油中，并在随后的稀奶油成熟过程中将乳中非脂成分转化为一系列风味物质，例如乳糖转化为乳酸、柠檬酸盐转化为丁二酮。在实际生产过程中可以通过调节发酵温度与 pH 值来控制这些风味的强度。

　　酸性稀奶油的缺点是：①酪乳和稀奶油都发酵，酸酪乳要比甜性奶油所得的鲜酪乳难处理。②它更容易被氧化，从而产生一种金属味，若有微量的铜或其他重金属存在，则这一趋势更加严重，奶油的保藏性差。在酸性奶油的生产中，大部分金属离子进入脂肪相，从而使得奶油易于氧化。但在加工甜性奶油时，大部分金属离子随着酪乳排走了，因此这种奶油被氧化的危险性极小。

 **生产实例及规程**

### 一、生产工艺流程

稀奶油的脂肪含量从 $10\% \sim 40\%$ 不等，生产过程与别的发酵产品大多相当。发酵稀奶油生产工艺见图 6-8。脂肪标准化后，为了提高其质地，防止脱水收缩（例如酪蛋白化合物或水状胶体），可添加法律允许的浓缩干物质和稳定剂。脂肪含量增加，添加量减少。随后，标准化的稀奶油进行热处理和均质。通常热处理条件为 $80 \sim 95℃$、$15 \sim 30min$，或 $120 \sim 130℃$ 几秒钟。与逆流处理工艺相比较，热处理后均质能更好地改善其质地。根据脂肪含量应采用不同的均质压力，一般脂肪比例越低，其均质压力要求就越高。均质后的脂肪球直接参与随后的酸化凝乳过程，最后成为网状结构完整的一部分。

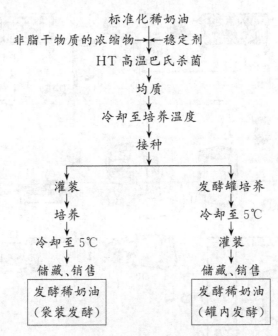

图 6-8　发酵奶油的制作

通常，酸味是通过接种嗜温乳酸菌而获得的，有一个例外就是用酸味剂（$\delta$-葡糖酸内酯、乳酸和其他）来调酸生产稀奶油。接种可以在无菌灌装后进行，或者是在灌装前的发酵罐中进行。在 $20 \sim 24℃$ 下培养 $14 \sim 24h$，温度升高将缩短发酵时间。当达到合适的 pH 值时，发酵过程在冷却到 $5℃$ 时终止。刚生产出来的发酵稀奶油 pH 值大约为 $4.5$，有轻微的酸味和适度的"奶酪"或"黄油"风味。发酵稀奶油的质地均匀。

### 二、发酵奶油生产线

典型的发酵奶油加工生产线见图 6-9。在图中，如果稀奶油在奶油厂里生产，全脂乳被分离之前要预热到 $63℃$ 进行巴氏杀菌，热的稀奶油进入稀奶油巴氏杀菌器之前经过一个中间缓冲贮罐，对稀奶油进行温和的处理，来自分离机的脱脂乳在被打入贮乳罐之前要进行巴氏处理和冷却。稀奶油从中间贮存罐被送到 $95℃$ 或更高的温度下进行巴氏杀菌。

如果稀奶油带有异常的挥发性气味或香味，生产线中也可增设真空脱气装置。所以在巴氏杀菌前需要进行真空脱气。真空脱气后，稀奶油返回巴氏杀菌器来完成进一步处理-加热、保温和冷却，然后送往成熟罐。在成熟罐中，成熟12～15h，在适当条件下，在温度控制程序之前加入产酸的细菌发酵剂。稀奶油从成熟罐被泵入连续奶油制造机或搅拌机，有时通过板式换热器将其温度提高到所需要的温度。在搅拌过程中稀奶油被剧烈摔打，以打碎脂肪球，使脂肪球聚合成奶油团粒，使剩余在液体即酪乳中的脂肪含量减少。这样稀奶油被分为两部分：奶油粒和酪乳。在传统的搅拌中，当奶油粒达到一定大小时，搅拌机停止，并排走酪乳。在连续式奶油制造机中，酪乳的排放也是连续式的。排出酪乳后，将奶油压炼成水呈细微分散的脂肪连续相。如果奶油准备加盐，在间歇生产的情况下盐撒在其表面，在连续式奶油制造机中盐以盐水的形式加在奶油中。加盐以后，为了保证盐的均匀分布，必须强有力地压炼奶油。最终的奶油被传送到包装设备然后冷却贮存。

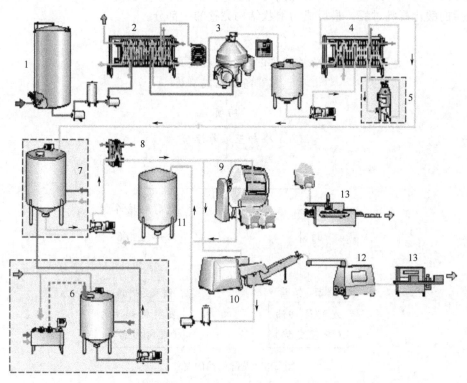

图 6-9　批量和连续生产发酵奶油的生产线

1—原料贮藏罐；2—板式热交换器（预热）；3—奶油分离机；4—板式热交换器（巴氏杀菌）；
5—真空脱气；6—发酵剂制备系统；7—稀奶油的成熟和发酵；8—板式热交换器（温度处理）；
9—批量奶油压炼机；10—连续压炼机；11—酪乳暂存罐；12—带传送的奶油仓；13—包装机

　　工业化的奶油制造过程包括许多步骤，原料稀奶油可以由液态奶加工厂提供或者由奶油厂从全脂乳中分离。稀奶油贮存及运输到奶油厂时，应预防二次污染、充气或产生泡沫。收到产品后，称重和分析检测以后，把稀奶油贮存在罐中。直到19世纪，发酵奶油仍用自然发酵的稀奶油来生产，那时稀奶油从牛乳的上层撇出，倒入一个木桶中，在奶油桶中通过手工搅拌生产奶油。自然发酵的过程是非常敏感的，外界微生物的感染常常导致无法生产出奶油。随着人们对冷藏知识的增长，使稀奶油能够在牛乳变酸之前被撇出，而由甜性稀奶油制成新鲜奶油。

奶油的生产方法不断得到完善，产品质量和经济效益逐渐提高，最后发现鲜奶油可通过添加酸酪乳或自然酸化的乳来使稀奶油发酵，使在可控条件下生产酸性奶油成为可能。

## 质量标准及检验

酸性奶油成品的质量标准检验步骤和指标要求符合 GB 19646—2010。

**一、酸性奶油感官及微生物指标**（见任务一中表 6-2 和表 6-4）

**二、理化指标的检验方法、检验项目和指标要求**（见表 6-5）

表 6-5  酸性奶油理化指标

| 项　　目 | | 指标奶油 | 检　验　方　法 |
|---|---|---|---|
| 水分/% | ≤ | 16.0 | 奶油按 GB 5009.3 的方法测定 |
| 脂肪/% | ≥ | 80.0 | GB 5413.3[①] |
| 酸度[②]/°T | | 20.0 | GB 5413.34 |
| 非脂乳固体[③]/% | | 2.0 | — |

① 无水奶油的脂肪（%）＝100%－水分（%）。
② 不适用于以发酵稀奶油为原料的产品。
③ 非脂乳固体（%）＝100%－脂肪（%）－水分（%）（含盐奶油还应减去食盐含量）。

## 任务总结

酸性奶油是以杀菌的稀奶油，用纯乳酸菌发酵剂发酵后加工制成，具有微酸和较浓的乳香味。本任务阐述了酸性奶油的基本概念、缺点、具体加工方法操作规程以及酸性奶油的检验方法。通过本任务的学习和实践，学生能够根据实际情况选用恰当的加工酸性奶油方法，达到能够独立对酸性奶油进行加工与检验的目的。

## 知识考核

**一、名词解释**

酸性奶油

**二、判断**

1. 稀奶油从中间贮存罐被送到 60℃ 或更高的温度下进行巴氏杀菌。（　　）

2. 在成熟罐中，成熟 12～15h，在适当条件下，在温度控制程序之前加入产酸的细菌发酵剂。（　　）

3. 如果稀奶油在奶油厂里生产，全脂乳被分离之前要预热到 63℃ 进行巴氏杀菌。（　　）

**三、简答题**

1. 酸性稀奶油有哪些缺点？

2. 影响奶油性质的因素有哪些？

3. 加工奶油的原料乳有哪些质量要求？

# 任务三　重制奶油的加工及检测

重制奶油又叫无水奶油，是以乳和（或）奶油或稀奶油（经发酵或不发酵）为原料，添加或不添加食品添加剂和营养强化剂，经加工制成的脂肪含量不小于 99.8% 的产品。

## 能力目标

1. 学会重制奶油的加工方法。
2. 掌握重制奶油加工相应设备的使用方法。
3. 掌握重制奶油质量检测技术。
4. 能发现重制奶油加工中出现的问题并提出解决方案。

## 知识目标

1. 理解重制奶油加工的基础理论知识及制作原理。
2. 掌握重制奶油加工各步骤的操作要点。
3. 掌握重制奶油质量检测的理论知识。

## 知识准备

重制奶油指的是用质量较次的奶油或稀奶油进一步加工制成的水分含量低、不含蛋白质的奶油。按国内习惯，重制奶油系变质的奶油，经手工除掉霉斑等污染，加热熔化，除掉水分，弃去下层沉淀，制得含脂率 98% 以上、含水分 1% 以下的脂肪制品。此产品保存性很好，可用于制造冰淇淋和糕点，还可作烹调用。

## 生产实例及规程

**一、煮沸法生产重制奶油**（用于小型生产）

① 稀奶油搅拌分出奶油粒后，将其放入锅内，或将稀奶油直接放入锅内，用慢火长时间煮沸，使其水分蒸发，随着水分的减少和温度的升高，蛋白质逐渐析出，油越来越分清，煮到油面上的泡沫减少时，即可停止煮沸（注意不要煮过时了，时间长了，油色也会变深）。

② 静置降温，使蛋白质沉淀后，将上层澄清油装入木桶或马口铁桶，即成黄油。用这种方法生产的奶油具有特有的奶油香味。

**二、熔融法生产重制奶油**（用于较大规模的工业化生产）

① 将奶油放在带夹层缸内加热熔融后加温至沸点。对于变质有异味的奶油，经一段时间的沸腾，随水分蒸发的同时，异味也被除去，然后停止加温。

② 之后静置冷却，使水分、蛋白质分层降在下部，或用离心机将奶油与水、蛋白质分开，将奶油装入包装容器。

产品特点：具有特有的奶油香味，含水分不超过 2%，在常温下保存期比甜性奶油的保存期长得多，可直接食用，用于烹调或食品加工。可见不论什么法都需将奶油熔化（加热至 45~55℃）再进一步处理。

## 质量标准及检验

重制奶油成品的质量标准及检验符合 GB 19646—2010。

一、**重制奶油感官检验和微生物指标检验**（见任务一中表 6-2 和表 6-4）

二、**理化指标的检验项目和检验方法**（见表 6-6）

**表 6-6 理化指标**

| 项 目 | | 无水奶油 | 检 验 方 法 |
|---|---|---|---|
| 水分/% | $\leqslant$ | 0.1 | 无水奶油按 GB 5009.3 中的卡尔·费休法测定 |
| 脂肪/% | $\geqslant$ | 99.8 | GB 5413.3[①] |
| 酸度[②]/°T | | — | GB 5413.34 |
| 非脂乳固体[③]/% | | — | |

① 无水奶油的脂肪（%）=100%-水分（%）。

② 不适用于以发酵稀奶油为原料的产品。

③ 非脂乳固体（%）=100%-脂肪（%）-水分（%）（含盐奶油还应减去食盐含量）。

## 卡尔·费休法测定奶油中水分含量

（一）原理

根据碘能与水和二氧化硫发生化学反应，在有吡啶和甲醇共存时，1mol 碘只与 1mol 水作用，反应式如下：

$$C_5H_5N \cdot I_2 + C_5H_5N \cdot SO_2 + C_5H_5N + H_2O + CH_3OH \longrightarrow 2C_5H_5N \cdot HI + C_5H_6N[SO_4CH_3]$$

卡尔·费休水分测定法又分为库仑法和容量法。库仑法测定的碘是通过化学反应产生的，只要电解液中存在水，所产生的碘就会和水以 1:1 的关系按照化学反应式进行反应。当所有的水都参与了化学反应，过量的碘就会在电极的阳极区域形成，反应终止。容量法测定的碘是作为滴定剂加入的，滴定剂中碘的浓度是已知的，根据消耗滴定剂的体积，计算消耗碘的量，从而计量出被测物质水的含量。

（二）仪器、设备及试剂

除非另有规定，本方法所用试剂均为分析纯，水为 GB/T 6682 规定的三级水。

1. 试剂

卡尔·费休试剂，无水甲醇（$CH_4O$）：优级纯。

2. 仪器与设备

卡尔·费休水分测定仪，天平：感量为 0.1mg。

（三）操作步骤

1. 卡尔·费休试剂的标定（容量法）

在反应瓶中加一定体积（浸没铂电极）的甲醇，在搅拌下用卡尔·费休试剂滴定至终点。加入 10mg 水（精确至 0.0001g），滴定至终点并记录卡尔·费休试剂的用量（$V$）。

卡尔·费休试剂的滴定度按下式计算：

$$T = V/M$$

式中 $T$——卡尔·费休试剂的滴定度，mg/mL；

$M$——水的质量，mg；

$V$——滴定水消耗的卡尔·费休试剂的用量，mL。

2. 试样前处理

可粉碎的固体试样要尽量粉碎，使之均匀。不易粉碎的试样可切碎。

3. 试样中水分的测定

于反应瓶中加一定体积的甲醇或卡尔·费休测定仪中规定的溶剂浸没铂电极，在搅拌下用卡尔·费休试剂滴定至终点。迅速将易溶于上述溶剂的试样直接加入滴定杯中；对于不易溶解的试样，应采用对滴定杯进行加热或加入已测定水分的其他溶剂辅助溶解后用卡尔·费休试剂滴定至终点。建议采用库仑法测定试样中的含水量应大于 $10\mu g$，容量法应大于 $100\mu g$。对于某些需要较长时间滴定的试样，需要扣除其漂移量。

4. 漂移量的测定

在滴定杯中加入与测定样品一致的溶剂，并滴定至终点，放置不少于 $10min$ 后再滴定至终点，两次滴定之间的单位时间内的体积变化即为漂移量（$D$）。

5. 分析结果的表述

固体试样中水分的含量按下式计算：

$$X=(V_1-D\times t)\times T/M\times 100$$

液体试样中水分的含量按下式计算：

$$X=(V_1-D\times t)\times T/(V_2\rho)\times 100$$

式中　$X$——试样中水分的含量，g/100g；

　　　$V_1$——滴定样品时卡尔·费休试剂体积，mL；

　　　$T$——卡尔·费休试剂的滴定度，g/mL；

　　　$M$——样品质量，g；

　　　$V_2$——液体样品体积，mL；

　　　$D$——漂移量，mL/min；

　　　$t$——滴定时所消耗的时间，min；

　　　$\rho$——液体样品的密度，g/mL。

水分含量 $\geq 1g/100g$ 时，计算结果保留三位有效数字；水分含量 $<1g/100g$ 时，计算结果保留两位有效数字。

 **任务总结**

重制奶油是用稀奶油或甜性、酸性奶油，经过熔融，除去蛋白质和水分制成的。具有特有的脂香味，含乳脂肪 98% 以上。本任务阐述了重制奶油的基本概念、两种加工重制奶油的方法。本任务为课外实践内容，通过本任务的学习，以期学生能够根据实际情况选用恰当的加工重制奶油方法，达到能够独立对奶油进行加工与检验的目的。

 **知识考核**

**一、名词解释**

重制奶油

**二、填空题**

1. 重制奶油系变质的奶油，经手工除掉霉斑等污染，加热熔化，除掉水分，弃去下层沉淀，制得含脂率_____以上、含水分_____以下的脂肪制品。

2. 煮沸法中静置降温，使蛋白质沉淀后，将_____装入木桶或马口铁桶，即成黄油。

**三、简答题**

1. 重制奶油的两种方法分别用于哪种生产？

2. 重制奶油的产品特点是什么？

# 项目七　炼乳的加工及检测

炼乳（condensed milk）是将鲜乳经真空浓缩除去大部分水分而制成的浓缩乳制品。炼乳种类很多，按成品是否加糖、脱脂或添加某种辅料，可分为以下几种。

① 甜炼乳（sweetened condensed milk）。是一种加入糖的浓缩乳，呈淡黄色。甜炼乳的糖分浓度很高因而渗透压也很高，能抑制大部分微生物。甜炼乳可用全脂乳或脱脂乳粉来进行生产。

② 淡炼乳（light condensed milk）。是一种不加糖、经过灭菌处理、浓缩的外观颜色淡似稀奶油的乳制品。

③ 脱脂炼乳（condensed skimmed milk）。原料经离心脱脂，除去大部分乳脂肪后浓缩制成的浓稠乳制品。

④ 半脱脂炼乳（condensed semi-skimmed milk）。原料经离心脱脂，除去50％的乳脂肪后浓缩制成的浓稠乳制品。

⑤ 花色炼乳（variety condensed milk）。一般是炼乳中加入可可、咖啡及其他有色食品辅料，经浓缩制成的乳制品。

⑥ 强化炼乳（fortified condensed milk）。炼乳中强化了维生素、微量元素等。

⑦ 调制炼乳（modified condensed milk）。炼乳中配有蛋白、植物脂肪、饴糖或蜂蜜类的营养物质等，制成适合不同人群的乳制品。

## 任务一　甜炼乳的加工及检测

甜炼乳起源于法国和英国。法国人尼克拉斯（1796年）等人曾进行过浓缩乳的贮藏试验，法国的阿贝尔（1827年）把煮浓的牛乳装入瓶装罐头中并封闭，可使保存期延长。

### 能力目标

1. 学会甜炼乳的加工方法及原料乳的选择。
2. 掌握甜炼乳制作相应设备的使用方法。
3. 掌握甜炼乳质量检测技术。
4. 能发现甜炼乳加工中出现的问题并提出解决方案。

### 知识目标

1. 理解甜炼乳加工的基础理论知识及制作原理。
2. 掌握甜炼乳加工各步骤的操作要点。
3. 掌握甜炼乳质量检测的理论知识。

### 知识准备

甜炼乳是在原料乳中加入约16％的蔗糖后，经杀菌，浓缩到原容积40％左右的含糖乳制品。其中蔗糖含量在 40%～45% 之间，水分含量不超过 28%。由于加糖后增大了乳制品的渗透压，能抑制大部分微生物，因而成品具有极好的保存性。甜炼乳主要用于饮料、糕点、糖果及其他食品的加工原料，如咖啡伴侣等。

 **生产实例及规程**

### 一、甜炼乳生产工艺流程

蔗糖→糖液配制→糖液杀菌→过滤

原料乳验收→标准化→预热杀菌→真空浓缩→加糖→冷却结晶→称量装罐→封罐→包装→检验→成品

### 二、甜炼乳的生产操作规程

甜炼乳的加工生产线示意见图 7-1 所示。

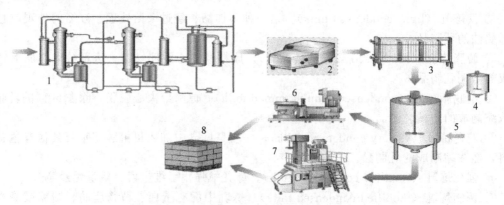

图 7-1　甜炼乳的加工生产线示意图

1—蒸发；2—均质；3—冷却；4—乳糖浆的添加；5—结晶罐；6—灌装；7—纸包装选择；8—贮存

### 三、工艺要求

**1. 原料乳验收**

用于甜炼乳生产的原料乳除要符合乳制品生产的一般质量要求外，还有两方面更严格的要求。

① 控制芽孢数和耐热细菌的数量，因为炼乳生产中真空浓缩过程乳的实际受热温度仅为 65～70℃，而 65℃对于芽孢菌和耐热细菌是较适合的生长条件，有可能导致乳的腐败。

② 要求乳蛋白热稳定性好，能耐受强热处理，这就要求乳的酸度不能高于 18°T，70%中性酒精试验呈阴性，盐离子平衡。

检查原料乳热稳定性的方法是：取 10mL 原料乳，加 0.6% 的磷酸氢二钾 1mL，装入试管在沸水中浸 5min 后，取出冷却，如无凝块出现，即可高温杀菌，如有凝块出现，就不适于高温杀菌。

**2. 原料乳的标准化**

原料乳标准化的目的。

① 与加糖炼乳的生产量有关，牛乳的乳脂率在 3.0%～3.7% 范围内炼乳生产量最多。

② 与炼乳的保存性有关，若牛乳的乳脂率含量低，生产的炼乳保存性也低。

③ 与炼乳生产过程中的操作有关，乳脂率低的牛乳在浓缩过程中容易起泡，操作较困难。

我国国家炼乳质量标准规定脂肪含量与非脂乳固体含量之比是 8：20。

3. 预热杀菌

原料乳在标准化之后、浓缩之前，必须进行加热杀菌处理。加热杀菌还有利于下一步浓缩的进行，故称为预热，亦称为预热杀菌。

预热杀菌的目的。

① 杀灭原料乳中的病原菌和大部分杂菌，破坏和钝化酶的活力，以保证食品卫生，同时提高成品的保存性。

② 对牛乳在真空浓缩中起预热作用，防止结焦，加速蒸发。

③ 使蛋白质适当变性，推迟成品变稠。

甜炼乳的预热杀菌一般采用 $80\sim85℃$、$10min$ 或 $95℃$、$3\sim5min$，也可采用 $120℃$、$2\sim4s$。

4. 加糖

（1）加糖的目的　为了抑制炼乳中细菌的繁殖、增强制品的保存性，在炼乳中需加适量的蔗糖。糖的防腐作用是由渗透压产生的，而蔗糖溶液的渗透压与其浓度成正比。如果仅为了抑制细菌的繁殖，则浓度越高效力越佳。但炼乳有一定的规格要求，且加糖量超出一定范围时也会产生其他缺陷。一般蔗糖添加量为原料乳的 $15\%\sim16\%$。

（2）糖的质量　生产炼乳所用的糖，以结晶蔗糖和品质优良的甜菜糖为最佳。其质量应干燥洁白而有光泽，无任何异味与气味。纯糖不应少于 $99.6\%$，还原糖不多于 $0.1\%$。使用质量低劣的蔗糖时，因其中含有较多的转化糖，易引起发酵产酸而影响炼乳的质量。有些国家有时使用一部分葡萄糖（不应超过蔗糖量的 $1/4$，否则会有变稠趋势）代替蔗糖以生产冰淇淋、糕点和糖果用的炼乳。这是由于这种糖比蔗糖成本低，甜味也较柔和，同时也不易结晶，因此对冰淇淋及糕点的组织状态有良好的效果，但这种制品容易褐色化，保存中很容易变稠，所以生产直接食用的甜炼乳还是以添加蔗糖为佳。

（3）加糖量　为使细菌的繁殖受到充分的抑制和达到预期的目的，必须添加足够的蔗糖，加糖量一般以蔗糖比表示。蔗糖比是指甜炼乳中的蔗糖与其水溶液含量之比，可用下式表示：

$$蔗糖比=\frac{S}{M+S}\times100\%$$

式中　$M$——炼乳中的水分含量，$\%$；

　　　$S$——炼乳中的蔗糖含量，$\%$。

蔗糖比是决定甜炼乳应含蔗糖的浓度和在原料乳中应添加蔗糖量的计算基准。根据研究，蔗糖比必须在 $60\%$ 以上。为安全起见，一般以 $62.5\%\sim64.5\%$ 为最适宜。

加糖量的计算方法：

① 蔗糖比的计算

$$蔗糖比=\frac{蔗糖}{水分+蔗糖}\times100\%　或　蔗糖比=\frac{蔗糖}{100-总乳固体}\times100\%$$

例：含有 $28\%$ 总乳固体及 $45\%$ 蔗糖的甜炼乳，其蔗糖比是多少？

解：

$$蔗糖比=\frac{蔗糖}{100-总乳固体}\times100\%=\frac{45}{100-28}\times100\%=62.5\%$$

② 根据所要求的蔗糖比算出炼乳中的蔗糖含量

$$炼乳中的蔗糖含量 = \frac{(100 - 总乳固体) \times 蔗糖比}{100}$$

例：总乳固体 28% 的炼乳，其蔗糖比定为 62.5% 时，求炼乳中的蔗糖含量是多少？

$$炼乳中的蔗糖含量 = \frac{(100 - 28) \times 62.5\%}{100} = 45\%$$

③ 按照浓缩比算出向原料乳中添加的蔗糖量。所谓浓缩比是指炼乳中的总乳固形物含量与原料乳中的总乳固形物含量的比值。即：

$$浓缩比 = \frac{炼乳中的总乳固体（\%）}{原料乳中的总乳固体（\%）}$$

$$应添加的蔗糖量 = \frac{炼乳中的蔗糖（\%）}{浓缩比}$$

例：今以含脂率 3.16%、无脂干物质 7.88% 的原料乳，生产总乳干物质为 28%（其中脂肪 8%，无脂干物质 20%）的炼乳时，每 100kg 原料乳应添加蔗糖多少？

解：

$$浓缩比 = \frac{28}{3.16 + 7.88} = \frac{2.54}{1}$$

$$或浓缩比 = \frac{20}{7.88} = \frac{2.54}{1}$$

设炼乳中的蔗糖含量为 45%，则：

$$应添加的蔗糖量 = \frac{45}{2.54} = 17.72 （kg）$$

④ 加糖方法。生产甜炼乳时蔗糖的加入方法有三种：a. 将蔗糖直接加入原料乳中，经预热杀菌后吸入浓缩罐中；b. 将原料乳与蔗糖的浓溶液分别进行预热，然后混合浓缩；c. 先将牛乳单独预热并真空浓缩，在浓缩将近结束时将浓度约为 65% 的蔗糖溶液（预先以 95℃ 的温度杀菌）吸入真空浓缩罐中，再进行短时间的浓缩。

牛乳中的酶类及微生物往往由于加糖而使抗热性增加。同时乳蛋白质也会由于糖的存在而引起变稠及褐变。另外，由于糖液相对密度较大，糖进入浓缩罐就会改变牛乳沸腾状况，减弱对流速度，结果位于盘管周围的牛乳会产生局部受热过度，引起部分蛋白质变性，加速成品的变稠。在其他条件相同的情况下，加糖越早，其成品变稠越剧烈，故采用后加糖的工艺对改善成品的变稠有利。因此以第三种方法加糖为最好，其次为第二种方法。但一般为了减少蒸发量，节省浓缩时间和燃料及操作简便，有的厂家采用第一种方法。现将我国上海乳品二厂糖浆制备和加糖方法引述如下。

糖液的浓度一般掌握在 70% 左右，过浓时在进缸前会有结晶析出，而且不易溶解彻底，但太稀又会增加蒸发过程的蒸汽消耗量。糖液的杀菌温度要求达到 95℃。这是因为蔗糖中有嗜热性的微球菌和耐热的霉菌孢子存在，这种细菌耐热性较强，90℃ 仍不能杀死，须达 95℃ 方能致死。

在糖浆的制备中需注意的问题是不能使糖液高温持续的时间太长，酸度也不能过高。因蔗糖在高温酸性条件下会转化成葡萄糖和果糖。这类转化糖存在于产品中会使成品在贮藏期间变色和变稠速度加快。要减少转化就要控制蔗糖的酸度在 2.2°T 以下，并在保证杀菌的前提下尽量缩短糖液在高温中的持续时间。这也是蔗糖原料中要求转化糖含量小于 0.1% 的原因。

若糖中混有杂质时，不论采用上述哪一种方法，在吸入真空浓缩锅之前，必须经过过滤或通过离心净化机净化。加糖方法不同，乳的黏度变化和成品的增稠趋势不同。一般来讲，糖与乳接触时间越长，变稠趋势就越显著。由此可见，上述三种加糖方法中，第三种为最好。

5. 浓缩

所谓浓缩，就是用加热的方法使牛乳中一部分水分汽化，从而使牛乳中的干物质含量提高到一定程度。为了使牛乳中的营养成分少受损失，一般都在减压条件下进行蒸发，即所谓的"真空浓缩"。

浓缩的目的在于除去部分水分，有利于保存；减少重量和体积，便于贮藏和运输。一般采取真空浓缩，其特点为：具有节省能源，提高蒸发效能的作用；蒸发在较低湿度条件下进行，保持了牛乳原有的性质；避免外界污染的可能性。

(1) 真空浓缩的特点

① 在减压的情况下，牛乳的沸点降低。例如当真空度为 83325Pa（625mmHg）时，其沸点为 56.7℃，这样牛乳可以避免受高温作用，对产品色泽、风味、溶解度等均有益处。

② 沸点降低，提高了加热蒸汽和乳的温差。如在常压下浓缩，$9.8 \times 10^4$ Pa（1kgf/cm²）加热蒸汽的温度为 120℃，牛乳的沸点为 100.55℃，其温度差接近于 20℃。而在真空浓缩条件下，牛乳的沸点降为 50℃，其温差近 70℃，其温差较常压提高 3.5 倍，从而增加了单位面积上单位时间内的换热量，提高了浓缩效率。

③ 由于沸点降低，在加热器壁上结焦现象也大为减少，便于清洗并利于提高热效率。

④ 浓缩在密闭容器内进行，避免了外界污染的可能，从而保证了产品的质量。

(2) 真空浓缩条件和方法　　浓缩控制条件为：温度 45～60℃，真空度 78.45～98.07kPa。经预热杀菌的乳到达真空浓缩罐时温度为 65～85℃，可以处于沸腾状态，但水分蒸发结果势必温度下降，因此要保持水分不断蒸发必须不断供给热量，这部分热量一般是由锅炉供给的饱和蒸汽，称为加热蒸汽，而牛乳中水分汽化形成的蒸汽称为二次蒸汽。

牛乳中水分汽化形成的蒸汽必须不断排除，否则它会凝结成水回到牛乳中，使蒸发无法进行。除去二次蒸汽的方法，一般为冷凝法，即二次蒸汽直接进入冷凝器结成水而排除，二次蒸汽不被利用叫单效蒸发；如将二次蒸汽引入另一个蒸发器作为热源用，称为双效蒸发。

(3) 真空浓缩的设备　　真空浓缩设备种类繁多，按加热部分的结构可分为盘管式、直管式和板式三种；按其二次蒸汽利用与否，可分为单效和多效浓缩设备。

① 盘管式蒸发器。盘管式单效浓缩锅是广泛采用的连续进料、间歇出料作业的浓缩设备，其结构如图 7-2 所示，主要由盘管式加热器、蒸发室、泡沫捕集器、进出料阀及各种控制仪表组成。锅体为立式圆筒密闭结构，上部空间为蒸发室，下部空间为加热室。加热室设有 3～5 组加热盘管，分层排列，每盘 1～3 圈，各组盘管分别装有可单独操作的加热蒸汽进口及冷凝水出口。

盘管式蒸发器的结构简单、制造方便、操作稳定、易于控制。盘管为扁圆形截面，牛乳流动阻力小，通道大。由于热管较短，管壁温度均匀，冷凝水能及时排除，传热面利用率较高。但传热面积小，牛乳对流循环差，易结垢。盘管式蒸发器便于根据牛乳的液面高度独立控制各层盘管内加热蒸汽通断及其压力，以满足生产或操作的需要。在使用时，不得有露出液面的盘管通入蒸汽，只有液料淹没后才能通入蒸汽。由于盘管结构尺寸较大，因此加热蒸汽压力不宜过高。牛乳受热时间较长，在一定程度上对产品质量有影响。

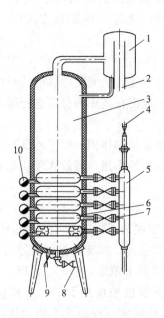

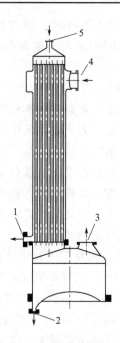

图 7-2　盘管式蒸发器

1—泡沫捕集器；2—二次蒸汽出口；3—气液分离室；
4—蒸汽总管；5—加热蒸汽包；6—盘管；7—分气阀；
8—浓缩乳出口；9—取样口；10—疏水器

图 7-3　降膜式蒸发器

1—冷凝水出口；2—浓缩乳出口；3—二次蒸
汽出口；4—蒸汽进口；5—牛乳进口

② 降膜式蒸发器。降膜式蒸发器由加热器体、分离室和泡沫捕集装置等部分组成（图7-3），分离室设置于加热器体的下方。牛乳由加热器顶部加入，液体在重力作用下经料液分布器进入加热管，然后沿管内壁成液膜状向下流动，由于向下加速，克服加速压力小，沸点升高也小，加热蒸汽与料液温差大，所以传热效果好，料液很快沸腾汽化。混合的汽液进入蒸发分离室进行分离，二次蒸汽由分离室顶部排出，浓缩乳则由底部抽出。降膜式的料液经蒸发后，流下的液体基本达到需要的浓度。降膜式蒸发器管子要有足够的长度才能保证传热效果。

降膜式浓缩设备传热效率高，牛乳受热时间短，有利于对营养成分的保护，它在蒸发时是以薄膜状进行的，故可避免泡沫的形成，浓缩强度大，清洗较方便，料液保持量少。

③ 板式蒸发器。是一种新型蒸发设备，除具有普通板式换热器的特点外，其料液流程短，因而受热时间很短，尤其适用于热敏产品的浓缩。另外其液膜分布均匀，不易结垢；传热效率高；料液强制循环，流速高，几乎不产生结焦现象，可处理较高浓度和黏度的料液；结构紧凑，加热面积大，围护结构表面积小，可节省加热蒸汽耗量。图7-4所示为采用板式蒸发器的双效真空浓缩设备流程图。

（4）浓缩终点的确定　浓缩终点的确定一般有三种方法。

① 相对密度测定法。这种方法使用的比重计一般为波美比重计，刻度范围在30～40°Bé之间，每一刻度为0.1°Bé。波美比重计应在15.6℃下测定，但实际测定时不一定恰好是在15.6℃，故须进行校正。温度每差一度，波美度相差0.054°Bé，温度高于15.6℃时加上差值；反之，则需减去差值。浓缩终点应达到的波美度可用下列方法求得。

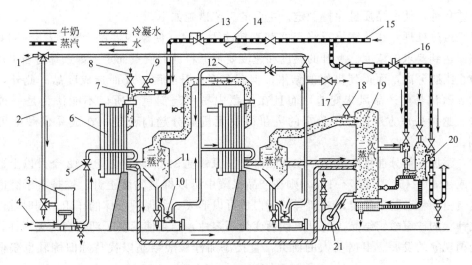

图 7-4　双效板式真空浓缩设备流程图

1—浓缩乳出口；2,12—循环管；3—平衡槽；4—原料乳进口；5—控制阀；6—板式蒸发器；7—喷射泵；

8—过热水进口；9—安全阀；10—回流阀；11—分离器；13,16—减压阀；14—过滤器；15—蒸汽进口；

17—取样口；18—真空调节阀；19—分离器；20—冷凝器；21—水泵

甜炼乳相对密度与波美度存在如下关系：

$$B = 144.3 - \frac{144.3}{d}$$

式中　144.3——常数；

　　　　$B$——15.6℃时的波美度；

　　　　$d$——15.6℃时普通相对密度计的度数。

通常，浓缩乳样温度为 48℃左右，若测得波美度为 31.71～32.56°Bé 时，即可认为已达到浓缩终点。用相对密度来确定终点，有可能因乳质变化而产生误差，通常辅以测定黏度或折射率加以校正。

② 黏度测定法。这种方法可使用回转黏度计或毛式黏度计。测定时需先将乳样冷却到 20℃，然后测其温度，一般规定为 100cP[●]/20℃。

通常乳品厂制造炼乳时，为了防止产生气泡、脂肪游离等缺陷，一般将黏度提高一些，到测定时如果结果大于 100cP/20℃，则可加入消毒水加以调节。加水量计算可根据每加水 0.1％约降低黏度 4～5cP/20℃ 的规定。

③ 折射仪法。这种方法使用的仪器可以是阿贝折射仪或糖度计。当温度为 20℃、脂肪含量为 8％时，甜炼乳的折射率和总固体含量之间有如下关系：

总固体含量(％)＝70＋44(折射率－1.4658)

6. 调整黏度及防止变稠

原料乳由于季节等因素的影响，产品质量往往发生变化，这主要是乳中的蛋白质、无机盐类和有机盐类等微量成分发生了变化，因此所生产的炼乳虽然组成合乎标准，但在保藏中，有时可能由于黏度低而引起脂肪分离；有时可能变稠严重而失去流动性。例如，由于乳牛饲料突然变化，引起牛乳成分改变而使产品质量也产生变化，所以要根据有关情况，采取

---

● 1cP＝10⁻³Pa·s，全书余同。

适当工艺条件，使产品质量保持稳定。主要的工艺措施如下。

(1) 过热处理　在浓缩将近终点之前直接吹入蒸汽，使罐内温度上升到 75～85℃，再继续浓缩达到要求的浓度。上升的温度和速度要依原料乳的质量而定。如选择适当可以提高黏度防止脂肪分离，而得到良好的结果。但若温度上升过度，反而造成废品。此外，由于直接吹入蒸汽易使产品风味变差，而且在保藏中易引起褐色，所以不能认为是一种完善的办法。这种处理方法能使不稳定的乳蛋白及无机成分趋向稳定，在成品保藏中可以抑制变稠。

(2) 添加一部分前批的成品　在预热时，按原料乳 3‰加入经过 8～12 个月以上贮存的炼乳，或在 40～45℃保藏 7～10d，则在产品保藏中可以抑制黏度上升。这是由于陈旧产品中的酪蛋白颗粒已趋于稳定，对新鲜的蛋白质可以形成一种保护胶体的作用。同时陈旧制品中生成针状的柠檬酸钙结晶，使可溶性钙变为不溶性，结果使钙离子活性变为无活性，从而抑制变稠现象的发展。根据前人的研究，直接添加柠檬酸结晶以代替陈旧炼乳也获得同样结果。

(3) 均质处理　原料乳在预热前或预热后，通过均质可使脂肪球变小，增加与乳蛋白的接触面积，从而提高制品的黏度，并缓和变稠现象。这种处理方法不仅可以调节黏度，而且可以防止制品的脂肪分离和稀释复原时脂肪上浮现象，同时还能增加制品的光泽。

(4) 添加稳定剂或缓冲剂　为了防止变稠，可在产品中添加柠檬酸钠、磷酸氢二钠或磷酸氢二钾等。但在使用时必须根据原料乳的具体条件，通过试验加入需要量，切不可任意添加，以免发生不良后果。

7. 冷却结晶

甜炼乳生产中冷却结晶是最重要的步骤。其目的在于：及时冷却以防止炼乳在贮藏期间变稠；控制乳糖结晶，使乳糖组织状态细腻。

(1) 乳糖结晶与组织状态的关系　乳糖的溶解度较低，室温下约为 18%，在含蔗糖 62%的甜炼乳中只有 15%；而甜炼乳中乳糖含量约为 12%，水分约为 26.5%，这相当于 100g 水中约含有 45.3g 乳糖，很显然，其中有 2/3 的乳糖是多余的。在冷却过程中，随着温度降低，多余的乳糖就会结晶析出。若结晶晶粒微细，则可悬浮于炼乳中，从而使炼乳组织柔润细腻。若结晶晶粒较大，则组织状态不良，甚至形成乳糖沉淀。

(2) 乳糖结晶温度的选择　若以乳糖溶液的浓度为横坐标，乳糖温度为纵坐标，可以绘出乳糖的溶解度曲线，或称乳糖结晶曲线（图 7-5）。

图 7-5 中，四条曲线将乳糖结晶曲线图分为三个区：最终溶解度曲线左侧为溶解区，过饱和溶解度曲线右侧为不稳定区，它们之间是亚稳定区。在不稳定区内，乳糖将自然析出。在亚稳定区内，乳糖在水溶液中处于过饱和状态将要结晶而未结晶。在此状态下，只要创造必要的条件，加入晶种，就能促使它迅速形成大小均匀的微细结晶，这一过程称为乳糖的强制结晶。试验表明，强制结晶的最适温度可以通过促进结晶曲线来找出。

(3) 晶种的制备　晶种粒径应在 5μm 以下。晶种制备的一般方法是取精致乳糖粉（多为 α-乳糖），在 100～105℃下烘干 2～3h，然后经超微粉碎机粉碎，再烘干

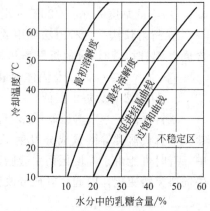

图 7-5　乳糖结晶曲线

1h，并重新进行粉碎，通过 120 目筛就可以达到要求，然后装瓶、密封、贮存。晶种添加量为炼乳质量的 0.02%～0.04%。晶种也可以用成品炼乳代替，添加量为炼乳量的 1%。

（4）冷却结晶方法 一般可分为间歇式及连续式两类。

间歇式冷却结晶一般采用蛇管冷却结晶器，如图 7-6 所示。冷却过程可分为 3 个阶段：浓缩乳出料后乳温在 50℃ 以上，应迅速冷却至 35℃ 左右，这是冷却初期。随后，继续冷却到接近 26℃，此为第二阶段，即强制结晶期，结晶的最适温度就处于这一阶段。此时可投入乳糖晶种。强制结晶期应保持 0.5h 左右，以充分形成晶核。然后进入冷却期，即把炼乳迅速冷却至 15℃ 左右，从而完成冷却结晶操作。

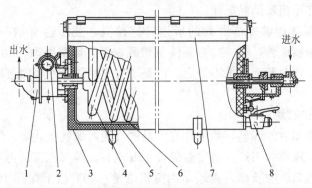

图 7-6 卧式蛇管冷却结晶器

1—减速箱；2—电动机；3—外壳；4—蛇管冷却器；5—保温层；6—缸体；7—缸盖；8—阀门

利用连续冷却结晶器可进行炼乳的连续冷却。连续冷却结晶器具有水平式的夹套圆筒，夹套有冷媒流通。炼乳在内层套筒中，有搅拌桨搅拌，转速为 300～699r/min，在几十秒到几分钟内即可冷却到 20℃ 以下，不添加晶种即可获得细微的结晶。

（5）乳糖晶体的产生和判断

① 测定方法。乳糖晶体大小是甜炼乳的一项理化指标，其测定方法如下：首先用白金耳取一点搅拌均匀且冷却的甜炼乳，放于载玻片上，用盖玻片轻压，使成一层结晶。然后用 450 倍显微镜（视野为 0.31μm，接目测微器每一小格为 3.3μm）检视晶体长度。

由于乳糖晶体大小不一，需检视五个视野。在每个视野中仅选五颗最大的晶体，记下其中最小一颗的长度（μm）。最后以五个视野的晶体长度平均值作为产品的乳糖晶体大小。

② 质量判断。乳糖晶体大小和数量与甜炼乳的组织状态和口感关系密切。具体可参见表 7-1 列出的一些实验数据。

表 7-1 乳糖结晶数量和大小与甜炼乳组织状态的关系

| 每毫升甜炼乳内的乳糖结晶数 | 乳糖晶体的长度/μm | 组织状态 | 口感 | 每毫升甜炼乳内的乳糖结晶数 | 乳糖晶体的长度/μm | 组织状态 | 口感 |
| --- | --- | --- | --- | --- | --- | --- | --- |
| 400000 | 9.3 | 优良 | 细腻 | 50000 | 18.6 | 沉淀 | 粉状 |
| 300000 | 10.3 | 良好 | 尚细腻 | 25000 | 23.4 | 沉淀多 | 稍呈砂状 |
| 200000 | 11.7 | 微沉淀 | 微细腻 | 12500 | 29.4 | 沉淀多 | 砂状 |
| 100000 | 14.8 | 微沉淀 | 糊状 | | | | |

注：此甜炼乳的组成为总乳干物质含量 31.5%，脂肪 9.0%，蔗糖 42.5%，水 26.0%，乳糖 12.2%。

由表 7-1 可知，当该组成品甜炼乳中每毫升乳糖结晶数为 30 万以上、乳糖晶体长度为 10.3μm 以下时所得产品的口感和组织状态都非常好。

以上为一具体条件下的质量判断，在一般情况下，乳糖晶体的质量判断一是看晶体大小，二是看晶体在炼乳中的分布是否均匀。晶体在 $15\mu m$ 以下，在炼乳中分布均匀的为特级品。晶体在 $20\mu m$ 以下、$15\mu m$ 以上为一级品，一级甜炼乳较易产生沉淀，晶体分布较不均匀。晶体大小在 $20\sim25\mu m$ 之间为二级品，此时乳糖晶体在炼乳中分布不均匀，产品口感呈砂状，并易产生沉淀。

（6）乳糖酶的应用　近年来随着酶制剂工业的发展，乳糖酶已开始在乳品工业中应用。用乳糖酶处理乳可使乳糖全部或部分水解，从而可以省略乳糖结晶过程，也不需要乳糖晶种及复杂的设备。在贮存中，可从根本上避免出现乳糖结晶沉淀析出的缺陷，制得的甜炼乳即使冷冻条件下贮存亦不出现结晶沉淀。

利用乳糖酶来制造能够冷冻贮藏的所谓冷冻炼乳，便不会有结晶沉淀的问题。将含 35％固形物的冷冻全脂炼乳，在 $-10℃$ 条件下贮藏，用乳糖酶处理，50％乳糖分解的样品，六个月后相当稳定，而对照组则很不稳定。但是，对于常温下贮藏的这种炼乳，由于乳糖水解会加剧成品褐变。

8. 装罐、包装和贮藏

（1）装灌　经冷却后的炼乳，其中含有大量的气泡，如就此装罐，气泡会留在罐内而影响其质量。所以手工操作的工厂，通常需静置 12h 左右，等气泡逸出再行装罐。

炼乳经检验合格后方准装罐。空罐须用蒸汽杀菌（90℃以上保持 10min），沥去水分或烘干之后方可使用。装罐时，务必除去气泡并装满，封罐后洗去罐上附着的炼乳或其他污物，再贴上商标。大型工厂多用自动装罐机，能自动调节流量，罐内装入一定数量的炼乳后，移入旋转盘中用离心力除去其中的气体，或用真空封罐机进行封罐。

（2）包装间的卫生　装罐前包装室须用紫外线灯光杀菌 30min 以上，并用 20mL 乳酸熏蒸一次。消毒设备用的漂白粉水浓度为 $400\sim600mg/L$，洗后用的浓度为 $300mg/L$，包装室门前消毒鞋用的漂白粉水浓度为 $1200mg/L$。包装室墙壁（2m 以下地方）最好用 1％硫酸铜防霉剂粉刷。

（3）贮藏　炼乳贮藏于仓库内时，应离开墙壁及保暖设备 30cm 以上，仓库内温度应恒定，不得高于 15℃，空气相对湿度不应高于 85％。如果贮藏温度经常变化，会引起乳糖形成大块结晶。贮藏中每月应进行 $1\sim2$ 次翻罐，以防乳糖沉淀。

**四、甜炼乳的质量缺陷及防止方法**

1. 变稠

甜炼乳在常温条件下的贮存过程中，黏度逐渐增高，以致失去流动性，甚至凝固，这一缺陷称为变稠。变稠是甜炼乳的常见缺陷之一。其产生的原因可分为细菌性和理化性两个方面。

（1）细菌性变稠

① 产生原因。主要是由于芽孢菌、链球菌、葡萄球菌或乳酸菌的繁殖代谢产生的甲酸、乙酸、丁酸、琥珀酸、乳酸等有机酸以及凝乳酶等，促使甜炼乳变稠。这种由于细菌作用而变稠的甜炼乳，除酸度升高外，同时还会产生异味。

② 防止方法。防止细菌性变稠，必须加强卫生管理，采用新鲜的原料乳和有效的预热条件。对设备要进行完全彻底的清洗消毒，严防各种细菌污染。

（2）理化性变稠　理化性变稠是由于乳蛋白的变性，主要是由于酪蛋白胶体状态的变化，由溶胶态转变为凝胶态造成的。因此，生产过程中凡引起蛋白质变性或含量变化的因素，都能不同程度地影响甜炼乳变稠。

① 产生原因。主要有甜炼乳的酸度、酪蛋白和乳清蛋白的含量、盐类的含量及平衡状态、预热的温度和保持时间、脂肪含量、蔗糖质量和含量及添加方式、冷却凝结时的搅拌、均质压力、贮存的温度和保持时间等。

② 防止方法

a. 采用新鲜的原料乳；

b. 选用适宜的预热条件，避开 85～100℃ 预热；

c. 适当提高脂肪和蔗糖的含量，选用优质的白砂糖，采用后加糖法；

d. 浓缩温度不过高或过低，掌握在 48～58℃ 为宜；

e. 间歇浓缩的温度控制在 2.5h 以内；

f. 采用适宜的均质压力，并避免均质压力产生脉冲；

g. 冷却结晶搅拌的时间不少于 2h；

h. 成品尽可能在较低温度下贮存。

**2. 脂肪上浮**

甜炼乳贮存期内于盖内黏有一层淡黄色的膏状脂肪层，这就是脂肪上浮，亦称脂离。脂肪上浮亦是甜炼乳的常见缺陷，严重的贮存 1 年后的脂肪黏盖厚度可达 5mm 以上，膏状脂肪层的脂肪含量在 20%～60%，严重影响甜炼乳的质量。

（1）产生原因　脂肪上浮与乳牛品种也有关系，含脂率高的水牛、黄牛乳脂肪球大，容易产生脂肪上浮。在工艺操作方面，预热温度偏低、保温时间短、浓缩时间过长、浓缩乳温度超过 60℃、甜炼乳的初始温度偏低等，都会促使甜炼乳脂肪上浮。

（2）防止方法　采用合适的预热条件、控制浓缩条件并保持甜炼乳的初始黏度不过低、采用均质工艺和连续浓缩等，均可有效地防止甜炼乳脂肪上浮。

**3. 钙盐沉淀**

甜炼乳在经过 40℃/5d 培养或贮存一段时间后进行冲调，可在杯壁及杯底出现白色沉淀物，这就是钙盐沉淀，俗称"小白点"。其主要成分是柠檬酸钙，约有 1/5 是磷酸钙。钙盐沉淀是甜炼乳的常见缺陷。

（1）产生原因　牛乳中钙含量较高，乳经过预热后，部分可溶性钙盐转变为不溶钙盐，通过浓缩，钙盐浓度增高，在贮存过程中逐渐形成较大的杨梅状的结晶体，牛乳经均质后，则形成的"小白点"较细。

（2）防止方法

① 在原料乳中添加成品量 0.02%～0.03% 柠檬酸钙胶体。

② 添加成品量 5% 以上经贮存数天的甜炼乳于原料乳中，或部分乳粉掺入原料乳中，都可防止钙盐沉淀。

**4. 纽扣状凝块**

（1）产生及其原因　甜炼乳在常温贮存 3～4 个月后，有时在罐盖上出现白色、黄色乃至红棕色大小不等的干酪样凝块，其形状似纽扣，故称"纽扣"或纽扣状凝块。甜炼乳贮存的时间越长，温度越高，"纽扣"越大，严重的扩散至整个罐面。有"纽扣"的甜炼乳带金属臭及陈腐的干酪样气味，失去食用价值。

"纽扣"主要是由霉菌引起的。产品被葡萄曲霉及其他霉菌所污染，在有空气和适宜的温度条件下，生成霉菌菌落，约 2～3 周以后霉菌死亡，其分泌的酶促使甜炼乳局部凝固，同时变色，产生异味，约 2～3 个月后形成"纽扣"，并渐渐长大。

此外，还有几种球菌能形成白色纽扣状凝块，分布在盖上及罐内甜炼乳中。

（2）防止方法　防止甜炼乳"纽扣"的发生，一是要避免霉菌污染；二是防止甜炼乳产生气泡。

5. 胖罐

胖罐又称胖听、胀罐。甜炼乳胖罐分为微生物性胖罐和物理性胖罐两种。

（1）微生物性胖罐　产品贮存期间由于微生物活动而产生气体，使罐底、罐盖膨胀，严重的会使罐头（或玻璃瓶）破裂，这种胖罐称为微生物性胖罐。

在适宜的工艺条件和严格的卫生条件下生产的甜炼乳，由于高浓度糖溶液产生的高渗透压，可以抑制微生物的繁殖。但在生产过程中，产品如被严重污染，特别是被活力很强的耐高渗透压的嗜糖性酵母菌污染时，就导致产生气体，造成胖罐，严重的胖罐率达 20%～70%，夏季 10 余天便可产生。因为，酵母菌能分解蔗糖，产生酒精、二氧化碳和水。此外，贮存于温度较高场所时，因厌气性丁酸菌的繁殖产生气体也会造成胖罐，但较少见。

防止的方法要求加强卫生管理，不得使用潮湿、结块、含转化糖高的劣质蔗糖，并且产品尽量在较低温度下贮藏。

（2）物理性胖罐　物理性胖罐又称假胖罐，其罐内炼乳并没有变质，但影响外观，也是罐头食品所不允许的。

形成原因在于装罐时装得太满，使封罐后罐内产生很大的压力；或装罐温度太低，气温升高时造成底、盖凸起所造成的。

防止的方法是装罐前宜将炼乳用温水加热至 25～28℃。夏季加温还可防止罐头"出汗"生锈，装罐时以多装 2g 左右为宜，不得装得太满。

6. 乳糖晶体粗大和甜炼乳组织粗糙

甜炼乳的组织粗糙，主要原因是乳糖晶体粗大所致。

（1）乳糖晶体粗大的原因及防止方法

① 乳糖晶种未磨细。如添加未经研磨的晶种，乳糖晶体都在 30μm 以上。可见晶种磨细的重要。研磨乳糖晶种，首先要烘干，选用超细微粉碎机研磨较好，并有足够的研磨时间或次数，研磨后的晶种需经检验，使绝大部分颗粒达 3～5μm。

② 晶种量不足。有时因粉筛过细、乳糖粉吸水黏结、晶种未经过秤等原因而影响晶种的添加量。

③ 加晶种时温度过高，过饱和程度不够高，部分微细晶体颗粒溶解。

（2）乳糖晶体在冷却结晶以后或贮存期间增大的原因

① 冷却结束时未冷到 19～20℃，乳糖溶液的过饱和状态尚未消失，致使在贮存期气温下降时而继续结晶，晶体增大。

② 冷却搅拌时间太短，乳糖溶液的过饱和状态尚未消失就停止搅拌，此后晶体继续长大。故冷却搅拌时间不少于 2h。

③ 甜炼乳贮存期间气温变化太大，也会使乳糖晶体增大。当温度升高时，乳糖溶液由饱和状态变为不饱和，使微细的晶体溶解。降温时则转变为过饱和溶液，使乳糖晶体增大。故甜炼乳应在较凉爽的仓库内贮存。

7. 乳糖沉淀

甜炼乳贮藏了一段时间或经培养后，有时罐底会出现粉状或砂状沉淀，主要是乳糖的大晶体下沉所致。因为 α-含水乳糖在常温下的相对密度为 1.5453，而甜炼乳的相对密度为 1.30 左右，故大晶体必会沉淀。炼乳中大晶体愈多，甜炼乳的黏度越低，则沉淀速度越快，沉淀量也越多。但 10μm 以下的微细晶体，在正常的初黏度下，是不会产生沉淀的。

防止罐底产生沉淀的方法是保持晶体在 10μm 以下，而且均匀，并控制适当的初黏度。此外，当甜炼乳的蔗糖比超过 64.5%，并在低温下贮存时，产生的蔗糖晶体亦沉于罐底，蔗糖的晶体更粗大，呈六角形，形状规则。乳糖晶体大部分呈长梯形，容易区别。防止蔗糖结晶的方法是加强标准化检验，提高检验的准确度；准确计量原料乳和白砂糖，控制蔗糖比在 64.0% 以内。销售到寒冷地区的产品，蔗糖比还要低一些。

8. 炼乳的褐变反应

在炼乳生产过程中，由于加工温度较高，会导致糖与蛋白质发生化学反应，使炼乳颜色变褐；在炼乳保存过程中，由于温度和酸度的影响，也会使炼乳颜色逐渐变褐。

（1）褐变反应的机理　褐变反应主要有酶促褐变、非酶促褐变（美拉德反应）以及氧化还原褐变等。炼乳在高温下和保存过程中的褐变，主要是发生了非酶促褐变和氧化还原褐变的结果。这种非酶促褐变一般称为美拉德反应，它是胺、氨基酸、蛋白质与糖类、醛类、酮类之间发生的反应。糖类、醛类、酮类自身也有可能发生褐变，而与氨基酸、蛋白质共存时，更有促进褐变的作用。炼乳中含有大量的这些成分，加上加工过程中的特殊工艺，所以更有可能发生美拉德反应。

（2）控制炼乳褐变的措施

① 尽量避免物料混合后的高温受热时间。高温是导致褐变反应最快、也是最主要的因素。糖与蛋白质之间发生的美拉德反应和乳糖在高温条件下焦糖化而形成的褐变，其反应的程度随温度与酸度不同而异。温度与 pH 值越高，褐变越严重。在实验中，将糖与奶粉等物料各自单独溶解，并分别采用 80℃、85℃ 和 90℃ 的温度进行杀菌处理，其褐度不明显。然而，杀菌温度越低，明显呈现出菌落总数大量增加的趋势。如果能够对炼乳中的微生物加以控制，该方法可以大大减轻生产过程中的褐变反应，但不能控制产品在贮存过程中褐变的发生。

② 注意原料的选择。除了要完全使用高质量的乳品原料外，还应尽量少用或不用果糖，少用乳清粉，以减少乳清蛋白和乳糖的含量。由于果糖和乳糖等属于还原性糖，特别是五碳糖和六碳糖，其褐变反应十分迅速。

③ 油脂的预处理。在炼乳生产中，由于棕榈油的加入，导致不饱和脂肪酸甘油酯含量大量增高，促进了其褐变反应。使用的植物油脂如果未加入抗氧化剂进行预处理，必然会加剧其在贮存过程中的褐变反应。

④ 注重真空包装。通过抽真空除去产品中的氧气，不但可以避免因氧化而导致的褐变，还可以避免贮存过程中因霉菌生长而出现的霉斑现象，同时可避免脂肪氧化酸败，以及许多相关的易变质现象的发生。

⑤ 控制适宜的 pH 值。奶液的 pH 值应控制在 6.8～7.2，若 pH 值高于 7.2，不仅容易褐变，而且产品的口感也不佳。

⑥ 使用适当的器皿。生产时不要使用铁器和铜器，并尽可能地清除和控制铁离子等，这样可以在一定程度上抑制奶液褐变的发生。

⑦ 使用高品质的食品添加剂。这是最简单有效的措施。通过大量的试验证明，乳品添加剂可有效地防止高温杀菌乳品在贮存过程中的褐变。所使用的乳品添加剂是以符合国家卫

生标准、无毒副作用的食品添加剂复合而成，以这种复合添加剂加工的奶液，符合绿色食品标准，且用量少，不会直接影响到产品成本。

⑧ 严格控制微生物指标。在微生物超标的情况下，也有可能引起褐变反应。因此，在生产过程中应将微生物指标严格控制在标准范围之内。

## 质量标准及检验

甜炼乳的质量标准应符合 GB 13102—2010。

### 一、甜炼乳的感官检验

甜炼乳的感官检验应符合表 7-2 中的规定。

**表 7-2　甜炼乳的感官特性**

| 项　目 | 甜　炼　乳 | 检　验　方　法 |
|---|---|---|
| 色泽 | 呈均匀一致的乳白色或乳黄色,有光泽 | 取适量试样置于 50mL 烧杯中,在自然光下观察色泽和组织状态。闻其气味,用温开水漱口,品尝滋味 |
| 滋味和气味 | 具有牛乳的香味,甜味纯正 | |
| 组织状态 | 组织细腻,质地均匀,黏度适中 | |

### 二、甜炼乳的理化检验

甜炼乳的理化指标检验项目、检验方法和指标要求应符合表 7-3 要求。

**表 7-3　甜炼乳的理化指标**

| 项　目 | | 甜炼乳 | 检验方法 | 项　目 | | 甜炼乳 | 检验方法 |
|---|---|---|---|---|---|---|---|
| 蛋白质/(g/100g) | ≥ | 6.8 | GB 5009.5 | 蔗糖/(g/100g) | ≤ | 45.0 | GB 5413.5 |
| 脂肪/(g/100g) | ≥ | $7.5 \leqslant X < 15.0$ | GB 5413.3 | 水分/(g/100g) | ≤ | 27.0 | GB 5009.3 |
| 乳固体①/(g/100g) | ≥ | 28.0 | — | 酸度/(g/100g)°T | ≤ | 48.0 | GB 5413.34 |

① 乳固体（％）＝100％－水分（％）－蔗糖（％）

### 三、甜炼乳的微生物限量检验

检验项目、检验方法和指标要求应符合表 7-4 要求。

**表 7-4　甜炼乳的微生物限量**

| 项　目 | 采样方案①及限量(若非指定,均以 CFU/g 或 CFU/mL 表示) | | | | 检验方法 |
|---|---|---|---|---|---|
| | n | c | m | M | |
| 菌落总数 | 5 | 2 | 30000 | 100000 | GB 4789.2 |
| 大肠菌群 | 5 | 1 | 10 | 100 | GB 4789.3 平板计数法 |
| 金黄色葡萄球菌 | 5 | 0 | 0/25g(mL) | — | GB 4789.10 定性检验 |
| 沙门菌 | 5 | 0 | 0/25g(mL) | — | GB 4789.4 |

① 样品的分析及处理按 GB 4789.1 和 GB 4789.18 执行。

## 任务总结

炼乳作为一种优良的乳品工业原料，已广泛应用到糖果、糕点、餐饮和乳饮料行业中，为终端产品质量的改良、风味的提升和口感的改善起着至关重要的作用。本任务阐述了甜炼乳的基本概念分类、具体加工方法以及甜炼乳的检验方法。本任务为课外实践内容，通过本任务的学习，以期学生能够根据实际情况选用恰当的加工甜炼乳的方法，并达到能够独立对甜炼乳进行加工与检验的目的。

## 知识考核

### 一、名词解释

1. 甜炼乳；2. 脱脂炼乳；3. 花色炼乳；4. 乳糖沉淀

### 二、填空题

1. 胖罐又称胖听、胀罐。甜炼乳胖罐分为_____和_____两种。

2. 原料乳由于季节等因素的影响，产品质量往往发生变化，这主要是由于乳中的_____、_____和_____等微量成分发生了变化。

3. 真空浓缩设备种类繁多，按加热部分的结构可分为_____、_____和_____三种。

### 三、简答题

1. 甜炼乳中加糖的方法？

2. 甜炼乳细菌性变稠的防止方法是什么？

3. 冷却结晶的目的是什么？

# 任务二　淡炼乳的加工及检测

淡炼乳的制造原理系由瑞士人梅依泊基所发明，1884 年美国获得其制造法专利。我国炼乳生产最早的企业是温州百好乳品厂，其所生产的"擒雕"牌炼乳以温州水牛乳为原料，蛋白质含量高，奶香味好，质量优良，在 1929 年中华国货展览会上得一等奖，1930 年获首届西湖博览会特等奖。目前我国炼乳的主要品种有甜炼乳和淡炼乳，约占全国乳制品产量的 4%。

## 能力目标

1. 学会淡炼乳的加工方法。

2. 掌握淡炼乳制作的相应设备使用方法。

3. 掌握淡炼乳质量检测技术。

4. 能处理淡炼乳加工中出现的问题并提出解决方案。

## 知识目标

1. 理解淡炼乳加工的基础理论知识及制作原理。

2. 掌握淡炼乳加工各步骤的操作要点。

3. 掌握淡炼乳质量检测的理论知识。

## 知识准备

淡炼乳亦称无糖炼乳，是将牛乳浓缩到 1/2～1/2.5 后装罐密封；然后再进行灭菌的一种炼乳。淡炼乳的生产工艺过程大致与甜炼乳相同；但因不加糖，缺乏糖的防腐作用，因而这种炼乳封罐后还要进行一次加热灭菌。

淡炼乳分为全脂和脱脂两种，一般淡炼乳是指前者，后者称为脱脂淡炼乳。此外，还有添加维生素 D 的强化淡炼乳，以及调整其化学组成使之近似于母乳，并添加各种维生素的专门喂养婴儿用的特别调制淡炼乳。淡炼乳经高温灭菌后维生素B、维生素C受到损失，但补充后其营养价值几乎与新鲜乳相同，而且经高温处理成为软凝块乳，经均质处理使脂肪球微细化，因而易消化吸收，是很好的育儿乳品。此外，淡炼乳大量用作制造冰淇淋和糕点的原料，也可在调制咖啡或红茶时添加。

## 生产实例及规程

### 一、淡炼乳生产工艺流程

淡炼乳的制造方法与甜炼乳的主要差别有三点：第一不加糖；第二需进行均质处理；第三进行灭菌和添加稳定剂。其生产工艺流程如下：

原料乳验收→标准化→预热杀菌→浓缩→均质→冷却→再标准化→小样试验→装罐→灭菌→振荡→保存试验→包装

淡炼乳的加工生产线示意见图7-7所示。

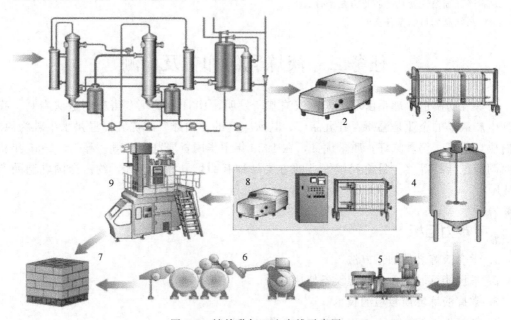

图 7-7　淡炼乳加工生产线示意图

1—蒸发；2—均质；3—冷却；4—中间罐；5—灌装；6—消毒；7—贮存；8—超高温处理；9—无菌灌装

### 二、淡炼乳生产的操作规程

1. 原料乳的验收与标准化

生产淡炼乳时，对原料乳的要求比甜炼乳严格。因为生产过程中要进行高温灭菌，对原料乳的热稳定性要求高。因此，除采用72%酒精试验外，还须做磷酸盐试验，必要时还可做细菌学检查。原料乳的标准化与甜炼乳相同。

2. 添加稳定剂

添加稳定剂的目的在于增加原料乳的热稳定性，防止在灭菌时发生凝固现象。影响牛乳热稳定性的因素主要有酸度、乳清蛋白的含量以及盐类平衡等。

乳清蛋白中主要是乳白蛋白及乳球蛋白，在酸度高时更容易受热凝固。此外，原料乳往往由于季节的变化而受到影响，一般在初春和晚秋，易发生热凝固现象，这在淡炼乳制造上也是一个应予注意的问题。

其次，按照盐类平衡学说，牛乳成分中的钙、镁与柠檬酸、磷酸之间必须保持适当的平衡关系。一般常常是钙、镁离子过剩，而使酪蛋白的热稳定性降低。在这种情况下加入柠檬酸钠、磷酸二氢钠或磷酸氢二钠则可使酪蛋白热稳定性提高。

添加稳定剂最好在浓缩后根据小样试验决定添加量。长期生产淡炼乳，对于一年四季原料乳的乳质变动规律有所掌握，稳定剂的添加量也大致一定时，可在预热前先添加一部分，小样试验后再决定最后的补足量，于装罐前添加。

添加量根据相关研究，100kg 原料乳加磷酸氢二钠（$Na_2HPO_4 \cdot 12H_2O$）或柠檬酸钠（$C_6H_5O_7Na_2 \cdot 2H_2O$）5～25g，或者 100kg 淡炼乳加 12～60g。另外，也有研究表明，使用磷酸二氢钠时，100kg 原料乳最高为 25g，若超过此限度则褐变显著，风味也不好。

3. 预热杀菌

预热的目的不仅是为了杀菌，而是由于适当地加热可使一部分乳清蛋白凝固，可提高酪蛋白的热稳定性以防止灭菌时凝固，并赋予成品适当的黏度。

与甜炼乳不同，淡炼乳生产一般采用 95～100℃保持 10～15min 的预热条件。这样的条件有利于提高热稳定性，同时使成品保持适当的黏度。预热温度低于 95℃，尤其在 80～90℃时其热稳定性显著降低，这是由于乳清蛋白凝集的结果；预热温度升高其热稳定性亦提高，但黏度逐渐降低，所以，简单地提高预热温度也是不适当的。

预热温度升高其热稳定性也提高的原因，主要是高温加热会降低钙、镁离子的浓度，例如一部分钙形成磷酸三钙沉淀，使能与酪蛋白结合的钙相应减少，从而提高了酪蛋白的热稳定性。此外，热敏性乳清蛋白因加热而凝固，但是在适当的预热条件下，可凝固成微细的粒子，仍然分散于乳浆中，在灭菌时不再形成感官可见的凝块。

超高温处理可显著地提高热稳定性。如采用 120～140℃、25s 的预热条件，乳固体为 26％的成品的热稳定性，是采用 95℃、10min 预热的 6 倍。进行超高温处理可以降低稳定剂的使用量，甚至可以不添加稳定剂，也可以获得稳定性高且褐变程度低的成品，所以使用超高温瞬间加热装置进行预热处理是比较理想的。

4. 真空浓缩

预热后的牛乳与甜炼乳的生产一样，同样要进行真空浓缩。但因为预热温度高，沸腾激烈，容易产生大量泡沫，而且控制不当容易焦管，所以必须注意加热蒸汽的控制。

浓缩终点的确定与甜炼乳一样，可用波美比重计来测定。但因为蒸发速度比较快，因此必须迅速进行。关于浓缩设备，淡炼乳不必加糖，所以有利于使用各种类型的连续式多效蒸发设备。

5. 均质

均质使脂肪球变小，大大增加了脂肪表面积，从而增加了表面上的酪蛋白吸附量，使脂肪球密度增大，上浮力变小。均质压力和温度影响均质效果，一般达到均质要求的压力为 14.7～19.6MPa。多采用二段均质，第一段压力为 14.7～16.7MPa，第二段为 4.9MPa。第二段均质的作用主要是防止第一段已粉碎的脂肪球重新聚集。均质温度以 50～60℃为宜。均质效果可通过显微镜检查确定。

6. 冷却

均质后的浓缩乳，应尽快冷却至 10℃以下。如当日不能装罐，则应冷却到 4℃恒温贮存。冷却温度对浓缩乳稳定性有影响，冷却温度高，稳定性降低。

淡炼乳生产中，冷却为单一目的，这与甜炼乳是为乳糖结晶不同，因此应迅速冷却并注意勿使冷媒（特别是采用盐水作冷媒时）进入浓缩乳中，以免影响稳定性。

**7. 再标准化**

原料乳已进行过标准化，浓缩后进行的再标准化仅是为了使其符合所要求的乳干物质而调节浓度。因为淡炼乳的浓度是比较难于正确掌握的，所以一般多浓缩到较要求的浓度稍高一点，浓缩后再加蒸馏水以调整到要求的浓度。所以再标准化习惯上就称为加水，加水量可按下式计算：

$$加水量 = \frac{A}{F_1} - \frac{A}{F_2}$$

式中　$A$——标准化乳的脂肪含量；

　　　$F_1$——成品的脂肪含量，%；

　　　$F_2$——浓缩乳的脂肪含量，%。

**8. 小样试验**

为防止不能预计的变化而造成的大量损失，灭菌前先按不同剂量添加稳定剂，试封几罐进行灭菌，然后开罐检查以决定添加稳定剂的数量、灭菌温度和时间。

（1）样品的准备　由贮乳槽中采取浓缩乳，通常以每千克原料乳取 0.25g 为限。调制成含有各种剂量稳定剂的样品，分别装罐、封罐，供作试验。稳定剂可配成饱和溶液，一般用 1mL 刻度吸管添加。

（2）灭菌试验　把样品罐放入小试用的灭菌机中，向灭菌机中加水至液面达水位计的 1/2 处并使其转动，随后通入蒸汽，此时打开排气阀。当温度达到 80℃时将进汽减弱，然后按每 0.5min 升高 1℃（80～88℃时每 0.5min 升高 2℃），升温至 116.5℃后保温约 16min。当温度达到 100℃后，将排汽阀关至稍能放出空气程度。保温完毕，放出内部蒸汽和热水，然后加入冷水迅速冷却。冷却后取出小样检查。

（3）开罐检查　检查顺序是先检查有无凝固物，然后检查黏度、色泽、风味。要求无凝固，毛氏黏度计 20℃时为 0.10～0.11Pa·s，稀薄的稀奶油色，略有甜味为佳。如上述各项不合要求可采用降低灭菌温度或缩短保温时间，减慢灭菌机转动速度等方法加以调整，直至合乎要求为止。

**9. 装罐与封罐**

按照小样试验结果添加稳定剂后，应立即进行装罐封罐。装罐时顶隙要留有余量，不可装满，以免灭菌时膨胀变形。装罐后进行真空封罐，以减少气泡及顶隙中的残留空气，并且防止假胖罐。封罐后应及时灭菌，若不能及时灭菌应在冷库中贮藏，以防变质。

**10. 灭菌**

灭菌的目的是杀灭微生物并使酶类完全失活，造成无菌条件，使成品经久耐藏。另外，经适当的高温处理可提高成品的黏度，有利于防止脂肪上浮等缺陷，并可赋予淡炼乳特有的芳香气味。灭菌方法可分间歇式灭菌法和连续式灭菌法。

（1）间歇式灭菌法　批量不大的生产可用回转式灭菌器进行间歇式灭菌。一般要求在 15min 内使灭菌器内温度升至 116～117℃。一般的灭菌公式为（15min—20min—15min）/116℃。就是升温时间 15min，至 116℃保温 20min，然后在 15min 内冷却到 20℃以下。

（2）连续式灭菌法　大规模生产应采用连续式灭菌机进行连续式灭菌，以提高劳动生产率与热效率。连续式灭菌机由预热区、灭菌区和冷却区三个主要部分组成。封罐后的罐内温度在 18℃以下，进入预热区预热到 93～99℃，然后进入灭菌区加热到 114～119℃，经一定时间的运转，进入冷却区冷却到室温。近年来发展的新的连续式灭菌机，可以在 2min 内加热到 124～138℃，并保持 1～3min，然后急速冷却，全部过程只需 6～7min。

（3）使用乳酸链球菌素改进灭菌方法　乳酸链球菌素是一种安全性高的国际上允许使用的食品添加剂，人体每日允许摄入量为 0～33000 单位/kg 体重（1mg＝1000 单位）。淡炼乳生产中必须采用强的杀菌制度，但长时间的高温处理，使成品质量不理想，而且必须使用热稳定性高的原料乳。如果添加乳酸链球菌素，可减轻灭菌负担，且能保证乳品质量，并为利用热稳定性较差的原料乳提供了可能性。如 1g 淡炼乳中加 100 单位乳酸链球菌素，以 115℃、10min 的杀菌制度与对照组 118℃、20min 杀菌制度相比较，效果更好。

11. 振荡

如果灭菌操作不当，或使用热稳定性较差的原料乳，则淡炼乳往往出现软的凝块。振荡可使凝块分散复原成均匀的流体。使用振荡机进行振荡，应在灭菌后 2～3d 内进行，每次振荡 1～2min。

12. 保温检查

淡炼乳出厂之前，一般还要经过贮藏试验，即将成品在 25～30℃下保温贮藏 3～4 周，观察有无胖罐，并开罐检查有无缺陷，必要时可抽取一定数量样品于 37℃保贮 7～10d 加以观察及检查，合格者方可出厂。

### 三、淡炼乳的质量缺陷

1. 脂肪上浮

脂肪上浮是淡炼乳常见的缺陷，这是由于黏度下降或者均质不完全而产生的。控制适当的热处理条件，使其保证适当的黏度，并注意均质操作，使脂肪球直径基本上都在 2μm 以下可防止脂肪上浮。

2. 胖罐

淡炼乳的胖罐分为细菌性、化学性及物理性胖罐三种类型。由于细菌活动产气而造成细菌性胖罐，这是因为污染严重或灭菌不彻底，特别是被耐热性芽孢杆菌污染所至。应防止污染和加强灭菌。

如果淡炼乳酸度偏高，并贮存过久，乳中的酸性物质与罐壁的锡、铁等发生化学反应产生氢气，可导致化学性胖罐。此外，如果装罐过满或运到高原、高空、海拔高、气压低的场所，则可能出现物理性胖罐，即所谓"假胖听"。

3. 褐变

淡炼乳经高温灭菌颜色变深呈黄褐色。灭菌温度越高、保温时间及贮藏时间越长，褐变现象越突出，其原因是美拉德反应。为防止褐变，要求在达到灭菌的前提下，避免过度的长时间高温加热处理；在 5℃以下保存；稳定剂用量不要过多；不宜使用碳酸钠，因其对褐变有促进作用，可用磷酸氢二钠或柠檬酸钠。

4. 黏度降低

淡炼乳贮藏期间一般会出现黏度降低的趋势。如果黏度显著降低，会出现脂肪上浮和部分成分的沉淀。影响黏度的主要因素是热处理过程。低温贮藏可减轻黏度下降趋势，贮藏温度越高，黏度下降越快，在 -5℃下贮藏可避免黏度降低，但在 0℃以下贮藏易导致蛋白质不稳定。

5. 凝固

（1）细菌性凝固　受耐热性芽孢杆菌严重污染或灭菌不彻底或封口不严密的淡炼乳，因微生物产生乳酸或凝乳酶，可使淡炼乳产生凝固现象，这时大都伴有苦味、酸味、腐败味。防止污染，严密封罐及严格灭菌可避免。

（2）理化性凝固　若使用热稳定性差的原料乳或生产过程中浓缩过度、灭菌过度、干物质量过高、均质压力过高（超过 20.58MPa）均可能出现凝固。

原料乳热稳定性差主要是酸度高、乳清蛋白含量高或盐类平衡失调而造成的。严格控制热稳定性试验即可。盐类不平衡可通过离子交换树脂处理或适当添加稳定剂。此外，正确地进行浓缩操作和灭菌处理，避免过高的均质压力等操作规程可以避免理化性凝固。

## 质量标准及检验

淡炼乳的质量标准及检验应符合 GB 13102—2010。

### 一、淡炼乳的感官检验

淡炼乳的感官检验应符合表 7-5。

### 二、淡炼乳的理化检验

淡炼乳的理化检验项目、检验方法和指标要求应符合表 7-6 的规定，微生物限量见任务一中表 7-4 的规定。

**表 7-5　淡炼乳的感官特性**

| 项　目 | 淡　炼　乳 | 检　验　方　法 |
|---|---|---|
| 色泽<br>滋味和气味<br>组织状态 | 呈均匀一致的乳白色或乳黄色，有光泽<br>具有乳的滋味和气味<br>组织细腻，质地均匀，黏度适中 | 取适量试样置于 50mL 烧杯中，在自然光下观察色泽和组织状态。闻其气味，用温开水漱口，品尝滋味 |

**表 7-6　淡炼乳的理化指标**

| 项　目 | 甜炼乳 | 检验方法 | 项　目 | | 甜炼乳 | 检验方法 |
|---|---|---|---|---|---|---|
| 蛋白质/(g/100g)　≥ | 非脂乳固体[①]的 34% | GB 5009.5 | 蔗糖/(g/100g) | ≤ | — | GB 5413.5 |
| 脂肪/(g/100g)　≥ | 7.5≤X<15.0 | GB 5413.3 | 水分/(g/100g) | ≤ | — | GB 5009.3 |
| 乳固体[①]/(g/100g)　≥ | 25.0 | — | 酸度/(g/100g)°T | ≤ | 48.0 | GB 5413.34 |

① 乳固体（%）=100%－水分（%）－蔗糖（%）。

## 任务总结

炼乳是将牛奶浓缩到一定浓度的乳制品。其按成品中是否加糖，可分为甜炼乳和淡炼乳两大类。淡炼乳，色淡，外观类似于稀奶油，是一种经灭菌处理的浓缩乳制品，营养佳。本任务阐述了淡炼乳的基本概念分类、具体加工方法以及淡炼乳的检验方法。本任务为课外实践内容，通过本任务的学习，以期学生能够根据实际情况选用恰当的加工淡炼乳的方法，并达到能够独立对淡炼乳进行加工与检验的目的。

**知识考核**

**一、名词解释**

1. 淡炼乳；2. 细菌性凝固；3. 理化性凝固；4. 脂肪上浮

**二、填空题**

1. 乳清蛋白中主要是_____及_____，在酸度高时更容易受热凝固。

2. 淡炼乳的胖罐分为_____、_____及_____胖罐三种类型。

3. 灭菌方法可分_____和_____。

**三、问答题**

1. 淡炼乳与甜炼乳的区别？

2. 怎样防止褐变？

3. 什么是间歇式灭菌法？

# 项目八　干酪的加工及检测

干酪（cheese）是指在乳中（也可以用脱脂乳或稀奶油等）加入适量的乳酸菌发酵剂和凝乳酶（rennin），使乳蛋白质（主要是酪蛋白）凝固后，排除乳清，将凝块压成所需形状而制成的产品。制成后未经发酵成熟的产品称为新鲜干酪；经长时间发酵成熟而制成的产品称为成熟干酪。国际上将这两种干酪统称为天然干酪（natural cheese）

关于干酪起源的说法很多，传说干酪是由一位阿拉伯商人意外制得的。这位商人需要用一天的时间来穿过沙漠，于是他便将乳装入一个用羊胃制成的皮袋中，作为一天的食物供给。因羊胃的内部存有皱胃酶，再加上外面的日晒温度，致使乳分离成凝乳和乳清。当天晚上，商人很高兴地发现分离出来的乳清正好解决了他口渴的问题，而愉悦爽口的凝乳（干酪）也正好满足了他饥饿的需要。

据文献记载干酪的种类近 2000 种，随着新产品的开发，干酪的种类每年都在增加，但由于一种干酪在不同国家和不同时间有不同名称，干酪的实际品种应远不低于 2000 种。干酪的工业化生产是在 19 世纪开始的。1851 年美国建立了第一个牧民间合作的干酪加工厂；1870 年英国的第一家干酪工厂在德贝郡建立，到 1874 年为止仅德贝郡一地已有 6 家工厂。其他国家的干酪加工厂也随后快速发展起来。20 世纪干酪加工发展迅猛，目前发达国家六成以上的鲜乳用于干酪加工，在世界范围内，干酪也是耗乳量最大的乳制品。日本 1960～1997 年的 37 年间干酪的消费量增加了 40 倍以上。而我国目前干酪的生产和消费量还未形成规模，但发展潜力巨大，因此，我们应当对干酪的加工给予足够的重视。

## 任务一　天然干酪的加工及检测

### 能力目标

1. 能够分组完成天然干酪的加工。
2. 能够解决在加工中出现的一些实际问题。
3. 能够根据工艺和生产的实际情况操作相关生产设备。

### 知识目标

1. 了解干酪的概念和分类等基础知识。
2. 学会天然干酪的加工方法。
3. 掌握天然干酪质量检测的理论知识。

### 知识准备

干酪的种类繁多，即使除去一些较小的地方性品种，也数不胜数，这使得干酪的分类也变得异常复杂。知名干酪品种都有一些与众不同的特征，如尺寸、形状、质量、颜色、外观和检测数据等，但要测定滋味和气味，特别是当原料可能为牛乳、绵羊乳、山羊乳或水牛乳，又可能是混合乳时，则更加困难。有些干酪，在原料和制造方法上基本相同，由于制造国家或地区不同，其名称也不同。如著名的法国羊乳干酪（Roquefort cheese），在丹麦生产的这种干酪被称作达纳布路干酪（Danablu cheese）；丹麦生产的瑞士干酪称作萨姆索干酪（Samsoe cheese）；荷兰圆形干酪（Edam cheese）又被称为太布干酪（Tyb cheese）。

（一）干酪的分类

国际上通常把干酪划分为三大类：天然干酪、融化干酪（processed cheese）和干酪食品（cheese food），这三类干酪的主要规格、要求见表 8-1 所述。

**表 8-1 天然干酪、融化干酪和干酪食品的主要规格**

| 名　称 | 规　格 |
| --- | --- |
| 天然干酪 | 以乳、稀奶油、部分脱脂乳、酪乳或混合乳为原料，经凝固后，排出乳清而获得的新鲜或成熟的产品，允许添加天然香辛料以增加香味和滋味 |
| 融化干酪 | 用一种或一种以上的天然干酪，添加食品卫生标准所允许的添加剂（或不加添加剂），经粉碎、混合、加热融化、乳化后而制成的产品，含乳固体 40%以上。此外，还有下列两条规定：<br>①允许添加稀奶油、奶油或乳脂以调整脂肪含量；<br>②为了增加香味和滋味，添加香料、调味料及其他食品时，必须控制在乳固体的 1/6 以内。但不得添加脱脂乳粉、全脂乳粉、乳糖、干酪素以及不是来自乳中的脂肪、蛋白质及碳水化合物 |
| 干酪食品 | 用一种或一种以上的天然干酪或融化干酪，添加食品卫生标准所规定的添加剂（或不加添加剂），经粉碎、混合、加热融化而成的产品，产品中干酪数量需占 50%以上。此外，还规定：<br>①添加香料、调味料或其他食品时，需控制在产品干物质的 1/6 以内；<br>②添加不是来自乳中的脂肪、蛋白质、碳水化合物时，不得超过产品的 10% |

（二）干酪的营养价值

干酪中含有丰富的营养成分，主要为蛋白质和脂肪，仅就此而言，等于将原料乳中的蛋白质和脂肪浓缩 10 倍。此外，所含的钙、磷等无机成分，除能满足人体的营养需要外，还具有重要的生理作用。干酪中的维生素类主要是维生素 A，其次是胡萝卜素、B 族维生素和尼克酸等。干酪中的蛋白质经过成熟发酵后，由于凝乳酶和发酵剂微生物产生的蛋白酶的作用而成胨、肽、氨基酸等可溶性物质，极易被人体消化吸收，干酪中蛋白质的消化率为 96%～98%。

近年，人们开始追求具有营养价值高、保健功能全的食品。功能性干酪产品已经开始生产并正在进一步开发之中。如 Ca 强化、低脂肪、低盐等类型的干酪；还有向干酪中添加食物纤维、N-乙酰基葡萄糖胺（N-acetyl glucosamine）、低聚糖、CPP 等重要的具有良好保健功能的成分，促进肠道内优良菌群的生长繁殖，增强对钙、磷等矿物质的吸收，并且具有降低血液内胆固醇及防癌抗癌等效果。这些功能性成分的添加，给高营养价值的干酪制品增添了新的魅力。

（三）干酪的发酵剂

在制造干酪的过程中，用来使干酪发酵与成熟的特定微生物培养物称为干酪发酵剂（cheese starter）。

1. 干酪发酵剂的种类

干酪发酵剂可分为细菌发酵剂与霉菌发酵剂两大类，也可分为天然发酵剂和调节发酵剂两大类。

（1）细菌发酵剂　细菌发酵剂主要以乳酸菌为主，应用的主要目的在于产酸和产生相应的风味物质。其中主要有乳链球菌、乳油链球菌、干酪乳杆菌、丁二酮链球菌、嗜酸乳杆菌、保加利亚乳杆菌以及噬柠檬酸明串珠菌等。有时为了使干酪形成特有的组织状态，还要使用丙酸菌。

（2）霉菌发酵剂　霉菌发酵剂应用的主要目的是形成干酪不同的风味和质构特征。主要是对脂肪分解强的卡门培尔干酪青霉、娄地青霉等。某些酵母，如解脂假丝酵母等也在一些品种的干酪中得到应用。干酪发酵剂微生物及其使用制品见表 8-2 所示。

**表 8-2　发酵剂微生物及其使用制品**

| 发酵剂微生物 | | 使用制品 |
| --- | --- | --- |
| 一般名 | 菌种名 | |
| 乳球菌 | 嗜热乳链球菌 | 各种干酪，产酸及风味 |
| | 乳链球菌 | 各种干酪，产酸 |
| | 乳油链球菌 | 各种干酪，产酸 |
| | 粪链球菌 | 契达干酪 |
| 乳杆菌 | 乳酸杆菌 | 瑞士干酪 |
| | 干酪乳杆菌 | 各种干酪，产酸、风味 |
| | 嗜热乳杆菌 | 干酪，产酸、风味 |
| | 胚芽乳杆菌 | 契达干酪 |
| 丙酸菌 | 薛氏丙酸菌 | 瑞士干酪 |
| 短密青霉菌 | 短密青霉菌 | 砖状干酪 林堡干酪 |
| 酵母类 | 解脂假丝酵母 | 青纹干酪 瑞士干酪 |
| 曲霉菌 | 米曲菌 娄地青霉 | 法国绵羊乳干酪 |
| | 卡门培尔干酪青霉 | 法国卡门培尔干酪 |

**2. 干酪发酵剂的作用**

发酵剂依据其菌种的组成、特性及干酪的生产工艺条件，主要有以下作用。

① 发酵乳糖产生乳酸，促进凝乳酶的凝乳作用。由于在原料乳中添加一定量的发酵剂，产生乳酸，使乳中可溶性钙的浓度升高，为凝乳酶创造一个良好的酸性环境，进而促进凝乳酶的凝乳作用。

② 在干酪的加工过程中，乳酸可促进凝块的收缩，产生良好的弹性，利于乳清的渗出，赋予制品良好的组织状态。

③ 在加工和成熟过程中产生一定浓度的乳酸，有的菌种还可以产生相应的抗生素，可以较好地抑制产品中污染杂菌的繁殖，保证成品的品质。

④ 发酵剂中的某些微生物可以产生相应的分解酶分解蛋白质、脂肪等物质，从而提高制品的营养价值、消化吸收率，并且还可形成制品特有的芳香风味。

⑤ 由于丙酸菌的丙酸发酵，使乳酸菌所产生的乳酸还原，产生丙酸和二氧化碳气体，在某些硬质干酪产生特殊的孔眼特征。

综上所述，在干酪的生产中使用发酵剂可以促进凝块的形成；使凝块收缩和容易排除乳清；防止在制造过程和成熟期间杂菌的污染和繁殖；改进产品的组织状态；成熟期间给酶的作用创造适宜的 pH 条件。

3. 干酪发酵剂的组成

作为某一种干酪的发酵剂，必须选择符合制品特征和需要的专门菌种来组成。根据制品需要和菌种组成情况可将干酪发酵剂分为单菌种发酵剂和混合菌种发酵剂两种。

(1) 单菌种发酵剂　只含一种菌种，如乳链球菌或乳油链球菌等。其优点主要是长期活化和使用，其活力和性状的变化较小；缺点是容易受到噬菌体的侵染，造成繁殖受阻和酸的生成迟缓等。

(2) 混合菌种发酵剂　指由两种或两种以上的产酸和产芳香物质、形成特殊组织状态的菌种，根据制品的不同，侧重按一定比例组成的干酪发酵剂。干酪的生产中多采用这一类发酵剂，其优点是能够形成乳酸菌的活性平衡；较好地满足制品发酵成熟的要求，全部菌种不能同时被噬菌体污染，从而减少其危害程度；缺点是每次活化培养很难保证原来菌种的组成比例，由于菌相的变化，培养后较难长期保存，每天的活力有一定的差异。因此，对培养和生产中的要求比较严格。

干酪发酵剂一般均采用冷冻干燥技术生产和真空复合金属膜包装。下面介绍丹麦汉森公司生产的几种干酪发酵剂。该公司的制品可分为：一般冷冻干燥发酵剂，每克含菌量在 $2 \times 10^9$ 个以上；另一类是采用培养、浓缩、冻干技术生产的浓缩发酵剂，每克含菌量在 $5 \times 10^{10}$ 个以上。现将汉森公司制品的特性和组成列于表 8-3、表 8-4。

**表 8-3　丹麦汉森公司干酪发酵剂的特性**

| 类别 | 品名(代号) | 用途 | 培养温度/℃ |
|---|---|---|---|
| BD | CH～NORMAL 01<br>CH～NORMAL 11 | 荷兰干酪 | 19～23 |
| B | 6　9　40　41<br>44　53　56　60<br>70　72　75　76<br>82　83　91　92　253 | 农家干酪、契达干酪等无孔或少孔的干酪 | 19～23 |
| O | 54　95　96　143<br>170　171　172　173<br>175　180　189　195<br>198　199 | 契达干酪、菲达干酪及非成熟干酪 | 19～23 |

**表 8-4　丹麦汉森公司干酪发酵剂的菌种组成**

| 菌种 | 品名 | | | |
|---|---|---|---|---|
| | BD | B | O | 酸乳 |
| 乳链球菌 | | | 2%～5% | |
| 乳脂链球菌 | | | 95%～98% | |
| 丁二酮乳链球菌 | 60%～85% | 90%～95% | 95%～98% | |
| 嗜柠檬酸明串珠菌 | 15%～20% | <0.1% | <0.0001% | |
| 嗜热链球菌 | 8%～30% | 5%～10% | <0.0001% | 50% |
| 保加利亚杆菌 | | | | 50% |

4. 发酵剂的制备

(1) 乳酸菌发酵剂的制备　通常乳酸菌发酵剂的制备分三个阶段，即乳酸菌纯培养物、母发酵剂和生产发酵剂。

第一阶段　乳酸菌纯培养物

将保存的菌株或粉末发酵剂用牛乳复活培养时，在灭菌的试管中加入优质脱脂乳，添加适量石蕊溶液，经120℃、15～20min高压灭菌并冷却至接种温度，将乳酸菌株或粉末发酵剂接种在该培养基内，于21～26℃条件下培养16～19h。当凝固并达到所需酸度后，在0～5℃条件下保存。每3～7d接种一次，以维持活力，也可以冻结保存。

第二阶段　母发酵剂

制作母发酵剂时在灭菌的三角瓶中加1/2量的脱脂乳（或还原脱脂乳），经120℃、15～20min高压灭菌后，冷却至接种温度，按0.5%～1.0%的量接种菌种，21～23℃培养12～16h（酸度达0.75%～0.80%），在0～5℃条件下保存备用。

第三阶段　生产发酵剂

制作生产发酵剂时将脱脂乳经95℃、30min或72℃以上60min杀菌，冷却后，添加0.5%～1.0%的母发酵剂，培养12～16h（普通乳酸菌株22℃，高温性菌株35～40℃），当酸度达到0.75%～0.85%时冷却备用。

（2）霉菌发酵剂的制备　霉菌发酵剂（mold starter）的调制除使用的菌种及培养温度有差异外，基本方法与乳酸菌发酵剂的制备方法相似。将除去表皮后的面包切成小立方体，盛于三角瓶，加适量水并进行高压灭菌处理。此时如加少量乳酸增加酸度则更好。将霉菌悬浮于无菌水中，再喷洒于灭菌面包上。置于21～25℃的恒温箱中经8～12d培养，使霉菌孢子布满面包表面。从恒温箱中取出，约30℃条件下干燥10d，或在室温下进行真空干燥，最后研成粉末，经筛选后，盛于容器中保存。

5. 影响发酵剂正常繁殖的因素

在发酵剂的制备过程中，除培养温度外，主要受下列因素影响。

（1）牛乳培养基　作为培养基用的原料乳成分及其含量对发酵剂的活力有一定的影响，应当选用优质的新鲜脱脂乳或脱脂乳粉的还原乳。乳房炎乳中白细胞在500万个/mL以上，含有抑菌物质，pH在6.7以上都会阻碍酸的生成或使产酸迟缓；酸败乳抑制乳链球菌的繁殖，延缓酸的生成；含有抗生素的乳根据所含抗生素的种类、浓度、感受性对发酵剂有着不同程度的影响，如青霉素的含量在0.1IU/mL以上时对菌种产生很强的抑制作用，在0.05IU/mL以下时也会产生抑制；含有药物的乳或含有天然抑制物的乳都对菌种有不同程度的影响。

（2）乳酸菌的变异　由于长期的培养和连续发酵接种，以及其他因素的影响导致菌种的不良变异，以致菌的活力衰退。此时应及时更换，采用新的菌种。

（3）噬菌体对发酵剂的影响　当干酪发酵剂受到噬菌体污染后，就会导致发酵的失败。凡是加工乳和乳清以及制备发酵剂的地方往往都存在噬菌体。因此，在制备发酵剂时必须加强卫生管理，严格按操作规则进行。关于噬菌体的杀灭，可以采用以下方法。

① 加热破坏。耐热性低的噬菌体经65℃、5min加热即可破坏；耐热性强的噬菌体，需75℃、15min以上才能杀灭。因此，通常多采用90℃持续40min加热处理。

② 消毒剂消毒。采用50～500mg/kg的次氯酸盐处理，可以有效杀灭噬菌体。

③ 紫外线照射。可以破坏噬菌体，一般不少于6h。

6. 发酵剂的检查

发酵剂制备好后，要进行风味、组织、酸度和微生物学鉴定检查。风味应具有清洁的乳酸味，不得有异味，酸度以0.75%～0.85%为宜。活力试验时，将10g脱脂乳粉用90mL

蒸馏水溶解，经120℃、10min加压灭菌，冷却后分注于10mL试管中，加0.3mL发酵剂，盖紧，于38℃条件下培养210min。然后，将培养液洗脱于烧杯中测定酸度。如酸度上升0.4％，即视为活性良好。另外，将上述灭菌脱脂乳液9mL分注于试管，加1mL发酵剂及0.1mL 0.005％的刃天青溶液后，于37℃培养30min，每5min观察刃天青褪色情况。全褪为淡桃红色为止。褪色时间在培养开始后35min以内的为活性良好，50～60min者为正常活力。

 **生产实例及规程**

各种天然干酪的生产工艺基本相同，只是在个别工艺环节上有所差异。下面以半硬质或硬质干酪生产为例介绍天然干酪生产的基本工艺。

### 一、生产工艺流程

原料乳→验收→净化→标准化→杀菌→冷却→添加发酵剂→调整酸度→加氯化钙→加色素→加凝乳酶→凝块切割→搅拌→加温→乳清排出→成型压榨→盐渍→成熟→上色挂蜡→成品

### 二、生产工艺要求

**1. 原料乳的要求**

生产干酪的原料乳，必须经过严格的检验，要求抗生素检验阴性等。除牛奶外也可使用羊奶。

**2. 原料乳的贮存**

生产干酪的鲜乳挤出后应尽快用于生产，否则即使在4℃条件下贮存1～2d，干酪质量也会波动。主要原因有两个。

① 在冷贮过程中，乳中的蛋白质和盐类特性发生变化，从而对干酪生产特性产生破坏。有资料证实在5℃经24h贮存后，会出现约25％的钙以磷酸盐的形式沉淀下来。当乳经巴氏杀菌时，钙重新溶解而乳的凝固特性也基本全部恢复。在贮存中，β-酪蛋白也会离酪蛋白胶束，从而进一步对干酪生产性能下降起作用。经巴氏杀菌后这一下降也差不多能完全恢复。

② 由于再次污染，微生物菌丛进入牛乳中，尤其是假单胞菌属，其所生成的酶——蛋白质水解酶和脂肪酶在低温下能分别使蛋白质和脂肪降解。这一反应的结果是在低温贮存时，脱离酪蛋白胶束的β-酪蛋白被降解释放出"苦"味。

因此，如果牛乳已经过了1～2d的贮存且到达乳品厂后12h内仍不能进行加工处理时，最好采用预杀菌的方法。

预杀菌是指缓和的热处理，65℃、15s，随后冷却至4℃。经处理后，牛乳呈磷酸酶阳性。目的是为了抑制乳中嗜冷菌的生长。预杀菌后乳可在4℃条件下继续贮存12～48h。

**3. 原料乳的净化**

在干酪生产中，净乳的目的有两个：一是除去生乳中的机械杂质以及黏附在这些机械杂质上的细菌；二是除去生乳中的一部分细菌，特别是对干酪质量影响较大的芽孢杆菌。采用网袋和普通净乳机可除去乳中的机械杂质，除去芽孢杆菌通常则采用离心除菌技术或微滤除菌技术。

所谓离心除菌技术是指应用一种专门设计的高速密封离心机（离心除菌机），分离除去乳中细菌，特别是芽孢杆菌的技术。其原理是由于芽孢杆菌的密度较生乳大，利用离心力的作用使芽孢杆菌富集而被分离。现已证明，离心除菌技术是降低生乳中芽孢杆菌数量的一种十分有效的手段，目前被广泛应用于干酪制造。

离心除菌机有单相和两相两种类型。通常离心除菌时的选用温度与离心分离时相同，一般为 55～65℃。

4. 标准化

原料乳的标准化，可在罐中将脱脂乳与全脂乳混合来实现，也可以通过分离机后在管线上混合完成。

5. 杀菌处理

从理论上讲，生产不经成熟的新鲜干酪时必须将原料乳杀菌，而生产经 1 个月以上时间成熟的干酪时，原料乳可不杀菌。但实际生产时，一般都将杀菌作为干酪生产工艺中的一道必要的工序。

杀菌的目的是为了消灭原料乳中的致病菌和有害菌并破坏有害酶类，使干酪质量稳定。杀菌的作用为：①消灭有害菌和致病菌，卫生上保证安全并可防止异常发酵；②质量均匀一致；③增加干酪保存性；④由于加热杀菌，使白蛋白凝固，因此也包含在干酪中，可以增加干酪的产量。

杀菌温度的高低，直接影响产品质量。如果温度过高，时间过长，则受热变性的蛋白质增多，用凝乳酶凝固时，凝块松软，且收缩作用变弱，往往形成水分过多的干酪。故杀菌方法多采用 63℃、30min 的保温杀菌，或 72～73℃、15s 的高温短时间杀菌（HTST）。但需要注意的是用于生产埃门塔尔、珀尔梅散和 Grana 等一些超硬质干酪的原料乳的杀菌温度不能超过 40℃，以避免影响滋味、香味和乳清析出。用于这些干酪的原料乳通常取自特定的乳牛场，乳牛场对牛群要定期进行检查。

在高温短时间杀菌下，大部分有害菌被杀死，但芽孢菌难以被杀灭，从而对干酪成熟过程造成危害。如丁酸梭状芽孢杆菌能发酵乳酸产生丁酸和大量氢气，严重破坏干酪的质地结构并形成不良风味。为防止这类现象的发生，传统方法是加入能抑制耐热性芽孢菌生长的化学防腐剂，最常用的是硝酸钠或硝酸钾。生产埃门塔尔干酪时加入过氧化氢。但化学防腐剂的使用正越来越受到限制，有些国家已明文禁止在干酪中使用。因此，许多生产厂正在采用离心除菌技术和微滤技术来降低芽孢菌的危害。

6. 添加发酵剂和预酸化

原料乳经杀菌后，直接打入干酪槽（cheese vat）中。干酪槽（图 8-1）为水平卧式长椭圆形不锈钢槽，且有保温（加热或冷却）夹层及搅拌器（手工操作时为干酪铲和干酪耙）。将干酪槽中的牛乳冷却到 30～32℃，然后按操作要求加入发酵剂。

首先应根据制品的质量和特征，选择合适的发酵剂种类和组成。取原料乳量 1%～2% 制好的工作发酵剂，边搅拌边加入，充分搅拌 3～5min。为了促进凝固和正常成熟，加入发酵剂后应进行短时间的发酵，以保证充足的乳酸菌数量，此过程称为预酸化。约经 10～15min 的预酸化后，取样测定酸度。

7. 加入添加剂与调整酸度

除了发酵剂之外，根据干酪品种和生产条件的需要，还可添加氯化钙、色素、防腐性盐类等添加剂，使凝乳硬度适宜，色泽一致，减少有害微生物的危害。

（1）氯化钙　如果原料乳的凝乳性能较差，形成的凝块松软，则切割后碎粒较多，酪蛋白和脂肪的损失大，同时排乳清困难，干酪质量难以保证。为了保持正常的凝乳时间和凝块

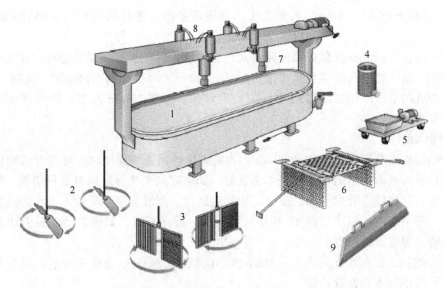

图 8-1 带有干酪生产用具的普通干酪槽

1—带有横梁和驱动电机的夹层干酪槽；2—搅拌工具；3—切割工具；4—置于出口处过滤器干酪槽内

侧的过滤器；5—带有一个浅容器小车的乳清泵；6—用于圆孔干酪生产的预压板；

7—工具支撑架；8—用于预压设备的液压筒；9—干酪切刀

硬度，可在每 100kg 乳中加入 5～20g 氯化钙，以改善凝乳性能。但应注意的是，过量的氯化钙会使凝块太硬，难于切割。

（2）色素　干酪的颜色取决于原料乳中的脂肪色泽。但脂肪色泽受季节和饲料的影响，使产品颜色不一，可加胡萝卜素或安那妥（胭脂红）等色素使干酪的色泽不受季节影响。色素的添加量随季节或市场需要而定。采用安那妥的碳酸钠抽提液时，其添加量通常为每 1000kg 原料乳中加 30～60g 浸出液。在青纹干酪生产中，有时添加叶绿素来反衬霉菌产生的青绿色条纹。

（3）硝酸盐　原料奶中如有丁酸菌或产气菌时，会产生异常发酵，可用硝酸盐（硝酸钠或硝酸钾）来抑制这些细菌。但其用量需根据牛奶的成分和生产工艺精确计算，因过多的硝酸盐能抑制发酵剂中细菌的生长，影响干酪的成熟；也容易使干酪变色，产生红色条纹和一种不纯的味道。通常硝酸盐的添加量每 100kg 不超过 30g。

除了化学防腐剂以外，使用一些生物制剂如溶菌酶，也能起到抑制梭状芽孢杆菌的效果。在应用离心除菌技术或微滤除菌的干酪厂中，可不加或少加硝酸盐。

（4）调整酸度　添加发酵剂并经 30～60min 发酵后，酸度为 0.18%～0.22%，但该乳酸发酵酸度很难控制。为使干酪成品质量一致，可用 1mol/L 的盐酸调整酸度，一般调整酸度至 0.21% 左右。具体的酸度值应根据干酪的品种而定。

8. 添加凝乳酶和凝乳的形成

在干酪的生产中，添加凝乳酶形成凝乳是一个重要的工艺环节。

（1）凝乳酶的添加　通常按凝乳酶活力和原料乳的量计算凝乳酶的用量。用 1% 的食盐水将酶配成 2% 溶液，并在 28～32℃ 下保温 30min。然后加入到乳中，充分搅拌均匀（2～3min）后加盖。

活力为（1∶10000）～（1∶15000）的液体凝乳酶的剂量在每 100kg 乳中可用到 30mL，为了便于分散，凝乳酶至少要用双倍的水进行稀释。加入凝乳酶后，小心搅拌牛乳不超过

2～3min。在随后的 8～10min 内乳静止下来是很重要的，这样可以避免影响凝乳过程和酪蛋白损失。

为进一步便于凝乳酶分散，可使用自动计量系统，将经水稀释凝乳酶通过分散喷嘴喷洒在牛乳表面。这个系统最初应用于大型密封（10000～20000L）的干酪槽或干酪罐。

（2）凝乳的形成　添加凝乳酶后，在 32℃ 条件下静置 30min 左右，即可使乳凝固，达到凝乳的要求。

9. 凝块切割

典型的凝乳或凝固时间大约是 30min。当乳凝块达到适当硬度时，要进行切割以有利于乳清脱出。正确判断恰当的切割时机非常重要，如果在尚未充分凝固时进行切割，酪蛋白或脂肪损失大，且生成柔软的干酪；反之，切割时间迟，凝乳变硬不易脱水。切割时机由下列方法判定：用消毒过的温度计以 45° 角插入凝块中，挑开凝块，如裂口恰如锐刀切痕，并呈现透明乳清，即可开始切割。

切割：把凝块柔和地分裂成 3～15mm 大小的颗粒，其大小决定于干酪的类型。切块越小，最终干酪中的水分含量越低。

10. 凝块的搅拌及加温

凝块切割后当乳清酸度达到 0.17%～0.18% 时，开始用干酪耙或干酪搅拌器轻轻搅拌。此时凝块较脆弱，应防止将凝块碰碎。经过 15min 后，搅拌速度可稍微加快。与此同时，在干酪槽的夹层中通入热水，使温度逐渐升高。升温的速度应严格控制，开始时每 3～5min 升高 1℃，当温度升至 35℃ 时，则每隔 3min 升高 1℃。当温度达到 38～42℃（应根据干酪的品种具体确定终止温度）时，停止加热并维持此时的温度。在整个升温过程中应不停地搅拌，以促进凝块的收缩和乳清的渗出，防止凝块沉淀和相互粘连。在升温过程中应不断地测定乳清的酸度以便控制升温和搅拌的速度。总之，升温和搅拌是干酪制作工艺中的重要过程。它关系到生产的成败和成品质量的好坏，因此，必须按工艺要求严格控制和操作。

在现代化的密封水平干酪罐中（图 8-2），搅拌和切割由焊在一个水平轴上的工具来完成。水平轴由一个带有频率转换器的装置驱动。这个具有双重用途的工具是搅拌还是切割决定于其转动方向。凝块被剃刀般锋利的辐射状不锈钢刀切割，不锈钢刀背呈圆形，以给凝块轻柔而有效的搅拌。

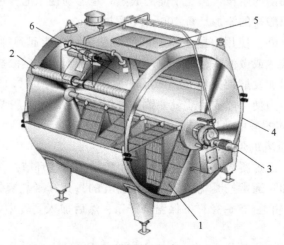

图 8-2　带有搅拌和切割工具以及升降乳清排放系统的水密闭式干酪缸

1—切割与搅拌相结合的工具；2—乳清排放的滤网；3—频控驱动电机；4—加热夹套；5—人孔；6—CIP 喷嘴

　　另外，干酪槽可安装一个自动操作的乳清过滤网，能良好分散凝固剂（凝乳酶）的喷嘴以及能与 CIP（就地清洗）系统联接的喷嘴。

　　11. 乳清排放

　　乳清排放是指将乳清与凝乳颗粒分离的过程。排乳清的时机可通过所需酸度或凝乳颗粒的硬度来掌握。一般在搅拌升温的后期，乳清酸度达 0.17%～0.18% 时，凝块收缩至原来的一半（豆粒大小），用手捏干酪粒感觉有适度弹性或用手握一把干酪粒，用力压出水分后放开，如果干酪粒富有弹性，搓开仍能重新分散时，即可排除全部乳清。

　　排乳清有多种方式，不同的排乳清方式得到的干酪的组织结构不同。常用的方式有捞出式、吊袋式和堆积式三大类。

　　（1）捞出式　捞出式是指用滤框等工具将凝乳颗粒从乳清中捞出来，倒入带孔的模子中，来完成排乳清的一种方式，卡门培尔和青纹干酪就是采用这种方式来排乳清的。捞出装模后，凝乳颗粒因接触空气而不能完全融合。压榨成型后，干酪内部形成不规则的细小空隙。在成熟过程中，乳酸菌产生的二氧化碳进入孔隙，并使孔隙进一步扩大，最终形成这类干酪所特有的不规则多孔结构，也称为粒纹质地。见图 8-3。

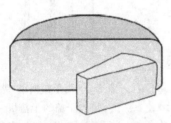

图 8-3　粒纹质地的干酪

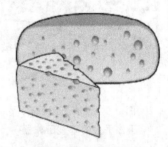

图 8-4　圆孔干酪

　　（2）吊袋式　吊袋式是指用粗布将凝乳颗粒和乳清全部包住后，吊出干酪槽，使乳清滤出的方式。采用这种排乳清方式生产的干酪有瑞士干酪、埃门塔尔干酪等。由于凝乳颗粒在乳清中聚集成块，未与空气接触，因此其内部的孔隙中充满了乳清。在这些孔隙中的乳清，乳酸菌继续生长繁殖，产生二氧化碳，形成小孔。由于二氧化碳的扩散，无数的小孔汇集成数个较大的孔洞，最终形成这类干酪所特有的圆孔结构（如图 8-4）。

　　除了吊袋以外，也可在排乳清之前将凝乳颗粒堆积在一个用带孔不锈钢板临时搭建的框中，并施加一定压力，使凝乳粒在乳清液面下聚集成型，再将乳清排放掉。采用这种方式的机理与吊袋式相同，最终也能得到所需的圆孔结构。

　　（3）堆积式　堆积式指将乳清通过滤筛从干酪槽中排出后，将凝乳颗粒在热的干酪槽中堆放一定时间，以排掉内部孔隙中的乳清的方式。采用这种方式的最典型品种是契达干酪。其最终组织结构均匀光滑，即使有孔，数量也很少，而且是内壁粗糙的机械孔。这种结构称为致密结构（如图 8-5）。

　　12. 压榨成型

　　压榨是指对装在模中的凝乳颗粒施加一定的压力。压榨可进一步排掉乳清，使凝乳颗粒成块，并形成一定的形状，同时表面变硬。压榨可利用干酪自身的重量来完成，也可使用专门的干酪压榨机来进行。为保证干酪质量的一致性，压力、时间、温度和酸度等压榨参数在生产每一批干酪的过程中都必须

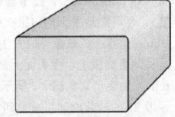

图 8-5　致密结构的干酪

保持恒定。压榨所用的酪模必须是多孔的，以便使乳清能够流出。

压榨的程度和压力依干酪的类型进行调整。在压榨初始阶段要逐渐加压，因为，初始高压压紧的外表面会使水分封闭在干酪体内。应用的压力应以每单位面积而非每个干酪来计算。因为每一单个的干酪的大小可能是变化的，例如 $300g/cm^2$。小批量干酪生产可使用手动操作的垂直或水平压榨，气力或水力压榨系统可使所需压力的调节简化，图 8-6 所示为垂直压榨器。一个更新式的解决方法是在压榨系统上配置计时器，用信号提醒操作人员按预定加压程序改变压力。

图 8-6　带有气动操作
压榨平台的垂直压榨器

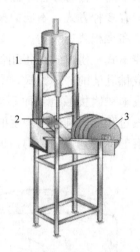

图 8-7　用于帕斯塔-费拉
塔类干酪的干盐机
1—盐容器；2—用于干酪的
熔融的液位控制；3—槽轮

13. 加盐

（1）加盐的目的　改善干酪的风味、组织和外观，排出内部乳清或水分，增加干酪硬度，限制乳酸菌的活力，调节乳酸生成和干酪的成熟，防止和抑制杂菌的繁殖。

一般情况下，干酪中加盐量为 0.5%～2%。但一些霉菌成熟的干酪如蓝霉干酪或白霉干酪的一些类型（Feta. domiati 等）通常盐含量在 3%～7%。

加盐引起的副酪蛋白上的钠和钙交换也给干酪的组织带来良好影响，使其变得更加光滑。一般来说，在乳中不含有任何抗菌物质的情况下，在添加原始发酵剂大约 5～6h 后，pH 在 5.3～5.6 时在凝块中加盐。

（2）加盐的方法

① 干盐法。在定型压榨前，将所需的食盐撒布在干酪粒中或者将食盐涂布于生干酪表面（如 camembert）；加干盐可通过手工或机械进行，将干盐从料斗或类似容器中定量（称量），尽可能地手工均匀撒在已彻底排放了乳清的凝块上。为了充分分散，凝块需进行 5～10min 搅拌。机械撒盐的方法很多，一种形式是与契达干酪加盐相同，即酪条连续在通过契达机的最终段上，在表面上加定量的盐。另一种加盐系统用于帕斯塔-费拉塔干酪（Mozzarella）的生产，如图 8-7 所示。干盐加入器装于热煮压延机和装模机之间。经过这样处理，一般 8h 的盐化时间可减少到 2h 左右，同时盐化所需的地面面积变小。

② 湿盐法。将压榨后的生干酪浸于盐水池中腌制，盐水浓度第 1～2d 为 17%～18%，

以后保持 20%～23% 的浓度。为了防止干酪内部产生气体，盐水温度应控制在 8℃ 左右，浸盐时间 4～6d（如 Edam，Gouda）。

盐渍系统有很多种，从相当简单到技术非常先进的都有。

a. 最常用的系统。将干酪放置在盐水容器中，容器应置于约 0～4℃ 的冷却间，图 8-8 所示为一实际的手工控制系统。

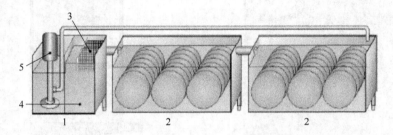

图 8-8　带有容器和盐水循环设备的盐渍系统
1—盐溶解容器；2—盐水容器；3—过滤器；4—盐溶解；5—盐水循环泵

b. 表面盐化。在盐化系统中，干酪被悬浮在容器内进行表面盐化，为保证表面润湿，干酪浸在盐液液面之下，容器中的圆辊保持干酪之间的间距，这一浸湿过程可以程序化，图 8-9 所示为盐化系统的原理。

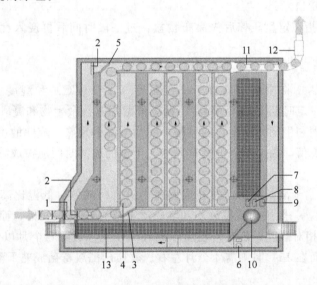

图 8-9　浅浸盐化系统
1—带有可调隔板的入口传送装置；2—可调隔板；3—带调节隔板和引导门的入口；4—表面盐化部分；
5—出口门；6—带滤网的两个搅拌器；7—用泵控制盐液位；8—泵；9—板式热交换器；
10—自动计量盐装置（包括盐浓度测定）；11—带有沟槽的出料输送带；12—盐液抽真空装置；13—操作区

c. 深浸盐化。带有可绞起箱笼的深浸盐化系统也是基于同样的原理。笼箱大小可以按生产量设计，每一个笼箱占一个浸槽，槽深 2.5～3m。为获得一致的盐化时间（先进、先出），当盐浸时间过半时，满载在笼箱中的干酪要倒入到另一个空的笼箱中继续盐化，否则就会出现所谓先进、后出的现象，在盐化时间上，先装笼的干酪和最后装笼的干酪要相差几个小时，因此，深浸盐化系统总要多设计出一个盐水槽以供空笼使用。图 8-10 所示为一个深浸盐化系统的笼箱。

图 8-10　深浸盐化系统的笼箱

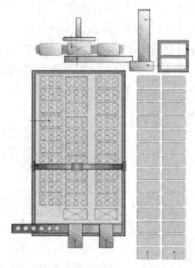

图 8-11　格架盐化系统

另一种深浸盐化系统使用格架，格架能装入由一个干酪槽生产的全部干酪，所有操作过程可以全部自动化进行：装入格架、沉入盐液、从盐水槽中绞起，并导入卸料处等。格架盐化系统的原理见图 8-11。

③ 混合法。是指在定型压榨后先涂布食盐，过一段时间后再浸入食盐水中的方法（如 Swiss. Brick）。

14. 干酪的成熟与贮存

（1）干酪的成熟　将生鲜干酪置于一定温度（10～12℃）和湿度（相对湿度 85%～90%）条件下，经一定时期（3～6 个月），在乳酸菌等有益微生物和凝乳酶的作用下，使干酪发生一系列的物理和生物化学变化的过程，称为干酪的成熟。成熟的主要目的是改善干酪的组织状态和营养价值，增加干酪的特有风味。干酪的成熟时间应按成熟度进行确定，一般为 3～6 个月以上。

① 成熟的条件。干酪的成熟通常在成熟库内进行。成熟时低温比高温效果好，一般为 5～15℃。相对湿度，一般细菌成熟硬质和半硬质干酪为 85%～90%，而软质干酪及霉菌成熟干酪为 95%。当相对湿度一定时，硬质干酪在 7℃ 条件下需 8 个月以上的成熟，在 10℃ 时需 6 个月以上，而在 15℃ 时则需 4 个月左右。软质干酪或霉菌成熟干酪需 20～30d。

② 成熟的过程

a. 前期成熟。将待成熟的新鲜干酪放入温度、湿度适宜的成熟库中，每天用洁净的棉布擦拭其表面，防止霉菌繁殖。为了使表面的水分蒸发得均匀，擦拭后要反转放置。此过程一般要持续 15～20d。

b. 上色挂蜡。为了防止霉菌生长和增加美观，将前期成熟后的干酪清洗干净后，用食用色素染成红色（也有不染色的）。待色素完全干燥后，在 160℃ 的石蜡中进行挂蜡。为了食用方便和防止形成干酪皮（rind），现多采用塑料真空及热缩密封。

c. 后期成熟和贮藏。为了使干酪完全成熟，以形成良好的口感、风味，还要将挂蜡后的干酪放在成熟库中继续成熟 2～6 个月。成品干酪应放在 5℃ 及相对湿度 80%～90% 条件下贮藏。

③ 成熟过程中的变化

a. 水分的减少。成熟期间干酪的水分有不同程度的蒸发而使重量减轻。

b. 乳糖的变化。生干酪中含 $1\%\sim2\%$ 的乳糖，其大部分在 48h 内被分解，在成熟后两周内消失。所形成的乳酸则变成丙酸或乙酸等挥发酸。

c. 蛋白质的分解。蛋白质分解在干酪的成熟中是最重要的变化过程，且十分复杂。凝乳时形成的不溶性副酪蛋白在凝乳酶和乳酸菌的蛋白水解酶作用下形成小分子的胨、多肽、氨基酸等可溶性的含氮物。成熟期间蛋白质的变化程度常以总蛋白质中所含水溶性蛋白质和氨基酸的量为指标。水溶性氮与总氮的百分比被称为干酪的成熟度。一般硬质干酪的成熟度约为 $30\%$，软质干酪则为 $60\%$。

d. 脂肪的分解。在成熟过程中，部分乳脂肪被解脂酶分解产生多种水溶性挥发脂肪酸及其他高级挥发性酸等，这与干酪风味的形成有密切关系。

e. 气体的产生。在微生物的作用下，使干酪中产生各种气体。尤为重要的是有的干酪品种在丙酸菌作用下所生成的 $CO_2$，使干酪形成带孔眼的特殊组织结构。

f. 风味物质的形成。成熟中所形成的各种氨基酸及多种水溶性挥发脂肪酸是干酪风味物质的主体。

④ 影响成熟的因素

a. 成熟期。干酪的成熟度与成熟期的长短密切相关。随着成熟期的延长，水溶性含氮物增加。

b. 温度。在其他条件相同时，水溶性含氮物的增加与温度成正比。但温度升高程度必须在工艺允许的范围内。

c. 水分。水分含量增多时，成熟度增加。

d. 重量。在同一条件下，重量大的干酪成熟度好。

e. 食盐。食盐多的干酪成熟较慢。

f. 凝乳酶量。在同一条件下，酶量多者，成熟较快。

（2）干酪的贮存

① 贮存的目的。是要创造一个尽可能控制干酪成熟循环的外部环境。对于每一类型的干酪，特定的温度和相对湿度组合在成熟的不同阶段，必须在不同贮室中加以保持。图 8-12 是使用排架的干酪贮存室。

② 贮存条件。在贮存室中，不同类型的干酪要求不同的温度和相对湿度（RH）。环境条件对成熟的速率，重量损失，硬皮形成和表面菌丛及其他至关重要。

a. 契达类干酪通常在低温下成熟，$4\sim8℃$，相对湿度低于 $80\%$，这些干酪在被送去贮存前，通常被包在塑料膜或袋中，装于纸盒或木盒中。成熟时间变化很大，可以从几个月到 $8\sim10$ 个月不等，以满足不同消费者需求。

图 8-12　使用排架的干酪贮存室

b. 其他类型的干酪，如埃门塔尔，可能需要贮存在一个干酪室中，室温 $8\sim12℃$，经 $3\sim4$ 周后贮存在一个"发酵"室，室温 $22\sim25℃$，经 $6\sim7$ 周，贮存室相对湿度通常为 $80\%\sim90\%$。

c. 表面黏液类型干酪，如 Tilsiter、Havarti 和其他的类型，典型的贮存于发酵室约 2

周，室温 14～16℃，相对湿度 RH 约为 90％，在此期间，表面用特殊混有盐液的发酵剂黏化处理。一旦达到一层合乎要求的黏化表面，干酪即被送入发酵室。在 10～12℃ 和 RH 为 90％ 条件下进一步发酵 2～3 周。最后，黏化表面被洗去后，干酪被包装于铝筒中，送入冷藏室贮存于 6～10℃、相对湿度为 70％～75％ 条件下直至售出。

d. 其他硬质和半硬质干酪，如哥达和类似的品种，可首先在干酪室中于 10～12℃、相对湿度为 75％ 的条件下贮存 2 周。随后在 12～18℃、RH 为 75％～80％ 的条件下发酵 3～4 周。最终干酪送入 10～12℃、相对湿度约 75％ 的贮存室中。在此，干酪形成最终特有品质。

## 质量标准及检验

干酪的质量标准符合 GB 5420—2010，具体指标如下。

### 一、感官检验

感官指标的检验方法和要求见表 8-5。

**表 8-5　感官要求**

| 项　　目 | 要　　求 | 检 验 方 法 |
| --- | --- | --- |
| 色泽 | 具有该类产品正常的色泽 | 取适量试样置于 50mL 烧杯中，在自然光下观察色泽和组织状态。闻其气味，用温开水漱口，品尝滋味 |
| 滋味、气味 | 具有该类产品特有的滋味和气味 | |
| 组织状态 | 组织细腻，质地均匀，具有该类产品应有的硬度 | |

### 二、微生物检验

微生物指标的检验方法和要求见表 8-6。

**表 8-6　微生物限量**

| 项　　目 | 采样方案[①] 及限量(若非指定，均以 CFU/g 表示) | | | | 检 验 方 法 |
| --- | --- | --- | --- | --- | --- |
| | n | c | m | M | |
| 大肠菌群 | 5 | 2 | 100 | 1000 | GB 4789.3 平板计数法 |
| 金黄色葡萄球菌 | 5 | 2 | 100 | 1000 | GB 4789.10 平板计数法 |
| 沙门菌 | 5 | 0 | 0/25g | — | GB 4789.4 |
| 单核细胞增生李斯特菌 | 5 | 0 | 0/25g | — | GB 4789.30 |
| 酵母　　　≤ | 50 | | | | GB 4789.15 |
| 霉菌[②]　　≤ | 50 | | | | |

① 样品的分析及处理按 GB 4789.1 和 GB 4789.18 执行。
② 不适用于霉菌成熟干酪。

## 霉菌的测定

（一）设备和材料

除微生物实验室常规灭菌及培养设备外，其他设备和材料如下。

（1）冰箱　2～5℃。

（2）恒温培养箱　28℃±1℃。

（3）均质器。

（4）恒温振荡器。

（5）显微镜　10×～100×。

（6）电子天平　感量 0.1g。

（7）无菌锥形瓶　容量 500mL、250mL。

（8）无菌广口瓶　500mL。

（9）无菌吸管　1mL（具 0.01mL 刻度）、10mL（具 0.1mL 刻度）。

（10）无菌平皿　直径 90mm。

（11）无菌试管　10mm×75mm。

（12）无菌牛皮纸袋、塑料袋。

（二）培养基和试剂

① 马铃薯-葡萄糖-琼脂培养基。

② 孟加拉红培养基。

（三）操作步骤

**1. 样品的稀释**

（1）固体和半固体样品　称取 25g 样品至盛有 225mL 灭菌蒸馏水的锥形瓶中，充分振摇，即为 1∶10 稀释液。或放入盛有 225mL 无菌蒸馏水的均质袋中，用拍击式均质器拍打 2min，制成 1∶10 的样品匀液。

（2）液体样品　以无菌吸管吸取 25mL 样品至盛有 225mL 无菌蒸馏水的锥形瓶（可在瓶内预置适当数量的无菌玻璃珠）中，充分混匀，制成 1∶10 的样品匀液。

（3）取 1mL 1∶10 稀释液注入含有 9mL 无菌水的试管中，另换一支 1mL 无菌吸管反复吹吸，此液为 1∶100 稀释液。

（4）按（3）操作程序，制备 10 倍系列稀释样品匀液。每递增稀释一次，换用 1 次 1mL 无菌吸管。

（5）根据对样品污染状况的估计，选择 2～3 个适宜稀释度的样品匀液（液体样品可包括原液），在进行 10 倍递增稀释的同时，每个稀释度分别吸取 1mL 样品匀液于 2 个无菌平皿内。同时分别取 1mL 样品稀释液加入 2 个无菌平皿作空白对照。

（6）及时将 15～20mL 冷却至 46℃的马铃薯-葡萄糖-琼脂或孟加拉红培养基（可放置于 46℃±1℃恒温水浴箱中保温）倾注平皿，并转动平皿使其混合均匀。

**2. 培养**

待琼脂凝固后，将平板倒置，28℃±1℃培养 5d，观察并记录。

**3. 菌落计数**

肉眼观察，必要时可用放大镜，记录各稀释倍数和相应的霉菌和酵母数。以菌落形成单位（CFU）表示。选取菌落数在 10～150CFU 的平板，根据菌落形态分别计数霉菌和酵母数。霉菌蔓延生长覆盖整个平板的可记录为多不可计。菌落数应采用两个平板的平均数。

（四）结果与报告

| 培养基名称：马铃薯-葡萄糖-琼脂培养基或孟加拉红培养基 | | 培养温度：28℃±1℃ | | 培养时间：120h±2h | |
| --- | --- | --- | --- | --- | --- |
| 稀释倍数 | $10^{-1}$ | $10^{-2}$ | $10^{-3}$ | 阴性对照 | 检验结果 | 判　定 |
| 碟号 1 | | | | | | |
| 碟号 2 | | | | | | |
| 平均菌落数 | 个 | 个 | 个 | 个 | 个/mL | |

（五）说明

计算两个平板菌落数的平均值，再将平均值乘以相应稀释倍数计算。

① 若所有平板上菌落数均大于150CFU，则对稀释度最高的平板进行计数，其他平板可记录为多不可计，结果按平均菌落数乘以最高稀释倍数计算。

② 若所有平板上菌落数均小于10CFU，则应按稀释度最低的平均菌落数乘以稀释倍数计算。

③ 若所有稀释度平板均无菌落生长，则以小于1乘以最低稀释倍数计算；如为原液，则以小于1计数。

### 三、污染物限量应符合 GB 2762 的规定

真菌毒素的限量应符合 GB 2761 的规定。

 **任务总结**

本任务介绍了天然干酪的加工工艺流程、工艺方法和注意事项以及干酪成品的质量检验方法。通过本任务的实施，学生能够根据实际情况选用恰当的加工干酪的方法，并达到能够独立对干酪进行加工与检验的目的。

 **知识考核**

**一、填空题**

1. 按干酪中水分含量不同可以将干酪分为：_____、_____、_____三大类。

2. 干酪发酵剂根据微生物的种类分为_____和_____两大类。

3. 在生产天然干酪的过程中，为了改善凝乳性能，提高干酪质量，可在原料乳中添加_____，以调节盐类平衡。

**二、简答题**

简述干酪生产中加盐的目的和主要方法？

# 任务二　融化干酪的加工

 **能力目标**

1. 能够分组完成融化干酪的加工方法。

2. 能够解决在加工中出现的一些实际问题。

3. 能够根据工艺和生产的实际情况，选择恰当的生产设备。

 **知识目标**

1. 了解融化干酪的概念和分类等基础知识。

2. 学会融化干酪的加工方法和主要营养价值。

3. 掌握融化干酪质量检测的理论知识。

 **知识准备**

融化干酪是以硬质、软质或半硬质干酪以及霉成熟干酪等多种类型的干酪为原料，经融

化、杀菌所制成的产品，又称再制干酪或加工干酪。从质地上来看，融化干酪可分为两大类型，即块型和涂布型。块型融化干酪质地较硬，酸度高，水分含量低。涂布型则质地较软，酸度低，水分含量高。此外，在生产过程中还可添加多种调味成分，如胡椒、辣椒、火腿、虾仁等，使融化干酪具有多种不同的口味。

（一）融化干酪的化学组成

融化干酪的脂肪含量通常占总固形物的 30％～40％，蛋白质含量为 20％～25％，水分为 40％左右（表 8-7）。

表 8-7 各种融化干酪的化学组成

| 种类 | 水分/% | 蛋白质/% | 脂肪/% | 灰分/% | NaCl/% | 酸度/% | pH[①] | 水溶性氮/总氮 | 氨态氮/总氮 |
|---|---|---|---|---|---|---|---|---|---|
| A | 41.07 | 21.23 | 31.63 | 6.07 | 1.04 | 1.16 | 5.85 | 44.67 | 15.04 |
| B | 42.66 | 24.22 | 28.19 | 4.93 | 0.94 | 0.93 | 6.60 | 42.88 | 12.45 |
| C | 41.04 | 21.65 | 31.60 | 5.71 | 1.74 | 1.63 | 6.10 | 47.01 | 15.47 |

① 1：10 的稀释液测定值。

（二）融化干酪的特点

① 可以将各种不同组织和不同成熟程度的干酪适当配合，制成质量一致的产品。

② 由于在加工过程中进行加热杀菌，故卫生方面安全可靠，且保存性也比较好。

③ 产品用铝箔或合成树脂严密包装，贮藏中水分不易消失。

④ 块形和重量可以任意选择，最普通的为：三角形铝箔包装，每 6 块（6p）装一圆盒；也有 8p 或 12p 装一圆盒的。另外，有用偏氯乙烯包成香肠状；或用薄膜包装后装入纸盒内，每盒重为 200g、400g、450g 及 800g 不等。此外，还有片状和粉状等。

⑤ 风味可以随意调配，但失去天然干酪的风味。

（三）融化干酪的缺陷及防止方法

优质的融化干酪具有均匀一致的淡黄色，有光泽，风味芳香，组织致密，硬度适当，有弹性，舌感润滑。但在加工及保存过程中，往往出现下述缺陷。

1. 出现砂状结晶

砂状结晶中 98％为以磷酸三钙为主的混合磷酸盐。这种缺陷主要原因是添加粉末乳化剂时分布不均匀，乳化时间短，高温加热和与中和剂混用等。此外，当原料干酪的成熟度过高或蛋白质分解过度时，容易产生难溶的氨基酸结晶。

防止方法是乳化剂全部溶解后再使用，乳化时间要充分，乳化时搅拌要均匀，尤需注意搅拌器的上部和锅底部分。

2. 质地太硬

产生原因为原料干酪成熟度低，蛋白质分解量少，水分和 pH 过低等。

防止方法是原料干酪的成熟度控制在 5 个月左右，pH 控制在 5.6～6.0，水分不要低于标准要求。

3. 膨胀和产生气孔

这一缺陷主要由微生物的繁殖而产生。加工过程中如污染了酪酸菌、蛋白分解菌、大肠杆菌和酵母等，均能使产品产气膨胀。

为防止这种缺陷，调配时原料尽量选择高质量的，并采用 100℃以上的温度进行灭菌和乳化。

4. 脂肪分离

脂肪分离的原因为长时间放置在乳脂肪熔点以上的温度。此外，也由于长期保存，组织发生变化和过度低温贮存，使干酪冻结而引起。当原料干酪成熟过度、脂肪含量过多和 pH 太低时也易引起脂肪分离。

防止的方法是原料干酪中增加成熟度低的干酪、提高 pH 及乳化温度和延长乳化时间等。

 **生产实例及规程**

生产融化干酪所用的主要原料为各种不同成熟度的天然干酪。原料干酪的质量必须与直接食用的干酪要求相同，表面、颜色、组织状态、大小、形状有缺陷的干酪也可作为原料，但有异味、腐败变质的干酪绝对不能用于生产。只有高质量的原料干酪才能生产出高质量的再制干酪产品。其他配料包括水、乳化剂、乳酸、柠檬酸以及各种调味料、防腐剂和色素等。其中乳化剂常用的有磷酸氢二钠、柠檬酸钠、三聚磷酸钠、偏磷酸钠、酒石酸钠等。这些乳化剂可以单独使用，也可以混用，一般用量为 1.5%～2.0%。在这些乳化剂中，磷酸盐能提高干酪的保水性，可以形成光滑的组织，而柠檬酸钠则具有保持颜色和风味的作用。

### 一、融化干酪工艺流程

原料干酪选择→原料预处理→切割→粉碎→加水→加乳化剂→加色素→加热融化→浇灌包装→静置冷却→冷却→成熟→出厂

### 二、工艺要求

**1. 原料干酪的选择**

一般选择细菌成熟的硬质干酪如荷兰干酪、契达干酪和荷兰圆形干酪等。为满足制品的风味及组织，成熟 7～8 个月风味浓的干酪占 20%～30%。为了保持组织滑润，则成熟 2～3 个月的干酪占 20%～30%，搭配中间成熟度的干酪 50%，使平均成熟度在 4～5 个月之间，含水分 35%～38%，可溶性氮 0.6% 左右。过熟的干酪，由于有的析出氨基酸或乳酸钙结晶，不宜作原料。有霉菌污染、气体膨胀、异味等缺陷者不能使用。

**2. 原料干酪的预处理**

预处理主要是去掉干酪的包装材料，削去表皮，清拭表面等。

**3. 切碎与粉碎**

用切碎机将原料干酪切成块状，用混合机混合。然后用粉碎机粉碎成 4～5cm 的面条状，最后用磨碎机处理。近来，此项操作多在干酪熔化锅（熔融釜）中进行。

**4. 熔融、乳化**

在干酪熔化锅（图 8-13，图 8-14）中加入适量的水，通常为原料干酪重的 5%～10%。成品的含水量为 40%～55%，但还应防止加水过多造成脂肪含量的下降。按配料要求加入适量的调味料、色素等添加物，然后加入预处理粉碎后的原料干酪并加热。当温度达到50℃左右，加入 1%～3% 的乳化剂，如磷酸钠、柠檬酸钠、偏磷酸钠和酒石酸钠等。最后将温度升至 60～70℃，保温 20～30min，使原料干酪完全融化。加乳化剂后如果需要调整酸度时，可以用乳酸、柠檬酸、醋酸等，也可以混合使用。成品的 pH 值为 5.6～5.8，不得低于 5.3。在进行乳化操作时，应加快干酪熔化锅内搅拌器的转数，使乳化更完全。在此过程中应保证杀菌的温度。一般为 60～70℃、20～30min，或 80～120℃、30s 等。乳化终了时，应检测水分、pH 值、风味等，然后抽真空进行脱气。

图 8-13　干酪熔化锅

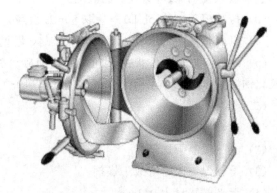

图 8-14　打开锅盖并倾斜排空的干酪熔化锅

**5. 充填、包装**

经过乳化的干酪应趁热进行充填包装，包装材料多使用玻璃纸或涂塑。

**6. 贮藏**

贮藏包装后的成品融化干酪，应静置 10℃ 以下的冷藏库中定型和贮藏。

 **质量标准及检验**

再制干酪质量标准应符合 GB 25192—2010。

**一、感官检验**

感官要求应符合表 8-8。

表 8-8　感官要求

| 项　目 | 要　求 | 检验方法 |
|---|---|---|
| 色泽 | 色泽均匀 | 取适量试样置于 50mL 烧杯中，在自然光下观察色泽和组织状态。闻其气味，用温开水漱口，品尝滋味 |
| 滋味、气味 | 易溶于口，有奶油的润滑感，并有产品特有的滋味、气味 | |
| 组织状态 | 外表光滑，结构细腻、均匀、滑润，应有与产品口味相关原料的可见颗粒，无正常视力可见的外来杂质 | |

**二、理化检验**

理化指标和检验方法应符合表 8-9。

表 8-9　理化指标

| 项　目 | 指　标 | | | | | 检验方法 |
|---|---|---|---|---|---|---|
| 脂肪(干物质)①($X_1$)/% | 60.0≤$X_1$≤75.0 | 45.0≤$X_1$≤60.0 | 25.0≤$X_1$≤45.0 | 10.0≤$X_1$<25.0 | $X_1$<10.0 | GB 5413.3 |
| 最小干物质含量②($X_2$)/% | 44 | 41 | 31 | 29 | 25 | GB 5009.3 |

① 干物质中脂肪含量（%）：$X_1$＝[再制干酪脂肪含量/(再制干酪总质量－再制干酪水分质量)]×100%。

② 干物质中脂肪含量（%）：$X_2$＝[(再制干酪总质量－再制干酪水分质量)/再制干酪总质量]×100%。

### 再制干酪最小干物质含量的测定

**（一）试剂和材料**

除非另有规定，本方法中所用试剂均为分析纯。

（1）盐酸　优级纯。

（2）氢氧化钠（NaOH）　优级纯。

（3）盐酸溶液（6mol/L）　量取 50mL 盐酸，加水稀释至 100mL。

（4）氢氧化钠溶液（6mol/L）　称取 24g 氢氧化钠，加水溶解并稀释至 100mL。

（5）海砂　取用水洗去泥土的海砂或河砂，先用盐酸煮沸 0.5h，用水洗至中性，再用氢氧化钠溶液煮沸 0.5h，用水洗至中性，经 105℃干燥备用。

（二）仪器和设备

（1）扁形铝制或玻璃制称量瓶。

（2）电热恒温干燥箱。

（3）干燥器　内附有效干燥剂。

（4）天平　感量为 0.1mg。

（三）分析步骤

取洁净铝制或玻璃制的扁形称量瓶，置于 101～105℃干燥箱中，瓶盖斜支于瓶边，加热 1.0h，取出盖好，置干燥器内冷却 0.5h，称量，并重复干燥至前后两次质量差不超过 2mg，即为恒重。将混合均匀的试样迅速磨细至颗粒小于 2mm，不易研磨的样品应尽可能切碎，称取 2～10g 试样（精确至 0.0001g），放入此称量瓶中，试样厚度不超过 5mm，如为疏松试样，厚度不超过 10mm，加盖，精密称量后，置 101～105℃干燥箱中，瓶盖斜支于瓶边，干燥 2～4h 后，盖好取出，放入干燥器内冷却 0.5h 后称量。然后再放入 101～105℃干燥箱中干燥 1h 左右，取出，放入干燥器内冷却 0.5h 后再称量。并重复以上操作至前后两次质量差不超过 2mg，即为恒重。

（四）分析结果的表述

1. 试样中水分含量计算

试样中水分的含量按下式进行计算：

$$X_1 = \frac{m_1 - m_2}{m_1 - m_3} \times 100$$

式中　$X_1$——试样中水分的含量，g/100g；

　　　$m_1$——称量瓶（加海砂、玻棒）和试样的质量，g；

　　　$m_2$——称量瓶（加海砂、玻棒）和试样干燥后的质量，g；

　　　$m_3$——称量瓶（加海砂、玻棒）的质量，g。

2. 再制干酪素最小干物质含量按下式进行计算：

$$X = \frac{(X_2 - X_1)}{X_2} \times 100$$

式中　$X_1$——试样中水分的含量，g/100g；

　　　$X_2$——再制干酪总质量，g；

　　　$X$——干物质含量，%。

注：① 在重复性条件下获得的两次独立测定结果的绝对差值不得超过算术平均值的 5%。

② 两次恒重值在最后计算中，取最后一次的称量值。

**三、微生物限量**

微生物限量和检验方法应符合表 8-10。

表 8-10　微生物限量

| 项　目 | 采样方案①及限量(若非指定,均以 CFU/g 表示) | | | | 检验方法 |
|---|---|---|---|---|---|
| | n | c | m | M | |
| 菌落总数 | 5 | 2 | 100 | 1000 | GB 4789.2 |
| 大肠菌群 | 5 | 2 | 100 | 1000 | GB 4789.3 平板计数法 |
| 金黄色葡萄球菌 | 5 | 2 | 100 | 1000 | GB 4789.10 平板计数法 |
| 沙门菌 | 5 | 0 | 0/25g | — | GB 4789.4 |
| 单核细胞增生李斯特菌 | 5 | 0 | 0/25g | — | GB 4789.30 |
| 酵母　　≤ | 50 | | | | GB 4789.15 |
| 霉菌　　≤ | 50 | | | | |

① 样品的分析及处理按 GB 4789.1 和 GB 4789.18 执行。

## 单核细胞增生李斯特菌的测定

（一）设备和材料

除微生物实验室常规无菌及培养设备外，其他设备和材料如下。

（1）冰箱　2～5℃。

（2）恒温培养箱　30℃±1℃、36℃±1℃。

（3）均质器。

（4）显微镜　10×～100×。

（5）电子天平　感量0.1g。

（6）锥形瓶　100mL、500mL。

（7）无菌吸管　1mL（具0.01mL刻度）、10mL（具0.1mL刻度）。

（8）无菌平皿　直径90mm。

（9）无菌试管　16mm×160mm.。

（10）离心管　30mm×100mm。

（11）无菌注射器　1mL。

（12）金黄色葡萄球菌（ATCC25923）。

（13）马红球菌（*Rhodococcus equi*）。

（14）小白鼠　16～18g。

（15）全自动微生物生化鉴定系统。

（二）培养基和试剂

① 含0.6%酵母浸膏的胰酪胨大豆肉汤（TSB-YE）。

② 含0.6%酵母浸膏的胰酪胨大豆琼脂（TSA-YE）。

③ 李氏增菌肉汤 LB（LB₁，LB₂）。

④ 1%盐酸吖啶黄（acriflavine HCl）溶液。

⑤ 1%萘啶酮酸钠盐（naladixic acid）溶液。

⑥ PALCAM 琼脂。

⑦ 革兰染液。

⑧ SIM 动力培养基。

⑨ 缓冲葡萄糖蛋白胨水［甲基红（MR）和 VP 试验用］。

⑩ 5%～8%羊血琼脂。

⑪ 糖发酵管。

⑫ 过氧化氢酶试验。

⑬ 李斯特菌显色培养基。

⑭ 生化鉴定试剂盒。

（三）检验程序

单核细胞增生李斯特菌检验程序见图 8-15。

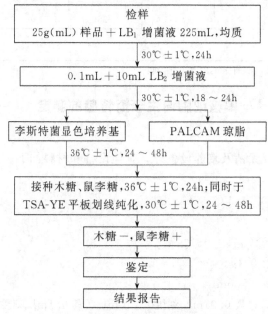

图 8-15　单核细胞增生李斯特菌检验程序

（四）操作步骤

1. 增菌

以无菌操作取样品 25g （mL）加入到含有 225mL LB₁ 增菌液的均质袋中，在拍击式均质器上连续均质 1~2min；或放入盛有 225mL LB₁ 增菌液的均质杯中，8000~10000r/min 均质 1~2min。于 30℃±1℃培养 24h，移取 0.1mL，转种于 10mL LB₂ 增菌液内，于 30℃±1℃培养 18~24h。

2. 分离

取 LB₂ 二次增菌液划线接种于 PALCAM 琼脂平板和李斯特菌显色培养基上，于 36℃±1℃培养 24~48h，观察各个平板上生长的菌落。典型菌落在 PALCAM 琼脂平板上为小的圆形灰绿色菌落，周围有棕黑色水解圈，有些菌落有黑色凹陷；典型菌落在李斯特菌显色培养基上的特征按照产品说明进行判定。

3. 初筛

自选择性琼脂平板上分别挑取 5 个以上典型或可疑菌落，分别接种在木糖、鼠李糖发酵管，于 36℃±1℃培养 24h；同时在 TSA-YE 平板上划线纯化，于 30℃±1℃培养 24~48h。选择木糖阴性、鼠李糖阳性的纯培养物继续进行鉴定。

4. 鉴定

（1）染色镜检　李斯特菌为革兰阳性短杆菌，大小为 （0.4~0.5）μm×（0.5~2.0）μm；用生理盐水制成菌悬液，在油镜或相差显微镜下观察，该菌出现轻微旋转或翻滚样的运动。

（2）动力试验　李斯特菌有动力，呈伞状生长或月牙状生长。

（3）生化鉴定　挑取纯培养的单个可疑菌落，进行过氧化氢酶试验，过氧化氢酶阳性反应的菌落继续进行糖发酵试验和 MR-VP 试验。

（4）溶血试验　将羊血琼脂平板底面划分为 20～25 个小格，挑取纯培养的单个可疑菌落刺种到血平板上，每格刺种一个菌落，并刺种阳性对照菌（单核细胞增生李斯特菌和伊氏李斯特菌）和阴性对照菌（英诺克李斯特菌），穿刺时尽量接近底部，但不要触到底面，同时避免琼脂破裂，36℃±1℃培养 24～48h，于明亮处观察，单核细胞增生李斯特菌和伊氏李斯特菌在刺种点周围产生狭小的透明溶血环，英诺克李斯特菌无溶血环，伊氏李斯特菌产生大的透明溶血环。

（5）协同溶血试验（cAMP）　在羊血琼脂平板上平行划线接种金黄色葡萄球菌和马红球菌，挑取纯培养的单个可疑菌落垂直划线接种于平行线之间，垂直线两端不要触及平行线，于 30℃±1℃培养 24～48h。单核细胞增生李斯特菌在靠近金黄色葡萄球菌的接种端溶血增强，斯氏李斯特菌的溶血也增强，而伊氏李斯特菌在靠近马红球菌的接种端溶血增强。

5. 可选择生化鉴定试剂盒或全自动微生物生化鉴定系统等对 4（3）中 3～5 个纯培养的可疑菌落进行鉴定。

6. 小鼠毒力试验（可选择）

将符合上述特性的纯培养物接种于 TSB-YE 中，于 30℃±1℃培养 24h，4000r/min 离心 5min，弃上清液，用无菌生理盐水制备成浓度为 $10^{10}$CFU/mL 的菌悬液，取此菌悬液进行小鼠腹腔注射 3～5 只，每只 0.5mL，观察小鼠死亡情况。致病株于 2～5d 内死亡。试验时可用已知菌作对照。单核细胞增生李斯特菌、伊氏李斯特菌对小鼠有致病性。

（五）结果与报告

综合以上生化试验和溶血试验结果，报告 25g（mL）样品中检出或未检出单核细胞增生李斯特菌。

 **任务总结**

本任务介绍了融化干酪的加工工艺流程、工艺方法和注意事项以及融化干酪成品的质量检验方法。通过本任务的实施，学生能够在教师的指导下完成再制干酪的加工过程，并能解决在加工中经常出现的问题。

 **知识考核**

**一、填空题**

1. 融化干酪是以＿＿＿＿＿、＿＿＿＿＿或＿＿＿＿＿以及霉成熟干酪等多种类型的干酪为原料，经过融化、杀菌所制成的产品，又称再制干酪或加工干酪。

2. 在融化干酪中经常出现的砂状结晶，主要是以＿＿＿＿＿＿＿＿＿为主的混合磷酸盐。

3. 再制干酪成品中细菌总数≤＿＿＿＿＿个/g，大肠杆菌测定结果呈＿＿＿＿＿性。

**二、简答题**

简述再制干酪容易出现的主要缺陷和防止方法？

# 项目九　干酪素的加工及检测

所谓干酪素，即是乳中的含氮化合物，约占乳的 2.5%，以酪蛋白酸钙的形态存在，通常与乳中的磷酸钙结合为复合物，以胶体状态分散于乳中。干酪素的主要成分是酪蛋白，相对密度为 1.25～1.31，白色、无味，具有非结晶性与非吸湿性的特点。25℃ 条件下，在水中可溶解 0.2%～2.0%，但不溶于有机溶剂。

干酪素依其凝固条件可分为三类，即酸干酪素、酶干酪素和酪蛋白与乳清蛋白共沉物。酸干酪素又有加酸法与乳酸发酵法之分，加酸法中，由于所使用的酸的种类不同，又可分为乳酸、盐酸和硫酸干酪素等。

干酪素在皱胃酶、酸、酒精或加热至 140℃ 以上时，可从乳中凝固沉淀出来，经干燥后即为成品。工业上使用的干酪素，大多是酸干酪素。它的生产原理是用酸使磷酸盐及与蛋白质直接结合的钙游离而使蛋白质沉淀；酶法生产干酪素时酶先使酪蛋白转化为副酪蛋白，副酪蛋白在钙盐存在的情况下凝固，与钙离子形成网状结构而沉淀。酶干酪素的生产，一般以皱胃酶为主，但皱胃酶因来源有限，价格昂贵，因此亦可用动物性蛋白酶（如胃蛋白酶）、植物性蛋白酶（如木瓜酶和无花果蛋白酶）、微生物蛋白酶（如微小毛霉凝乳酶）等来代替，尤其是微生物凝乳酶的发展更为迅速，可望成为皱胃酶的代用品。

## 任务　盐酸干酪素的加工及检测

### 能力目标

1. 掌握盐酸干酪素的加工过程和加工中的注意事项。
2. 掌握盐酸干酪素成品的检验方法。

### 知识目标

1. 了解干酪素的概念和分类等基础知识。
2. 了解干酪素的用途和主要性质。
3. 学会盐酸干酪素质量检测技术的相关知识。

### 知识准备

（一）干酪素的用途

干酪素因其特殊性质有很多用途，而且有些作用是其他原料所不能代替的。目前干酪素主要在以下几个方面应用较多。

1. 食用

干酪素约有 15％供食用，而且其用量在逐年增加。蛋白共沉物因保留了牛乳的全部蛋白质和与酪蛋白结合的钙和磷，具有很高的营养价值和作为食品配料的良好功能特性。因此，干酪素被广泛地应用于食品工业中，如澳大利亚的牛奶饼干。另外，较低级的产品可用作饲料等。

2. 强力黏接剂

干酪素与碱反应，其产物具有很强的黏结力，因此常用于制造黏接剂。

3. 塑料制品

干酪素与福尔马林反应可制成塑料，这种塑料具有象牙光泽，而且可自由染色，可做装饰品及文具。

4. 涂料

在造纸工业上，用干酪素涂料容易染色且具有光泽，可做某些容器及特殊绘画用纸张。

5. 其他

在皮革工业上用作上光涂色剂，在医药工业上用途也很广泛。

（二）干酪素的不同加工方法

干酪素的加工，因凝固条件不同，其生产工艺也有区别。

1. 乳酸发酵干酪素

乳酸发酵法制造的干酪素溶解性较好，黏结力也较强。

此法生产干酪素时对脱脂乳的要求较高。脱脂乳必须新鲜，不含抗生素等药物，含脂率应在 0.03％以下。添加发酵剂的温度应控制在 33～31℃，添加发酵剂的量为 2％～4％。当发酵度达到 pH4.6 或滴定酸度 0.45％～0.50％时，即可停止发酵。通常如果发酵剂的活力高，几小时即可达到要求。在排除分离出来的乳清时，要边搅拌边加热到 50℃左右，然后，用冷水洗涤凝块，经压榨、粉碎、干燥即为成品。

这种方法生产干酪素时，发酵酸度的控制是关键。酸度过高或过低都会造成乳中成分的损失，因此产率较低。

2. 加酸干酪素

在工业用的干酪素中，加酸干酪素最为多见。其加工损失少，含脂率较低。加酸法中，硫酸干酪素的灰分较高，质量较差。因此，以加盐酸最普遍。加酸法干酪素的生产中，以"颗粒制造法"最为优越。因此法生产中形成小而均匀的颗粒，不致使酪蛋白形成大而致密的凝块，因而被颗粒所包围的脂肪较少，成品含脂率较低。而且粒状干酪素便于洗涤、压榨和干燥。这种干酪素遇碱易溶，黏结力很强。此法排出的乳清，也很适合制造乳糖。

3. 酶干酪素

因皱胃酶的限制，酶法干酪素已不太常用，但微生物凝乳酶的发现，使此法又兴起，而且逐渐盛行。

凝乳酶的加入量因酶的种类、活力不同而异。生产中一般要求能在 15～20min 凝固即可，其他操作同酸干酪素的生产。此法生产的干酪素，要求灰分 7.5％以下，脂肪 1.0％以下。

4. 酪蛋白与乳清蛋白共沉物

此法是在加酸（pH4.6～5.3）或不加酸而加入大约 0.03％～0.20％钙（通常为氯化

钙）的情况下，加热至 90℃以上使酪蛋白和乳清蛋白沉淀的方法。这种方法成本低廉，且回收率高，其回收率约占乳蛋白质的 95%～97%，其中酪蛋白约占 80%～85%，乳清蛋白约占 15%～20%。

该法因加入氯化钙的量及残留量不同而分高、中、低三种灰分含量的制品。高灰分制品加入 0.2% 的氯化钙，其洗涤用水要求 pH4～4.6；中灰分制品加入 0.06% 的氯化钙，而且加稀酸，使 pH 为 5.2～5.3，以便于沉淀；低灰分制品加入 0.03% 的氯化钙，pH4.5。共沉物的干燥与干酪素相同，也可将干燥品用 2% 的多磷酸盐溶解后，再喷雾干燥。

5. 食用可溶性干酪素

这种干酪素是将分离后的干酪素充分洗涤脱水，然后加碱溶解后干燥。此法可使用各种碱类，但从风味、溶解性、热稳定性、缓冲性能来考虑，以磷酸氢二钾为最好。其制法如下：

通常按脱脂乳量的 0.1%～0.3% 添加磷酸氢二钾，并添加 0.05% 的氢氧化钠以调节 pH值。然后加温至 50～60℃溶解，使干酪素浓度在 15%～16%。杀菌后，喷雾干燥。这种干酪素最好用粒状活性炭脱臭以获得良好的风味。

 **生产实例及规程**

本任务以盐酸干酪素为例介绍干酪素的生产。

**一、盐酸干酪素的生产工艺流程**

脱脂乳→加热→加酸凝固→洗涤→脱水→粉碎→干燥→粉碎、分级

**二、工艺要求**

原料乳加热至 32～33℃，分离得脱脂乳，其含脂率应在 0.05% 以下。然后将脱脂乳加热至 34～35℃，此时控制加热温度至关重要。如果温度过高，形成的颗粒较大；过低则形成的颗粒软而细，甚至不形成颗粒。因此，新鲜脱脂乳（酸度 16～18°T）可加热至 35℃，新鲜度较差的脱脂乳（酸度 22～24°T），其加热温度以 34℃为宜。

加酸凝固是本法的又一关键步骤，所用的工业浓盐酸（30%～38%）先用 8～10 倍的水稀释，然后在搅拌的情况下慢慢加入，或在凝乳罐的底部装以带有很多小孔的耐酸管，稀盐酸由孔内喷出。此法盐酸呈雾状，增加了与脱脂乳的接触面，且形成的颗粒小而均匀。当pH 达到 4.6～4.8 时，应放慢加酸速度。此时，凝块已开始沉淀。停止加酸后，可排出大约 1/2 的乳清，然后再加酸至 pH4.2（乳清酸度）。此时，颗粒坚实，而颗粒间却松散。排出乳清后，加入与原料脱脂乳等量的温水洗涤。再用冷水洗涤两次，然后用布过滤，用离心机或压榨机进行脱水，此时含水量约为 50%～60%。

脱水后的干酪素，用粉碎机粉碎成一定大小的颗粒或置于 20 目的筛板上用刮板使干酪素通过筛孔而粉碎，将粉碎的干酪素迅速干燥。干燥温度不应超过 55℃，时间不应超过 6h，干燥后进行粉碎分级。

此法的产率因牛乳酪蛋白含量不同而异，一般为 2%～3%。

 **质量标准及检验**

干酪素的质量标准及检验方法应符合 GB 5424—1985、QB/T 3780—1999。

### 一、感官指标的检验

应符合表 9-1。

表 9-1 感官指标

| 项目 | 特级 | 一级 | 二级 | 检验方法 |
|---|---|---|---|---|
| 色泽 | 白色或浅黄色,均匀一致 | 浅黄色到黄色,允许存在5%以下的深黄色颗粒 | 浅黄色到黄色,允许存在10%以下的深黄色颗粒 | QB/T 3781—1999 |
| 颗粒 | 最大颗粒不超过 2mm | 最大颗粒不超过 2mm | 最大颗粒不超过 3mm | QB/T 3781—1999 |
| 纯度 | 不允许有杂质存在 | 不允许有杂质存在 | 允许有少量杂质存在 | QB/T 3781—1999 |

## 干酪素色泽均匀度和颗粒大小的测定

（一）样品的准备

用作化学检验的样品，应做如下处理：所取工业干酪素样品，经仔细混合后，取 30～50g 在研钵中捣碎，并研成粉末。过 0.5mm 孔径的筛子，将筛过的干酪素，贮于带磨口塞的玻璃瓶中待检。

（二）色泽匀度的测定

1. 仪器

5mL 量筒或带刻度试管。白色有光泽的纸一张。针。

2. 方法

用 5mL 量筒取 1～2mL 干酪素，撒在白纸上，用针把黄色的或褐色的以及其他色泽不正常的颗粒挑选出来，置于有刻度的试管中或量筒中，计算其毫升数，以下式计算出色泽不正常颗粒之百分含量。

$$色泽不正常的颗粒含量 = \frac{V_1}{V} \times 100\%$$

式中  $V$——取样容量，mL；

$V_1$——所选出不合格干酪素粒容量，mL。

（三）颗粒大小的测定

用量筒仔细混匀的样品中，取 10～20mL 干酪素，用标准筛进行筛检。

### 二、理化指标的检验

应符合表 9-2。

表 9-2 理化指标

| 项　目 | | 特级 | 一级 | 二级 | 检验方法 |
|---|---|---|---|---|---|
| 水分/% | ≤ | 12.00 | 12.00 | 12.00 | QB/T 3781—199 |
| 脂肪/% | ≤ | 1.50 | 2.50 | 3.50 | GB 5413 |
| 灰分/% | ≤ | 2.50 | 3.00 | 4.00 | QB/T 3781—199 |
| 酸度/°T | ≤ | 80 | 100 | 150 | QB/T 3781—199 |

 **任务总结**

本任务介绍了干酪素的加工工艺流程、工艺方法和注意事项以及干酪素成品的质量检验方法。通过本任务的实施，学生能够根据所学的理论知识，在教师的指导下完成干酪素的加工，并能独立思考解决在加工中经常出现的一些问题。

## 知识考核

**一、填空题**

1. 根据干酪素提取方法不同，可分为_____和_____。

2. 干酪素是_____色，无臭味的粉状或颗粒状物料，在水中几乎不溶，但是易溶于_____性溶液中，如碳酸盐水溶液和10％的四硼酸钠溶液。

**二、简答题**

简述盐酸干酪素的生产工艺和加工工艺参数。

# 参 考 文 献

[1] 李凤林．乳及发酵乳制品工艺学．北京：中国轻工业出版社，2007.

[2] 陈志．乳品加工技术．北京：化学工业出版社，2006.

[3] 张和平．乳品工艺学．北京：中国轻工业出版社，2007.

[4] 张兰威．乳与乳制品工艺学．北京：中国农业出版社，2006.

[5] 骆承庠．乳与乳制品工艺学．北京：中国农业出版社，2001.

[6] [美] S. Suzanne Nielsen，杨严俊等译．食品分析．北京：中国轻工业出版社，2002.

[7] 陈敏，王世平．食品分析与检验．北京：化学工业出版社，2007.

[8] 郭成宇．现代乳品工程技术．北京：化学工业出版社，2004.

[9] 郭本恒．乳品化学．北京：中国轻工业出版社，2001.

[10] 郭本恒．乳品微生物学．北京：中国轻工业出版社，2001.

[11] 靳敏，夏玉宇．食品检验技术．北京：化学工业出版社，2003.

[12] 康臻．食品分析与检验．北京：中国轻工业出版社，2006.

[13] 刘长虹．食品分析及实验．北京：化学工业出版社，2006.

[14] 武建新．乳品技术装备．北京：中国轻工业出版社，2000.

[15] 周树南．食品生产卫生规范与质量保证．北京：中国标准出版社，1997.

[16] 农业职业技能培训教材编审委员会．乳品检验员．北京：中国农业出版社，2004.

[17] 张列兵．新版乳制品配方．北京：中国轻工业出版社，2003.

[18] 孙君社．现代食品加工学．北京：中国轻工业出版社，2001.

[19] 黄晓玉，刘邻渭．食品化学综合实验．北京：中国农业大学出版社，2002.

[20] 朱俊平．乳及乳制品质量安全与卫生操作规范．北京：中国计量出版社，2008.

[21] 武建新．乳制品生产技术．北京：中国轻工业出版社，2002.

[22] 周光宏．畜产食品加工学．北京：中国农业大学出版社，2002.

[23] 曲祖乙，刘靖．食品分析与检验．北京：中国环境科学出版社，2006.

[24] 张宁．食品理化与微生物监测实验．北京：中国轻工业出版社，2004.

[25] 陈厉俊．原料乳生产与质量控制．北京：中国轻工业出版社，2008.

[26] 李基红．冰淇淋生产工艺与配方．北京：中国轻工业出版社，2000.

[27] 吴祖兴．乳制品加工技术．北京：化学工业出版社，2007.

[28] 庞广昌．乳品安全性和乳品检测技术．北京：科学出版社，2005.

[29] 郭本恒．干酪．北京：化学工业出版社，2004.

[30] 罗红霞．畜产品加工技术．北京：化学工业出版社，2007.

[31] 蔡健．乳品加工技术．北京：化学工业出版社，2008.

[32] 李春．乳品分析与检验．北京：化学工业出版社，2008.

[33] 李晓东．乳品工艺学．北京：科学出版社，2011.